实验系列教材

化学国家级虚拟仿真实验教学中心 | 化学国家级实验教学示范中心 实验教材

ANALYTICAL CHEMISTRY EXPERIMENT

分析化学实验

第2版

金 谷 姚奇志 江万权
李 娇 刘红瑜 王晓葵 编著

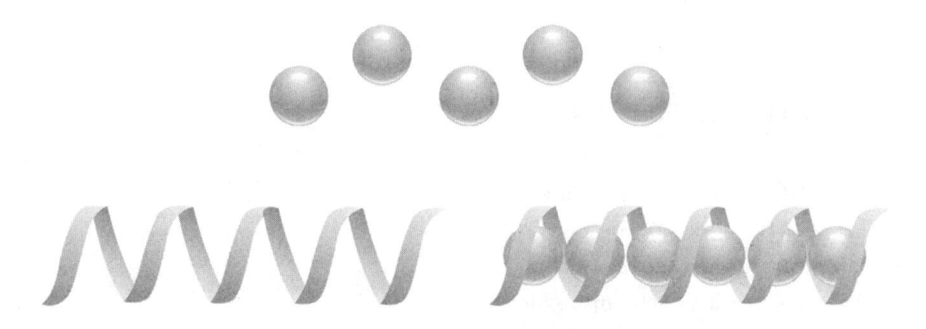

中国科学技术大学出版社

内容简介

本书系统地介绍了分析化学实验室的安全操作、意外事故的急救处理、剧毒和强腐蚀性物质的安全使用等一系列有关分析化学实验室的基本知识；详细地介绍了分析天平及称量、滴定分析和重量分析的基本操作技术及基本知识，气体、液体、固体试样的采样及试样制备和分解，试剂的选择和溶液配制，常用坩埚的使用和维护等。实验项目的安排由浅入深，从基本操作、方法验证到实验设计，从基础实验到综合实验；内容多元化及层次化，涉及无机分析、有机分析、生物分析、环境分析、材料分析、食品分析以及与这些学科相关的交叉、综合实验。每一类实验都有多个选择，可根据需要选用。

本书的特点是在重视基本操作标准规范和练习的基础上，强调实验的多样化和新颖性，方便实现"通才"教育的目的。实验内容既与分析化学基础课相关，又符合学科发展的特点和趋势。

本书可作为综合性大学，理、工、农、医、师范等院校的分析化学实验课教材，也可作为从事化学研究的科技人员、研究生的参考书。

图书在版编目(CIP)数据

分析化学实验/金谷，姚奇志，江万权等编著. —2版. —合肥：中国科学技术大学出版社，2020.1

(中国科学技术大学化学实验系列教材)

安徽省省级一流教材建设项目

ISBN 978-7-312-04367-3

Ⅰ. 分… Ⅱ. ① 金… ② 姚… ③ 江… Ⅲ. 分析化学—化学实验 Ⅳ. O652.1

中国版本图书馆CIP数据核字(2018)第184585号

FENXI HUAXUE SHIYAN

出版 中国科学技术大学出版社
安徽省合肥市金寨路96号，230026
http://press.ustc.edu.cn
https://zgkxjsdxcbs.tmall.com

印刷 安徽国文彩印有限公司

发行 中国科学技术大学出版社

经销 全国新华书店

开本 787 mm×1092 mm 1/16

印张 15.5

插页 1

字数 397千

版次 2010年9月第1版 2020年1月第2版

印次 2020年1月第2次印刷

定价 45.00元

第2版前言

近几年来，在教学实践中发现初版教材还存在一些问题需要改进，因此我们对其进行再版，做一些修订和补充。这种改进针对性强，是围绕着提高学生的科学素养和实际工作能力而进行的，有助于解决目前化学实验教学过程中存在的一些实际问题。

和初版相比，本版教材具有三个方面的特点：一是在保留原版教材特点的基础上，对实验内容进行了较大幅度的精简（实验数量减少1/3），而保留的实验加强了对实验背景的介绍、对内容的提炼和通过思考题的拓展。其目的是从教学实际出发，提高教学效率，即在有限的时间内，最大限度地提升学生的能力。同时补充了几个与热门研究领域相关的新实验，希望在教学中的一些"小实验"中，让学生了解当前科学研究中的"大问题"。二是新教材有利于多元化及层次化教学模式的实施。多元化是指教学内容和手段的多样性，层次化是指教学内容和实验类型的由浅入深，目标是培养学生从学会做实验到学会做科研，最后让学生在教学过程中体会如何解决科学问题。三是增加了附录内容，方便读者查阅相关的资料。

从教学目的来说，本教材强调了对学生综合素质的提高和"通才"教学方案的实施；就教学内容而言，注重对学生分析问题和解决问题能力及创新意识的培养。此外，内容的更新（如交叉、综合、新颖）带来了教学形式的革命，如通过多媒体展示学生的实验设计，不仅锻炼了学生表达科研思想的能力，而且也方便老师和同学之间的交流。在有限的学时中，既能保持原有重视基本操作规范的特色，又融入了当今分析化学学科的前沿和热点。书中部分实验的课件及教学视频可以在中国科学技术大学化学实验教学中心的网站（http://cec.ustc.edu.cn/2012/1229/c1902a11078/page.htm）上浏览查看。目前还不完备，我们在持续更新。

本书编写人员长期从事分析化学教学和科研工作，积累了一定的经验，编写此书也都投入了大量的精力，对一些新实验和引进实验也做了认真的探索和改进。但由于水平有限，书中难免有不妥之处，敬请读者指正。

本书被列为安徽省省级规划教材，其编写和出版也获得了中国科学技术大学教务处和化学与材料科学学院及其省级化学实验教学中心的大力支持，在此一并表示感谢！

编　者

2019年3月

前　言

本教材的出版是加强和改进实验教学的需要，也是我们为实验教学改革所做的一点探索。本书具有两方面的特点：一是系统性较强，层次分明。教学模式表现为：① 掌握基本实验技能和定量分析的基本方法（验证性实验），目的是教会学生如何做实验；② 培养科研思想和训练科研动手能力（设计实验＋综合实验），目的是教会学生如何做科研；③ 启发科研创新意识（研究性实验＋开放性实验），目的是教会学生如何思考。二是教材涉及的实验内容广。内容涉及无机分析、有机分析、生物分析、环境分析、材料分析以及与这些学科相关的交叉、综合实验，有利于实施“通才”教学的方案。

本教材中，一些设计和综合实验内容充分体现了教学改革与国内外科学的热点相结合的特点，如磁性粒子的制备或硫酸铜超微粒子的制备及分析等。另外，材料的表面改性（如 Al_2O_3、土壤、Fe_3O_4）及相关分析、生物物质的提取及分离、分子有序组合体用于纳米粒子的合成及液固萃取体系、在线分离富集结合流动注射分析等具有鲜明科研特色的实验也揽入书中。

从教学目的来说，本教材强调了对学生综合素质的提高和“通才”教学方案的实施；就教学内容而言，注重了对学生分析问题和解决问题能力及创新意识的培养。此外，内容的更新（如交叉、综合、新颖）带来了教学形式的革命，如通过多媒体展示学生的实验设计，不仅锻炼了学生表达科研思想的能力，而且也方便老师和同学之间的交流。在有限的学时中，本书既能重视基本操作规范，又融入了当今分析化学学科的前沿和热点。

本书编写人员长期从事分析化学教学和科研工作，积累了一定的经验，编写此书也都投入了大量的精力，对一些新实验和引进实验也做了认真的探索和改进。但由于我们水平有限，书中难免有不妥之处，敬请读者指正。

本书是中国科学技术大学高等教育和教学研究计划项目，获得了学校教务处和化学实验教学中心的大力支持，在此一并表示感谢！

编　者

2010 年 6 月

目　录

第 1 章　分析化学实验安全知识

1.1　实验室规则

① 课前应认真预习，明确实验目的和要求，了解实验的内容、方法和基本原理。

② 实验时应遵守操作规则。注意安全，爱护仪器，节约试剂。

③ 遵守纪律，不迟到，不早退，保持室内安静，不要大声谈笑。

④ 实验中要认真操作，仔细观察各种现象，将实验中的现象和数据及时并如实地记在报告本上。根据原始记录，认真地分析问题、处理数据，写出实验报告。

⑤ 实验过程中，随时注意保持工作地段的整洁。废品（如纸张等）只能丢入废物缸内，不能丢入水槽，以免水槽堵塞。废渣、废液按实验室要求分类回收，切不可随意处理。

⑥ 实验完毕后，将玻璃容器洗净，公用设备放回原处，把实验台和药品架整理干净，清扫实验室。最后检查门、窗、水、电、煤气是否关好。

1.2　化学实验室的安全知识

实验室安全包括人身安全及实验室、仪器、设备的安全。分析化学实验室在安全方面主要应预防化学药品中毒，操作过程中的烫伤、割伤、腐蚀等人身损害，易燃易爆化学品等可能产生的火灾、爆炸以及自来水泄漏等事故。

在分析化学实验中，经常使用易损的玻璃仪器和一些有毒的、有腐蚀性的或者易燃、易爆的物质；也常用到水、电。不正确或不经心的操作，以及忽视操作中必须注意的事项，都能够造成着火、爆炸和其他不幸的事故发生。因此重视安全操作，熟悉一般的安全知识是非常必要的。而且注意安全是每个人的责任，发生事故不仅损害个人健康，还会危害到他人，使国家财产受到损失，影响工作的正常进行。所以我们必须从思想上重视安全，绝不能麻痹大意，但也不能盲目害怕而缩手缩脚不敢做实验。

采取安全措施是为了保护实验的顺利进行，绝不是实验的障碍。为此必须熟悉和注意以下几点：

① 必须熟悉实验室及其周围环境，如水闸、电闸、灭火器的位置。

② 使用电器时，要谨防触电，不要用湿的手、物去接触电插销。实验完毕后及时拔下插销，切断电源。

③ 易挥发的有毒或强腐蚀性的液体，以及有恶臭的气体，要在运行的通风橱中操作（尤其是用它们进行热分解试样时），绝不允许在通风橱外加热。

④ 为了防止试剂腐蚀皮肤或进入体内，不能用手直接拿取试剂，要用药勺或指定的容器取用。使用浓酸、浓碱及其他具有强腐蚀性的试剂时，操作要小心，防止腐蚀皮肤和衣物等。浓酸、浓碱如果溅到身上应立即用水冲洗，洒到实验台上或地面上时要立即用水冲稀而后擦掉。取用一些强腐蚀性的试剂如氢氟酸、溴水等，必须戴上橡皮手套。

⑤ 不允许将各种化学药品任意混合，以免引起事故，自行设计的实验必须和教师讨论，征得同意后方可进行。

⑥ 对易燃物（如酒精、丙酮、乙醚等）、易爆物（如氯酸钾），使用时要远离火源，敞口操作如有挥发应在通风橱中进行。试剂用后要随手盖紧瓶塞，置阴凉处存放。低沸点、低闪点的有机溶剂不得在明火或电炉上直接加热，而应在水浴、油浴或可调电压的电热套中加热，用完后应及时加盖存放在阴凉通风处。

⑦ 热、浓的高氯酸遇有机物常易发生爆炸，如果试样为有机物，应先用浓硝酸加热，使之与有机物发生反应，有机物被破坏后，再加入高氯酸。蒸发高氯酸所产生的烟雾易在通风橱中凝聚，经常使用高氯酸的通风橱应定期用水冲洗，以免高氯酸的凝聚物与尘埃、有机物作用，引起燃烧或爆炸，造成事故。

⑧ 汞盐、砷化物、氰化物等剧毒物品，使用时应特别小心。氰化物不能接触酸，因会发生反应产生氰化氢（剧毒！）。氰化物废液应倒入碱性亚铁盐溶液中，使其转化为亚铁氰化铁盐类，然后作废液处理。严禁直接将氰化物倒入下水道或废液缸中。用过的废物不可乱扔、乱倒，应回收或进行特殊处理。不可将化学试剂带出实验室。

⑨ 酸、碱是实验室常用试剂，浓酸或浓碱具有强烈腐蚀性，应小心使用，不要把它们洒在衣服或皮肤上。所用玻璃器皿不要甩干。在倾注或加热时，不要俯视容器，以防溅在脸上或皮肤上。实验用过的废酸/碱应倒入指定的废酸/碱缸中。

⑩ 实验室内严禁饮食、吸烟。切勿以实验容器代替水杯、餐具使用。决不允许用舌头尝试药品的味道。实验完毕后需将手洗净。严禁将食品及餐具等带入实验室中。

⑪ 实验过程中万一着火，不要惊慌，应尽快切断电源或燃气源，用石棉布或湿抹布熄灭（盖住）火焰。密度小于水的非水溶性有机溶剂着火时，不可用水浇，以防止火势蔓延。电器着火时，不可用水冲，以防触电，应使用干冰或干粉灭火器。着火范围较大时，应尽快用灭火器扑灭，并根据火情决定是否报警。

⑫ 使用汞时应避免泼洒在实验台或地面上，使用后的汞应收集在专用的回收容器中，切不可倒入下水道或污物箱内，万一发现少量汞洒落，应尽量收集干净，然后在可能洒落的地方洒上一些硫磺粉，最后清扫干净，并集中作固体废物处理。

⑬ 启开易挥发的试剂瓶时，尤其在夏季，不可使瓶口对着自己或他人脸部，以防万一有大量气液冲出时，造成严重烧伤。

⑭ 如果发生烫伤或割伤，可先用实验室的小药箱进行简单处理，然后尽快去医院进行医治。

⑮ 使用自来水后要及时关闭阀门，停水时要立即关闭阀门，以防来水后发生跑水。离开实验室前应再次检查自来水阀门是否完全关闭。

⑯ 实验完毕后，值日生和最后离开实验室的人员应负责检查门、窗、水、煤气是否关好，电闸是否断开。

1.3　实验室中意外事故的急救处理

实验室内备有小药箱，以备发生事故临时处理之用。

1. 割伤(玻璃或铁器刺伤等)

先把碎玻璃从伤处挑出，如轻伤可用生理盐水或硼酸溶液擦洗伤处，涂上紫药水(或红汞水)，必要时撒些消炎粉，用绷带包扎。伤势较重时，则先用酒精在伤口周围擦洗消毒，再用纱布按住伤口压迫止血，并立即送医院缝合。

2. 烫伤

可用10%高锰酸钾溶液擦灼伤处，若伤势较重，撒上消炎粉或烫伤药膏，用纱布绷带包扎。

3. 受强酸腐蚀

先用大量水冲洗，然后擦上碳酸氢钠油膏。如受氢氟酸腐伤，应迅速用水冲洗，再用5%苏打溶液冲洗，然后浸泡在冰冷的饱和硫酸镁溶液中30 min，最后敷上硫酸镁(26%)、氧化镁(6%)、甘油(18%)、水和盐酸普鲁卡因(1.2%)配成的药膏(或甘油和氧化镁2∶1悬浮剂涂抹，用消毒纱布包扎)，伤势严重时，应立即送医院急救。

当酸溅入眼内时，首先用大量水冲洗眼睛，然后用3%的碳酸氢钠溶液冲洗，最后用清水洗眼。

4. 受强碱腐蚀

立即用大量水冲洗，然后用1%柠檬酸或硼酸溶液冲洗。

当碱溅入眼内时，除用大量水冲洗外，还要用饱和硼酸溶液冲洗，最后滴入蓖麻油。

5. 磷烧伤

用1%硫酸铜、1%硝酸银或浓高锰酸钾溶液处理伤口后，送医院治疗。

6. 吸入溴、氯等有毒气体

可吸入少量酒精和乙醚的混合蒸气以解毒，同时应到室外呼吸新鲜空气。

7. 汞泄漏

立即用滴管尽可能将汞拾起，然后用锌皮去接触使其生成合金从而被消除，最后撒上硫磺粉，使汞与硫反应，生成不挥发的硫化汞。

8. 触电事故

应立即拉开电闸，截断电源，尽快地利用绝缘物(干木棒或竹竿)将触电者与电源隔离。

9. 火灾

酒精及其他溶于水的液体着火，可用水灭火；汽油、乙醚等有机溶剂着火时可用沙土扑灭；导线或电器着火时，先切断电源，用CCl_4灭火器灭火。

以上事故如果严重，应立即将伤者送医院医治。

1.4 实验室中的一些剧毒、强腐蚀物品知识

1. 氰化物和氢氰酸

如氰化钾、氰化钠、丙烯腈等，系烈性毒品，进入人体 50 mg 即可致死。甚至与皮肤接触经伤口进入人体，即可引起严重中毒。这些氰化物遇酸产生氢氰酸气体，易被吸入人体而中毒。

在使用氰化物时严禁用手直接接触，大量使用这类药品时，应戴上口罩和橡皮手套。含有氰化物的废液，严禁倒入酸缸：应先加入硫酸亚铁使之转变为毒性较小的亚铁氰化物，然后倒入水槽，再用大量水冲洗原贮放的器皿和水槽。

2. 汞和汞的化合物

汞的可溶性化合物如氯化高汞、硝酸汞，都是剧毒物品，实验中也应特别注意含金属汞的仪器(如温度计、压力计、汞电极等)。因金属汞易蒸发，蒸气有剧毒，又无气味，吸入人体具有积累性，容易引起慢性中毒，所以切不可以麻痹大意。

汞的密度很大(约为水的 13.6 倍)，作压力计时，应该用厚玻璃管，贮汞容器必须坚固，且应用厚壁的，并且只应存放少量汞而不能盛满，以防容器破裂，或因脱底而流失。在装有汞的容器下面应放一搪瓷盘，以免汞不慎洒在地上。为减少室内的汞蒸气，贮汞容器应是紧闭密封，汞表面应加水覆盖，以防蒸气逸出。

洒在地上的汞会散成许多小珠，钻入各处，形成表面积很大的蒸发面，此时应立即用滴管或毛笔尽可能将它拾起，然后用锌皮接触汞使其生成合金从而被消除，最后撒上硫磺粉，使汞与硫反应，生成不挥发的硫化汞。

废汞切不可以倒入水槽冲入下水管。因为它会积聚在水管弯头处，长期蒸发、毒化空气，误洒入水槽的汞也应及时拾起。使用或贮存汞的房间应经常通风。

3. 砷的化合物

砷和砷的化合物都有剧毒，实验室经常使用的是三氧化二砷(砒霜)和亚砷酸钠。这类物质中毒一般都是由口服引起的。当用盐酸和粗锌制备氢气时，也会产生一些剧毒的砷化氢气体，应加以注意。一般将产生的氢气通过高锰酸钾溶液洗涤后再使用。砷的解毒剂是二巯丙醇，肌肉注射即可解毒。

4. 硫化氢

硫化氢是极毒的气体，有臭鸡蛋味，它能麻痹人的嗅觉，以至逐渐不闻其臭，所以特别危险。使用硫化氢和用酸分解硫化物时，应在通风橱中进行。

5. 一氧化碳

煤气中含有一氧化碳，使用煤炉和煤气时一定要提高警惕，防止中毒。煤气中毒，轻者头痛、眼花、恶心，重者昏迷。对中毒的人应立即移出中毒房间，使其呼吸新鲜空气，进行人工呼吸，保暖，及时送医院治疗。

6. 常用的有毒有机化合物有苯、二硫化碳、硝基苯、苯胺、甲醇等

很多有机化合物也是有毒的，它们又常用作溶剂，用量大，而且多数沸点又低，蒸气浓，容易引起中毒，特别是慢性中毒，使用时应特别注意和加强防护。

7. 溴

溴是棕红色液体，易蒸发成红色蒸气，对眼睛有强烈的刺激催泪作用，能损伤眼睛、气管、肺部。触及皮肤，轻者剧烈灼痛，重者溃烂，长久不愈。使用溴时应带橡皮手套。

其他可能遇到的有毒或有腐蚀性的无机物还很多，如磷、铍、铊、铅的化合物，浓硝酸、碘蒸气等，使用时都应加以注意，这里不再一一介绍。

1.5　灭火常识

① 一般有机物，特别是有机溶剂，大都容易着火，它们的蒸气或其他可燃性气体、固体粉末等（如氢气、一氧化碳、苯蒸气、油蒸气）与空气按一定比例混合后，当有火花时（点火、电火花、撞击火花）就会引起燃烧或猛烈爆炸。

② 由于某些化学反应放热而引起燃烧，如金属钠、钾等遇水燃烧甚至爆炸。

③ 有些物品易自燃（如白磷遇空气就自行燃烧），会由于保管和使用不当而引起燃烧。

④ 有些化学试剂相混在一起，在一定的条件下会引起燃烧和爆炸（如将红磷与氯酸钾混在一起，磷就会燃烧爆炸）。

万一发生着火，要沉着地快速处理。首先要切断热源、电源，把附近的可燃物品移走，再针对燃烧物的性质采取适当的灭火措施。但不可将燃烧物抱着往外跑，因为跑时空气更流通，会烧得更猛。

常用的灭火措施有以下几种，使用时要根据火灾的轻重、燃烧物的性质、周围环境和现有条件进行选择：

1. 石棉布

适用于小火。用石棉布盖上以隔绝空气，达到灭火目的。如果火很小，用湿抹布或石棉板盖上就行。

2. 干砂土

一般装于砂箱或砂袋内，只要抛洒在着火物体上就可灭火。适用于不能用水扑救的燃烧，但对火势很猛、面积很大的火焰欠佳。砂土应该用干的。

3. 水

水是常用的救火物质。它能使燃烧物的温度下降，但一般有机物着火不适用，因溶剂与水不相溶，又比水轻，水浇上去后，溶剂还漂在水面上，扩散开来继续燃烧。但若燃烧物与水互溶或用水没有其他危险，可用水灭火。在有机溶剂着火时，先用泡沫灭火器把火扑灭，再用水降温是有效的救火方法。

4. 泡沫灭火器

泡沫灭火器是实验室常用的灭火器材。使用时，把灭火器倒过来，往火场喷。它生成的二氧化碳及泡沫，使燃烧物与空气隔绝而灭火，效果较好，适用于除电流起火外的灭火。

5. 二氧化碳灭火器

在小钢瓶中装入液态二氧化碳，救火时打开阀门，把喇叭口对准火场喷射出二氧化碳以灭火。在工厂和实验室都很适用，它不损坏仪器，不留残渣，对于通电的仪器也可以使用。但金属镁燃烧不可使用它来灭火。

6. 四氯化碳灭火器

四氯化碳沸点较低，喷出来后形成沉重而惰性的蒸气掩盖在燃烧物体周围，使燃烧物体与空气隔绝而灭火。它不导电，适于扑灭带电物体的火灾。但它在高温时分解出有毒气体，故在不通风的地方最好不要用。另外，在有钠、钾等金属存在时不能使用，因为有引起爆炸的危险。

7. 水蒸气

在有水蒸气的地方把水蒸气对着火场喷，也能隔绝空气而起到灭火的作用。

8. 石墨粉

当钾、钠或锂着火时，不能用水、泡沫灭火器、二氧化碳、四氯化碳等灭火，可用石墨粉扑灭。

9. 四氯化碳和二氧化碳灭火器

电路或电器着火时扑救的关键是首先要切断电源，防止事态扩大。电器着火的最好灭火器是四氯化碳和二氧化碳灭火器。

当在着火和救火当中，衣服着火时，千万不要乱跑，因为这会由于空气的迅速流动而加强燃烧，应当躺在地下滚动，这样一方面可压熄火焰，另一方面也可避免火烧到头部。

除了以上几种常用的灭火器外，近年来还生产了多种新型的高效能的灭火器。如1211灭火器，它在钢瓶内装有二氟一氯一溴甲烷药剂，灭火效率高。又如干粉灭火器是将二氧化碳和一种干粉剂配合起来使用，灭火速度很快。

1.6 实验室“三废”无害化处理

实验室所用化学药品种类多、毒性大，废水、废气、废渣成分复杂，应分别进行预处理再排放或进行无害化处理。

1.6.1 实验室废水处理

1.6.1.1 稀废水处理

用活性炭吸附，工艺简单，操作简便，对稀废水中苯、苯酚、铬、汞均有较高去除率。

1.6.1.2 浓有机废水处理

浓有机废水处理主要指有机溶剂收集、焚烧法无害处理，即建焚烧炉，集中收集，定期处理。

1.6.1.3 浓无机废水处理

浓无机废水以重金属酸性废水为主，处理方法有：

1. 水泥固化法

先用石灰或废碱液中和至碱性，再投入适量水泥将其固化。

2. 铁屑还原法

含汞、铬酸性废水，加铁屑还原处理后，再加石灰乳中和。也可投放 $FeSO_4$ 沉淀处理。

3. 粉煤灰吸附法

粉煤灰包含 SiO_2、Al_2O_3、CaO、Fe_2O_3 等，属多孔蜂窝状组织，具有较强的吸附性能。当pH为4～7时，使用粉煤灰可使 Hg^{2+}、Pb^{2+}、Cu^{2+}、Ni^{2+} 的去除率达30%～90%。

4. 絮凝剂絮凝沉降法

聚铝、聚铁絮凝剂能有效去除 Hg^{2+}、Cd^{2+}、Co^{2+}、Ni^{2+} 等离子。

5. 硫化剂沉淀法

Na_2S、FeS 使重金属离子呈硫化物沉淀析出而除去。

6. 表面活性剂气浮法

常用月桂酸钠，使重金属沉淀物具有疏水性上浮而除去。

7. 离子交换法

离子交换法是处理重金属废水的一种重要方法。

8. 吸附法

活性炭价格高，利用天然资源如硅藻土、褐煤、风化煤、膨润土、黏土等制备的吸附剂，物美价廉，适用于处理低浓度重金属废水。

9. 溶剂萃取法

常用磷酸三丁酯、三辛胺、油酸、亚油酸、伯胺等，操作简便。萃取剂磷酸三丁酯可脱除高浓度酚，含酚废水多采用此法处理。聚氨酯泡沫塑料吸附法处理高浓度含酚废水，去除率达99%。表面活性剂 Span-80 对酚去除率也达99%。

1.6.1.4　废酸废碱液处理

对废酸废碱液，采用中和法处理后才能排放。

1.6.2　实验室废气处理

化学反应产生的废气应在排入大气前做简单处理，如用 NaOH、$NH_3 \cdot H_2O$、Na_2CO_3、消石灰乳吸附 H_2S、SO_3、HF、Cl_2 等，也可用活性炭、分子筛、碱石棉或吸附剂负载硅胶、聚丙烯纤维吸附酸性、腐蚀性、有毒气体。

1.6.3　实验室废渣处理

通过化学处理，变废为宝。如用烧碱渣制取水玻璃，用盐泥制取纯碱、氯化铵，从硫酸泥中提取高纯硒，也可用蒸馏、抽提方法回收有用物质。废渣经无害化处理后，要定期填埋或焚烧。

参 考 文 献

[1] 武汉大学化学与分子科学学院实验中心.分析化学实验[M].武汉:武汉大学出版社,2003.
[2] 徐伟亮.基础分析化学实验[M].北京:科学出版社,2005.
[3] 王明德,赵清泉,刘廉泉.分析化学实验[M].北京:高等教育出版社,1986.
[4] 大连理工大学《分析化学实验》编写组.分析化学实验[M].大连:大连理工大学出版社,1989.
[5] 李雄志,杨仁柱.分析化学实验[M].北京:北京师范大学出版社,1990.
[6] 吉林大学化学系分析化学教研室.分析化学实验[M].长春:吉林大学出版社,1992.
[7] 北京大学化学分析化学教研室.基础分析化学实验[M].2版.北京:北京大学出版社,2003.
[8] 柴华丽,马林,徐华华,等.定量分析化学实验教程[M].上海:复旦大学出版社,1993.
[9] 金谷,江万权,周俊英.定量化学分析实验[M].合肥:中国科学技术大学出版社,2005.
[10] 南京大学《无机及分析化学实验》编写组.无机及分析化学实验[M].北京:高等教育出版社,1998.
[11] 陈焕光.分析化学实验[M].广州:中山大学出版社,2006.
[12] 阮湘元,苏亚玲.分析化学实验[M].广州:广东高等教育出版社,1998.

第 2 章　分析化学实验要求和预习要点

2.1　目的和要求

分析化学实验是化学和应用化学专业学生的主要基础课之一，它既是一门独立的课程，又需要与分析化学理论课紧密结合。本课程的目的和要求是：

① 学习并掌握定量分析化学实验的基本知识、基本操作、基本技能、典型的分析方法和实验数据处理方法。

② 确立“量”的概念、“误差”和“偏差”的概念及“有效数字”的概念，了解并能掌握影响分析结果的主要因素和关键环节，合理地选择实验条件和实验仪器，以确保定量结果的可靠性。

③ 通过实验加深对有关理论的理解，并能灵活运用所学理论知识和实验知识指导实验设计及操作，提高分析和解决实际问题的能力，培养创新意识和科学探索的兴趣。为将来的独立科研工作打下坚实的基础。

④ 培养实事求是的实验态度、严谨的科学作风和良好的实验素养。

2.2　分析化学实验课程特色和目标

2.2.1　课程特色和目标

本课程分Ⅰ型、Ⅱ型两种实验。Ⅰ型实验是以基本操作、基本技能和基本方法的验证性实验训练为主，以综合实验、设计实验为辅。目标是使学生学会做实验。Ⅱ型实验是在Ⅰ型实验的基础上，以综合实验为主，并注重学生能力和素质的协调发展。目标是使学生学会做科研。

先选课要求：分析化学，无机化学，无机化学实验。

2.2.2　分析化学实验内容介绍

2.2.2.1　分析化学Ⅰ型实验内容

分析化学实验Ⅰ型是主要以培养学生的实验技能、实验作风和科学意识为主的一门课程。由于分析化学实验自身“定量”的特点，在培养学生的综合实验素质方面呈现它的独到之处。因为“定量”的要求，学生要做好分析化学实验就必须具有规范的基本操作、认真的实验态度、严谨的实验作风。特别需要说明的是，针对分析化学实验的特点，实验室制定了一系列相关规则，如对实验原始数据的要求、对实验纪律的要求、对实验预习的要求、对实验报告的要求等，因而有利于培养学生良好的实验素养和实事求是的科学习惯。

由于分析化学实验Ⅰ型自身的定位，其实验内容主要以基本操作练习和验证性实验为主，如滴定分析基本操作和未知碱的滴定、有机酸摩尔质量的测定、返滴定法测定铝样中的铝、配位置换法测定铜合金中的铜、高锰酸钾法测定白云石中的钙、无汞盐法测定铁矿石中的全铁、硫酸钡均相沉淀历程探究、自主样品组分分析及评价等。通过这些实验培养学生实验的动手能力和科研意识，同时，让学生了解分析化学实验的基本方法。在此基础上，Ⅰ型实验安排了设计实验，如自选样品中钙的测定、铝合金多组分分析、透析液主要成分测定、胃舒平(复方氢氧化铝片)中铝及镁分析等。设计实验拟在让学生了解科研的基本思路和做法，同时也有利于激发学生对科学实验的兴趣。

2.2.2.2 分析化学Ⅱ型实验内容

分析化学实验Ⅱ型是以综合研究型实验为主导的实验模式，是在Ⅰ型实验的基础上，培养学生科研能力和创新意识。实验内容包括无机材料、有机材料和高分子材料的合成、改性及应用。应用涉及生物、材料、医药、环境、食品等多个领域。如甲基橙的合成、变色域确定和离解常数测定、PVA 亲和膜的制备及应用、SDS 在氧化铝表面的自组装及用于处理环境废水中的重金属离子、聚乙二醇盐-水体系萃取分离钴离子、海藻酸钙及壳聚糖微胶囊的制备及缓控作用研究、绿茶中茶多糖的提取和相关成分分析、羟基磷灰石的制备及组成测定、碘与多羟基聚合物显色反应研究及分析应用等。

这些综合和研究型实验都和当前科学研究的热点相关，因此，这些实验的开设不仅可明显增强同学们的科研能力，更重要的是有利于创新意识和能力的培养。如糖和蛋白、核酸一样是重要的生命信息分子，目前对糖及糖化合物的关注日益增强，利用茶多糖提取这个实验可以让学生进一步了解这种物质，激发他们的兴趣，同时也能使他们掌握生物物质常见的提取、分离、富集和分析方法。氧化铝的表面修饰、聚乙二醇液-液萃取体系都和表面活性剂自组装形成的分子有序组合体有关，它是一种超分子结构，且有至少一级纳米尺度，属于介于宏观和微观之间的物质形态。目前，介观尺度物质的神奇特性正逐步被人们认识，并激起众多领域学者极大的科学热情。通过这个实验，可拓宽学生的视野，了解神奇的介观世界。PVA 亲和膜这个实验是利用亲和高分子膜分离和制备生物物质的例子。膜分离和表面活性剂萃取是当代生物制备过程中常用且有效的分离手段，是学生有必要掌握的重要技术之一。碘与多羟基聚合物显色反应研究及分析应用是利用常见的测试手段了解超分子反应体系(一种不同于常见的小分子反应体系)的有效方法。海藻酸钙及壳聚糖微胶囊的制备及缓控作用研究、羟基磷灰石的制备实验都是材料科学和其他学科如生物、环境、药物等交叉渗透的范例。

由于这些新增实验具有综合性和设计性的特点，再加上涉及的实验内容趋向前沿且体现了学科间的交叉和融合，应用的技术手段也很丰富，因而可充分地调动学生的主观能动性和积极性。

2.2.2.3　设计型和探究型实验说明

1. 目的如下：

① 培养学生独立操作、独立分析问题和解决问题的能力。

② 训练学生灵活运用所学到的知识的能力，并使其能拟定出滴定分析或所学到的其他分析方案。

2. 实验内容如下：

① 果汁中维生素C的测定。

② 活性氧化铝的制备、表征及铝含量测定。

③ 磷酸三钙组成测定。

④ 实验室含铬废液的回收及分析评价。

⑤ 样品中钙、钡的测定。

⑥ 菠菜色素的提取和分离。

⑦ 氯化铵和盐酸混合液中氯化铵和盐酸的测定。

⑧ 铜-EDTA配合物制备及组成测定。

⑨ 均匀沉淀法制备硫酸钡的机理研究。

⑩ 碘与水溶性高分子的显色反应研究与分析应用。

⑪ 自主样品的成分分析及评价。

3. 要求如下：

① 每个学生根据所选定的实验题目，首先查阅有关的参考资料，并做详细记录。

② 拟定出初步分析方案，注明所用试剂、方法原理、选择何种指示剂、试样取量和分析结果计算。

③ 初步方案拟订好后交老师审阅，批准后若有条件可按方案进行实验。

④ 最后写出实验报告，总结实验情况。

⑤ 分组讨论各个方案的优缺点，交谈实验收获。

2.2.2.4　开放实验内容介绍

开放实验的设立为对科学研究有浓厚兴趣的同学们提供一个平台，利用这个平台，同学们可充分发挥自己的想象翱翔在科学的海洋里，既可丰富自己的课余生活，又能积累知识、提高科学素养，为自己未来光明灿烂的人生，增添多彩的一笔。

感兴趣者可利用课余时间或假期选做开放实验，实验内容可自带，也可由开放实验室提供。前者需预先将实验方案提交开放实验室，以便了解方案的可行性和准备实验。

开放实验的建立是基础化学实验Ⅱ的加强和补充。因完成基础化学实验Ⅱ需较长的时间，对非化学专业的学生或化学专业高年级本科生或低年级的研究生，可能因兴趣或专业方向的原因，需在某个方面得到进一步的培训和提高。因此，时宜的开放实验可为这些同学提供一个提高自己和展示自己的机会。

开放实验室提供的实验课题如下：

① 绿茶中茶多糖的提取和含量测定。

② 纳米羟基磷灰石材料的控制制备及成分分析。
③ 超微粒子硫酸铜的模板制备及纯度分析。
④ 开管毛细管预富集结合流动注射法测定铜。
⑤ 季铵盐改性土壤对水中苯酚的吸附及去除效果分析。
⑥ 类脂囊泡的制备及用于磺基水杨酸的包封。
⑦ 海藻酸-Ca^{2+}-壳聚糖微胶囊的制备及用于环境废水中重金属离子的处理。
⑧ 聚乙烯醇多孔膜的制备及改性。

2.2.3 主要实验技能

主要实验技能如下：
① 玻璃量器及常用器皿的洗涤方法。
② 精确称量。
③ 常量分析中各类溶液(包括标准溶液)的配制与标定。
④ 样品的溶解及预处理。
⑤ 指示剂的选择及滴定终点的控制。
⑥ 滴定管、移液管、容量瓶等的操作。
⑦ 纯净沉淀的制备及过滤、洗涤、干燥。
⑧ 分光光度计(单光束、双光束)、pH 计、磁力搅拌器(包括集热式)、多功能振荡器、超声清洗仪、离心机、干燥箱(包括真空式)、马弗炉、冷冻干燥机等仪器的正确操作。
⑨ 查阅分析化学手册及有关资料。

2.2.4 主要培养的实验素养

主要培养的实验素养有:严谨的科学态度、细致的工作作风、实事求是的数据报告;良好的实验习惯(准备充分,操作规范,记录简明,台面整洁,实验有序,良好的环保和公德意识);团结协作精神;认真观察实验现象,科学分析实验数据;强烈的求知欲望。

2.2.5 着重培养的实验能力

着重培养的实验能力主要有以下几个方面:动手能力、理论联系实际的能力、设计实验的能力、创新能力、独立分析解决实际问题的能力、查阅手册资料并运用其数据资料的能力以及归纳总结(实验报告)的能力等。在整个实验过程中,要利用一切环节进行能力的训练。开设“自拟方案实验”(简称“设计实验”)是训练和考查学生综合能力的重要教学环节之一。设计实验的题目提前两周或一个月公布,学生选定题目后在两周内进行准备。查阅有关资料,拟定实验方案(提倡讨论),然后在实验过程中进行试验和改进(双休日开放实验室),最后写出实验报告,并在实验室进行交流、讨论,由教师进行总结,目的是使学生的思路和认识得到升华。

2.2.6　对实验数据和实验结果的要求

要求如下：

① 了解原始数据和一般实验数据的区别，学会在分析化学实验中正确使用有效数字。

② 实验中所有测量数据都要随时记在专用的记录本上，不可记在其他任何地方，记录的数据不得随意进行涂改。

③ 常量分析中的典型实验，其平行实验数据之间的平均偏差不超过±0.2%；实验结果的误差应不超过±0.8%。

2.3　分析化学实验课程要求

2.3.1　对实验课程的要求

(1) 课前应认真预习，明确实验目的和要求，了解实验的内容、方法和基本原理包括实验内容涉及的一些基本操作，并写好实验预习报告。

(2) 实验中要认真操作，仔细观察各种现象，根据原始记录，认真地分析问题、处理数据，写出实验报告。

(3) 实验操作要求独立完成，但有关实验方面的问题可与老师和同学讨论。

(4) 对原始数据的要求如下：

① 原始数据必须用圆珠笔、水笔或钢笔写，不能用铅笔；

② 原始数据必须及时记录，而且要记在报告本上，并注意有效数字；

③ 原始数据不能任意涂改，若确实记错了，需经老师核对后，方可改正；

④ 原始数据必须保留，不能撕掉。

(5) 对实验报告的要求如下：

① 实验目的；

② 实验原理；

③ 主要仪器与试剂；

④ 实验步骤及现象；

⑤ 数据处理；

⑥ 讨论。

注意：① 实验报告本要编上号，报告本要求用练习簿；② 报告本当天交。

2.3.2　实验室守则

实验室守则如下：

① 实验时应遵守操作规则。注意安全，爱护仪器，节约试剂。

② 遵守纪律,不迟到,不早退,若迟到 15 min 以上,当天的实验成绩取消;保持室内安静,不要大声谈笑;做完实验后,将报告本交给任课老师后,方可离开。

③ 不能无故不来做实验,若确有特殊情况(如生病)不能按时来做实验,需提交医生证明和请假条,在实验前交给任课老师。

④ 不准许将外物带入实验室,更不允许在实验室吃东西。

2.4 实验成绩评定的量化标准

2.4.1 实验前预习情况

凡未进行预习的学生一律不得进行实验。指导教师在实验前必须检查学生预习情况,根据预习是否认真,是否写好部分实验报告并列好有关记录表格,对老师的提问是否能准确地回答等,给予评分。此项实验成绩评分权重为 0.10。

2.4.2 实验态度和遵规守纪情况

凡迟到 15 min 者,虽允许实验,但本次实验记零分;实验不认真、态度不端正、不听从指导教师安排或有违反实验室规则和课堂纪律者,此项成绩记零分或酌情扣减。

2.4.3 实验操作技术规范情况

实验课的目的之一就是使学生正确、规范地掌握基本实验操作技术,指导教师应不厌其烦地示范,辅导学生进行操作,对于屡教不改或明知故犯的学生,应扣减此项成绩。此项实验成绩评分权重为 0.20。

2.4.4 实验结果的准确度、精密度和有效数字的表达情况

凡抄袭他人数据和实验结果者,本次实验记零分,并不准重做。一次实验难有很好的准确度和精密度,指导教师在评分时应注意这种情况,在一定的范围之内可以不扣分,结果相差太大,且精密度亦不好者,应令其重做,但实验成绩以前次实验结果为准。此项成绩的评定,应综合考虑实验态度和实验操作技能的情况进行扣减。此项实验成绩评分权重为 0.60。

2.4.5 实验报告的撰写情况

实验报告中的原始记录必须经指导教师签字后才有效,凡不及时将原始数据记在报告本上或任意涂改原始记录者,本次实验记零分,并不准重做。撰写实验报告,应做到字迹工整,数据可靠,图表正确,条理清楚,语言通畅,指导教师据此进行评分。此项实验成绩评分

权重为0.10。

2.5　分析化学实验前预习提要

2.5.1　分析化学实验预习的要求

分析化学实验预习的要求如下：

① 掌握本实验所涉及的实验操作规范，如玻璃仪器的清洗、天平称量、样品的溶解、样品的制备或预处理、定量转移溶液、(标准)溶液的配制、定量移液、滴定(包括滴定速度控制、终点控制、读数等)及其他仪器的正确操作。

② 了解实验应用哪些玻璃仪器，应配制哪些溶液，每步实验的顺序，做每步前应做哪些准备，应注意什么问题。只有这样才能做到心中有数。

③ 掌握实验原理，结合所学的理论知识了解实验内容中每个步骤设计的思路。换句话说，就是做到知其然，知其所以然。为做好实验提供了自信的保证。

④ 按照报告的规范要求，写出实验预习报告。

2.5.2　分析化学实验(预习)报告格式

1. 实验目的

先预习，在了解实验原理和实验内容后，用自己的语言总结一下通过本实验可学到什么和掌握哪些实验技能。

2. 实验原理

用化学反应式或跟实验原理相关的图片，再结合简明的文字表达实验原理。

3. 实验所用的主要试剂和仪器

根据实验的需要，列出所需的玻璃仪器和需要配制的溶液(包括标准溶液)。

4. 实验内容

按照实验步骤，分几段列出实验内容。比如，酸碱滴定法测定未知碱实验，实验内容一般可分三个部分：① 溶液配制；② 盐酸溶液的标定；③ 未知碱的测定。后两个部分，提倡用流程图形式结合简明文字，按照实验的实际需要，列出实验的先后步骤。

5. 实验数据和实验现象

根据实验需要，最好用表格的形式，记录实验数据。其中原始数据必须严格按照前述的要求记录并一定要注意有效数字的正确表达。

对实验过程中出现的一些实验操作或处理的方式以及产生的现象要如实记录，如返滴定法测定明矾中的铝时，在滴定前要利用硝酸调pH，用了几滴硝酸，颜色是如何变化的等都要及时记下来。这样做，一方面有利于实验的重复和对实验成败的分析；另一方面有利于发现一些新的实验现象。

6. 数据处理和结果讨论

对实验中记录的数据进行处理，计算实验结果。根据实验结果及实验过程中的一些实验现象，对误差进行分析。

计算实验结果时，需列出计算公式，然后给出结果。计算过程应尽量简明，相应的误差或偏差也要算出，必要时，给出统计结果。

总之，格式虽不是唯一的，但要求数据记录清晰且真实，内容表述清楚且合理。

2.6 分析化学实验预习提要示例

充分预习是做好实验的前提，特别是较为复杂的实验。为了使学生能很好地完成预习这个过程，下面以几个不同类型的实验为例，提出预习和实验报告的模板，供参考。

示例 1 分析化学基本操作练习和酸碱滴定法测定未知碱的浓度

(1) 了解定量分析的一些基本操作规范(见第 4 章)，了解定量分析的基本步骤，影响定量分析实验结果的误差来源。

定量分析化学实验由于有“定量”的要求，涉及的实验操作大多都有一定的规范性。这是做好定量分析化学实验的必要条件。因此，同学们在做定量分析化学实验之前，在思想上必须有“量”的概念和意识，必需严格按照分析化学实验操作规范进行实验。故要求同学在实验前必须充分预习实验教材中化学实验基本操作部分，再结合实验时的演示和实际练习，尽快掌握这些规范性实验操作。

定量分析化学实验操作一般有玻璃仪器洗涤、准确称量、溶解、定量转移溶液、溶液配制(或样品制备)、移液、滴定、终点判断、读数、结果计算几个步骤。而实验操作的每一步都直接影响到最后的实验结果。因此，实验前充分的准备(自信心的建立)、实验中胆大而又细致的练习和操作(实验技能的产生)和对实验现象的准确判断及分析(科研意识的培养)、实验后的认真总结(知识的积累和科研素质的提高)是分析化学实验的“三部曲”。

(2) 了解酸碱滴定法测定未知碱的原理，了解强酸强碱、弱酸弱碱、多元酸碱和混合酸碱滴定的区别。

强酸强碱滴定不存在反应完全程度和反应速度问题，只要选择好适合的指示剂，掌握了规范操作，一般很容易实现准确测量。弱酸弱碱首先要判断反应完成的程度，能满足定量滴定的要求才可，其他同强酸强碱，一般也不存在反应速度问题。多元酸碱滴定相对比较困难，首先要考虑能否分步滴定，若可以，滴定到哪一步较为理想(这包括反应程度如何、指示剂选择、终点判别难易程度、滴定误差大小等)。由于多元酸碱自身的实际情况，滴定误差往往可以适当放宽(如误差要求由一般强酸强碱的 0.2%到多元酸碱的 0.5%)。混合酸碱滴定首先要判断能否分别滴定，你需要测定其中哪一个酸碱或全部测定，然后根据实际需要选择指示剂等反应条件。

酸碱滴定法测定未知碱的原理

取未知碱溶液(或碱样经溶解后制备的溶液)，加甲基橙(R)做指示剂，用盐酸标准溶液滴定至黄色突变成橙色即为终点。

第一步，盐酸的标定：

$$2HCl+Na_2CO_3 = 2NaCl+CO_2+H_2O$$

$$HCl + HR \longrightarrow Cl^- + H_2R+HR$$

碱式色(黄色)　　　　混合色(橙色)

盐酸不是基准物质,无法直接配制标准溶液,通常需要采用标定法配制。实验中采用甲基橙做指示剂。

第二步,未知碱的测定:

$$HCl + OH^- = H_2O+Cl^-$$

$$HCl + HR \longrightarrow Cl^- + H_2R+HR$$

碱式色(黄色)　　　　混合色(橙色)

同上,也采用甲基橙做指示剂。

(3) 结合实验内容的设计,了解定量分析化学实验的一般步骤和规范性操作要求。

步骤一　分析化学实验基本操作练习

分析化学实验因其定量的要求,对实验基本操作有一些规范性要求(见第 4 章)。在预习时,除了要求了解这些规范性操作外,还有必要了解这些仪器和操作的特点,这有助于了解这些规范的来由和正确掌握这些操作。

步骤二　溶液配制

① 一般溶液配制

如 0.1 $mol \cdot L^{-1}$ HCl 或 NaOH 溶液的配制等。

因一般溶液只能得到大致浓度的溶液,所以在配制过程中,没有必要精确称量和量取。故固体一般用台秤(普通分析天平)称量,液体用量筒(或量杯)量取即可。

但也要注意,所有的溶液配制都必须用蒸馏水(包括所用的玻璃器皿在使用前也必须洗净且用蒸馏水润洗三遍)。而且最后必须放置到适合的容器中,摇匀后再用。碱性溶液和含氟的溶液需要在塑料瓶中保存。酸性溶液和盐类可保存在玻璃瓶中。见光易分解的溶液需要用棕色瓶盛放并放在暗处保存。

② 标准溶液配制

标准溶液通过基准物质直接配制或通过标定后制备。

因标准溶液是准确浓度的溶液,所以在相关步骤中都要求精确。如需用精密分析天平(能称准至 0.1 mg),基准物质溶解后必须被定量转移到容量瓶中备用或保存。

步骤三　标定和测定

① 以 HCl 浓度的标定为例

在分析天平上用称量瓶准确称取无水碳酸钠 1.2～1.5 g(用什么称量方法? 称量时应注意什么问题?),置于 250 mL 烧杯中,加 50 mL 水(用什么量取? 加水多少有影响吗?),搅拌溶解后,定量转入(何谓定量转入?)250 mL 容量瓶中,用水稀释至刻度,摇匀备用。

用移液管移取 25.00 mL 上述 Na_2CO_3 标准溶液于 250 mL 锥形瓶中,加 1 滴甲基橙做指示剂(可否用酚酞做指示剂?),用 HCl 溶液滴定至溶液刚好由黄色变为橙色(为何不滴定到红色为终点?)即为终点,记下所消耗的 HCl 溶液的体积。平行标定三份。计算出 HCl 溶液的浓度和偏差(标准偏差、平均偏差,还是……为什么要计算这种偏差?)。

② 未知碱浓度的测定

用移液管移取 25.00 mL 未知碱液于 250 mL 锥形瓶中,加 1 滴甲基橙作指示剂,用 HCl 溶液滴定至溶液刚好由黄色变为橙色即为终点,记下所消耗的 HCl 溶液的体积。平行滴定三份。计算出未知碱(一元强碱)溶液的浓度。

若测定的未知碱是一元强碱(如氢氧化钠),你认为标定和测定步骤中在操作上应有什么不同?在上述实验中,标定和滴定对过程的控制有什么不同?

HCl 标定的流程图如图 2.1 所示。

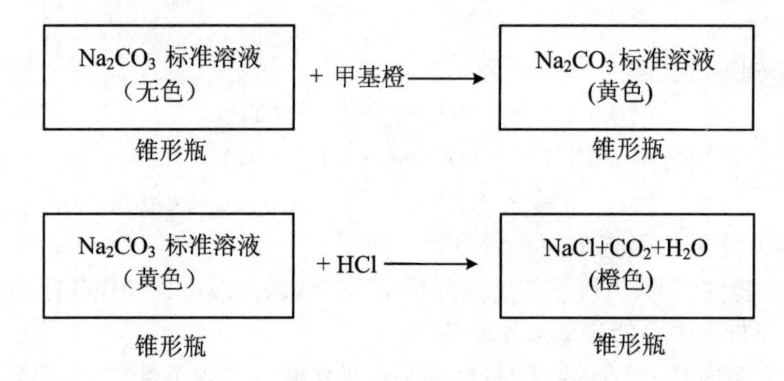

图 2.1 HCl 标定的流程图

未知碱测定的流程图如图 2.2 所示。

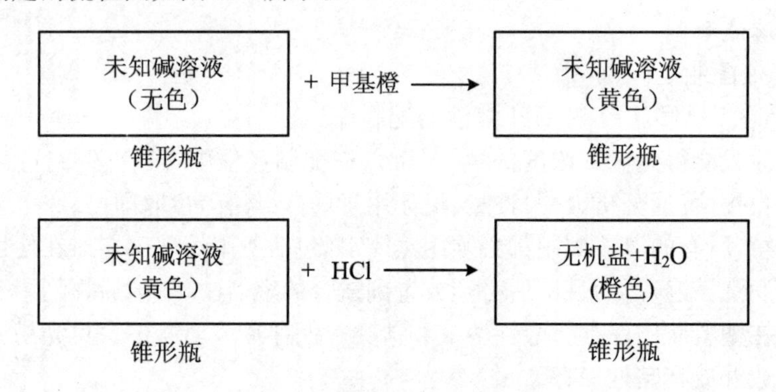

图 2.2 未知碱测定的流程图

示例 2 返滴定法测定明矾中的铝(验证性实验——配位滴定)

(1) 了解明矾的组成,了解铝的大致含量有多少,了解有无使用返滴定法测定铝的干扰成分(通过网络、书籍、期刊等)。

十二水合硫酸铝钾,化学式为 $KAl(SO_4)_2 \cdot 12H_2O$,无色晶体,能与水反应生成氢氧化铝。试样中铝的质量百分数的理论值为 5.687%。由此可知,可用 EDTA 法测定明矾中的铝,且没有共存离子的干扰。

(2) 了解返滴定法测定铝的原理,有无其他可以测定明矾中铝的方法。

铝离子是金属离子,但氧化还原性很弱,故用酸碱滴定和氧化还原滴定都比较困难,因此采用络合滴定是测定铝离子较为可行的方法。除了络合滴定法,重量分析法也是测定铝的可选的方法之一。但重量分析一般操作麻烦,且耗时长。

铝离子容易水解,在较低酸度时容易形成多羟基配合物,还会形成多核配合物,此时 Al^{3+} 与 EDTA 配合的速率较慢,而且对二甲酚橙指示剂有封闭作用。因此,用 EDTA 络合滴定法滴 Al^{3+} 时,不用直接滴定,而通常采用返滴定或置换滴定法。

返滴定法首先用水溶解明矾,并调节 pH 至 3～4,加入一定量(过量)的 EDTA 溶液并煮沸 5 min，使 Al^{3+} 与 EDTA 完全配合，冷却后调节溶液 pH 至 5～6，以二甲酚橙为指示剂，用 Zn^{2+} 标准溶液滴定剩余的 EDTA，因为铝和 EDTA 是 1∶1 的络合物，所以 EDTA 的量（单位为 mol）与 Zn^{2+} 标准溶液的量（单位为 mol）之差即为铝的量。

返滴定法测定铝的原理

第一步是加一定量（过量）的 EDTA 二钠盐（简称 EDTA），让 Al^{3+} 与 EDTA 反应完全，要做到这一点，反应的酸度和温度的控制至关重要。选择 pH 为 3～4，一方面是防止 Al^{3+} 的水解；另一方面是保证 Al^{3+} 与 EDTA 反应完全。加热煮沸 5 min 是为了加速 Al^{3+} 与 EDTA的反应。

$$Al^{3+} + H_2Y^{2-} \longrightarrow AlY^- + 2H^+ + H_2Y^{2-}\text{（剩余的）}$$

实验中采用二甲酚橙（XO）做指示剂。

第二步是 Al^{3+} 与 EDTA 反应完全后，剩余未反应的 EDTA 用 Zn^{2+} 标准溶液滴定。这一步要注意的仍然是酸度的控制，前面反应的 pH 是 3～4，但滴定时 pH 应控制在 5～6。用二甲酚橙做指示剂，由黄色突变到紫红色即为终点。

$$Zn^{2+} + H_2Y^{2-}\text{（剩余的）} = ZnY^{2-} + 2H^+$$

$$Zn^{2+} \quad + \quad XO \quad = \quad ZnXO$$

指示剂颜色（黄色）　　络合物颜色（红色）

置换滴定法是首先用酸溶解铝样，并调节 pH 到 3～4，加入过量的 EDTA 溶液并煮沸，使 Al^{3+} 与 EDTA 完全配合，冷却后调节溶液 pH 至 5～6，以二甲酚橙为指示剂，用 Zn^{2+} 标准溶液滴定剩余的 EDTA（不用记录体积），然后加入过量的 NH_4F，加热至沸，使 Al－EDTA 配合物与 F^- 之间发生置换反应，释放出与 Al^{3+} 等摩尔的 EDTA，反应式为

$$AlY^- + 6F^- + 2H^+ = AlF_6^{3-} + H_2Y^{2-}$$

释放出来的 EDTA 再用 Zn^{2+} 标准溶液滴定，消耗的 Zn^{2+} 标准溶液的量即为铝的量。

比较返滴定法和置换滴定法，它们各有所长。返滴定法步骤少，操作较为简单，故而可能引入的误差也小。但不能消除其他常见金属离子的干扰。置换滴定法虽相对较为麻烦，但对于复杂的体系，如合金、矿样等，可消除大部分共存离子的干扰。本实验是测定明矾中的铝，不存在共存的干扰离子，故选择返滴定法较好。

(3) 结合所学的理论知识，了解实验步骤的设计思想，真正做到知其然，也知其所以然。

步骤一　EDTA 溶液的标定

移取 25.00 mL EDTA 溶液于 250 mL 锥形瓶中，加水 50 mL（为什么要加水？），加入 2 滴二甲酚橙、5 mL 20%六亚甲基四胺（六亚甲基四胺起什么作用？加多加少有无影响？），用 1∶1 HNO_3 调至溶液刚变亮黄（调到刚变亮黄的目的是什么？），用锌标准溶液滴定至红紫色。平行标定三份。求出 EDTA 溶液的浓度（$mol \cdot L^{-1}$）。

步骤二　试样分析

准确称取 0.24～0.26 g（称多称少有没有影响？）试样三份，分别置于 250 mL 锥形瓶中，加水 25 mL 溶解（加多加少有无影响？），再加入 EDTA 标准溶液 50.00 mL（用什么移取？），二甲酚橙 1 滴，摇匀，用 1∶1 氨水调至溶液显紫红色（调到紫红色表示什么？），再用 1∶1 HNO_3 调至溶液刚变亮黄（调到亮黄表示什么？），并过量 2 滴（为何要过量？）。煮沸 5 min。冷却后补加二甲酚橙 1 滴（为什么要补加指示剂？）、六亚甲基四胺 5 mL，再用 1∶1 HNO_3 调至刚变亮黄，用锌标准溶液滴定至红紫色即为终点。计算试样中铝的质量百分数。

问题　本实验中，EDTA 标定时，用 EDTA 来滴定 Zn^{2+} 标准溶液可不可以？本实验中，

用什么基准物质来标定EDTA最好？

在预习过程中，要求同学们对实验步骤中提到的问题逐一思考，找到满意的答案。这样做不仅有利于学生加深对所学理论知识的理解；而且也有利于提高学生分析问题和解决问题的能力。

EDTA标定的流程图如图2.3所示。

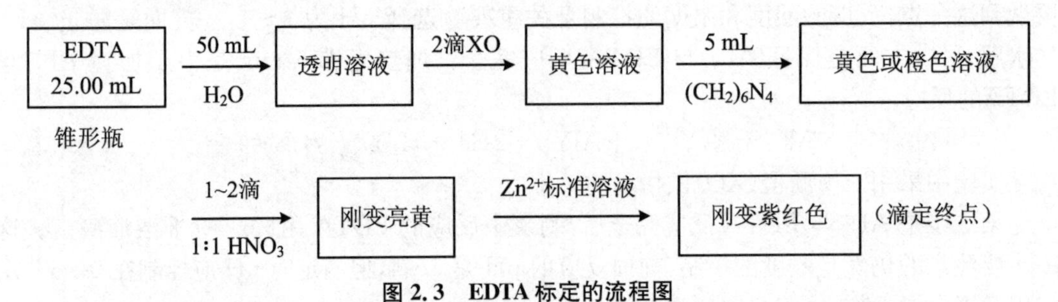

图2.3 EDTA标定的流程图

铝样测定的流程图如图2.4所示。

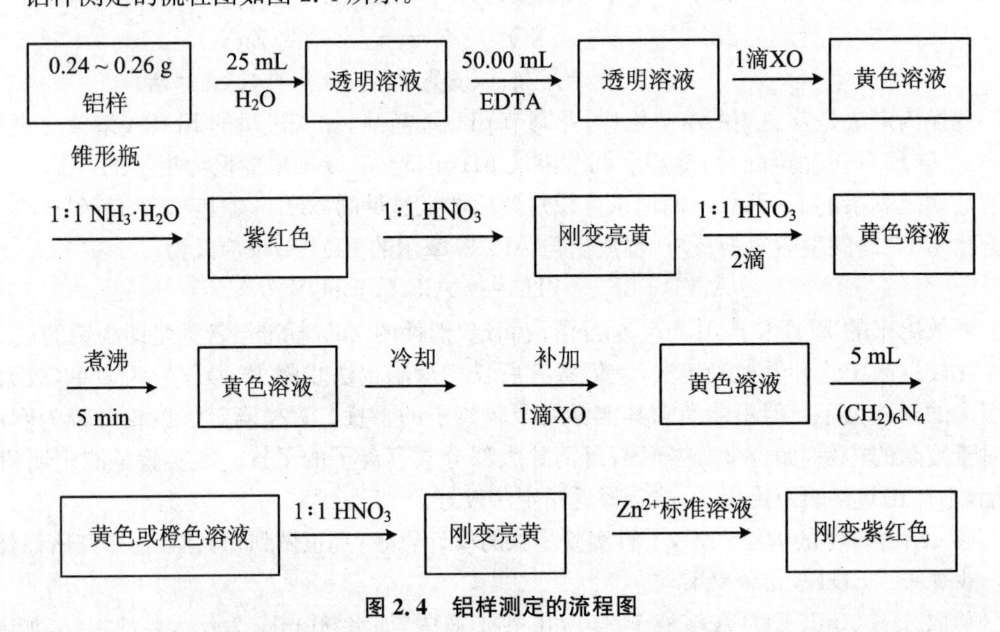

图2.4 铝样测定的流程图

示例3 无汞盐法测定赤铁矿中的铁含量（验证性实验——氧化还原滴定）

(1) 了解赤铁矿的组成，了解铁的大致含量有多少，了解有哪些方法可测定赤铁矿中的铁，干扰成分如何（通过网络、书籍、期刊等）。

赤铁矿中主要成分为Fe_2O_3，即氧化铁。自然界中Fe_2O_3的同质多象变种已知有两种，即α-Fe_2O_3和γ-Fe_2O_3，其中Fe的质量分数约为60%。前者在自然条件下稳定，称为赤铁矿；后者在自然条件下不如α-Fe_2O_3稳定，处于亚稳定状态，称为磁赤铁矿。

常含类质同象混入物Ti、Al、Mn、Fe、Ca、Mg及少量Ga和Co。

由所学的理论知识可知，测定矿石中的铁，可采用的方法主要有：络合滴定法、氧化还原滴定法、重量法等。比较这些方法，我们不难推断，对于矿石中铁含量的分析，采用络合滴定时，即使把铁氧化到三价，也存在Ga的干扰消除困难和Fe-EDTA颜色对终点干扰等问题；

采用重量法时，同样存在操作麻烦和耗时长等问题而难以快速准确测定。因此，常规的方法是采用氧化还原滴定。

常见的氧化还原滴定中，有高锰酸钾法、重铬酸钾法和铈盐法。其中铈盐法因铈的价格较贵(特别是高纯的铈氧化物)，而化学分析用量大，难以实际应用；高锰酸钾法氧化能力强，而且一般不需再用其他指示剂，但高锰酸钾配制麻烦且需要标定，标定和滴定时的温度也难以控制，故也不常用。因此可知，重铬酸钾法是一个较为理想的选择。

采用重铬酸钾法时，一般是先采用还原的方法将 Fe^{3+} 还将原成 Fe^{2+}，然后再用重铬酸钾滴定。可见，只要选用合适的还原剂，如 Sn^{2+}，即可将 Fe^{3+} 还原成 Fe^{2+}，而 Ti(Ⅳ)、Al^{3+}、Ga^{3+} 不被还原，而 Mn^{2+} 和 Co^{2+} 因难以被氧化，故可准确测定铁矿石中的全铁(所有铁的含量)。

(2) 了解重铬酸钾法测定全铁的原理，若要分别测定样品中的 Fe^{3+} 和 Fe^{2+} 又应该如何？

重铬酸钾法测定全铁时，先是将矿石溶解，然后控制温度在 60 ℃以上，用 Sn^{2+} 将样品中 Fe^{3+} 还原成 Fe^{2+}；然后冷至室温，用硫酸-磷酸混酸控制酸度和消除 Fe^{3+} 颜色干扰，用二苯胺磺酸钠做指示剂，用重铬酸钾标准溶液滴定至紫红色即为终点。

重铬酸钾法测定全铁的原理

第一步是铁矿石的氧化还原预处理。样品经盐酸溶解后，溶液中应有 Fe^{3+}、Fe^{2+}、Ca^{2+}、Mg^{2+}、Mn^{2+}、Co^{2+}、Al^{3+}、Ga^{3+}、Ti(Ⅳ)等。用 Sn^{2+} 还原，溶液的组成应该是 Fe^{2+}、Ca^{2+}、Mg^{2+}、Mn^{2+}、Co^{2+}、Al^{3+}、Ga^{3+}、Ti(Ⅳ)等，这一步一定要注意温度的控制，同时也要防止还原过量和还原后的 Fe^{2+} 被氧化。经 Sn^{2+} 还原后，即制备了含 Fe^{2+} 的样品溶液。

$$Fe^{3+} + Sn^{2+} \longrightarrow Fe^{2+} + Sn^{4+}$$

$$\text{硅钼黄(黄色)} + Sn^{2+} \longrightarrow \text{硅钼蓝(蓝色)} + Sn^{4+}$$

预处理过程是采用硅钼黄做指示剂。

第二步是将制备好的含 Fe^{2+} 的样品用重铬酸钾法测定。这一步主要是注意硫酸-磷酸混酸的作用，同时注意滴定速度的控制。

$$Cr_2O_7^{2-} + 6Fe^{2+} + 14H^+ \longrightarrow 6Fe^{3+} + 2Cr^{3+} + 7H_2O$$

$$Cr_2O_7^{2-} + \underset{\text{还原色(无色)}}{In(R)} \longrightarrow \underset{\text{氧化色(紫色)}}{In(O)} + 2Cr^{3+} + 7H_2O$$

滴定过程采用二苯胺磺酸钠做指示剂。

若要分别测定 Fe^{3+} 和 Fe^{2+}，最关键的问题是在溶解样品过程中如何防止 Fe^{2+} 的氧化。因为在常规的样品处理过程中，都是在高酸度和高温条件下，此时 Fe^{2+} 很容易被空气中的氧氧化，因而无法准确地测定 Fe^{3+} 和 Fe^{2+} 的量。所以说，要想分别测定 Fe^{3+} 和 Fe^{2+}，就要注意选择样品的溶解方法，比如用无氧条件溶解等。滴定方法原则上均可使用。

(3) 用所学的理论知识去理解实验每一步的设计理念，学会用科研的思想考虑问题。

实验步骤：准确称取 0.11～0.13 g 干燥的赤铁矿粉末试样三份，其中老师称量两份，(称量的质量多少对实验结果有无影响？)，分别置于 250 mL 锥形瓶中，加少量水使试样湿润，然后加入 20 mL 的 1∶1 HCl(加硝酸溶解可否？)，于电热板上温热至试样分解完全(可否直接用电炉加热溶解？)，这时锥形瓶底部应仅留下白色氧化硅残渣(对滴定有无影响？)。若溶样过程中盐酸蒸发过多，应适当补加(为什么需要补加？)，用水吹洗瓶壁，此时溶液的体积应保持在25～50 mL之间(体积大小有影响吗?)。将溶液加热至近沸,趁热滴加15%氯化亚锡至溶液由棕红色变为浅黄色,加入3滴硅钼黄指示剂,这时溶液应呈黄绿色,滴加2%氯化亚锡至溶液由蓝绿色变为纯蓝色(纯蓝色是谁的颜色?),立即加入100 mL蒸馏水(加水目的何在?),置锥形瓶于冷水中迅速冷却至室温。然后加入15 mL磷酸-硫酸混酸(加混酸的作用是什么?)、4滴0.5%二苯胺磺酸钠指示剂,立即用$K_2Cr_2O_7$标准溶液滴定至溶液呈亮绿色(亮绿色是谁的颜色?),再慢慢滴加$K_2Cr_2O_7$标准溶液至溶液呈紫红色,即为终点。计算赤铁矿中铁的质量百分数。

测定全铁的流程图如图2.5所示。

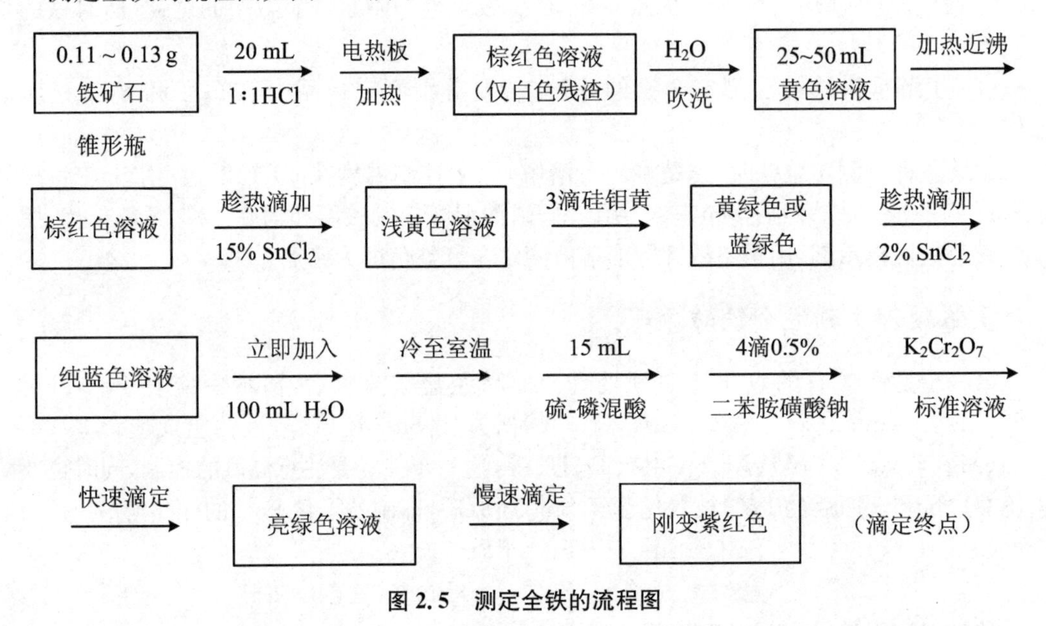

图2.5 测定全铁的流程图

示例4 SDS在氧化铝表面自组装和分离富集测定铜离子(综合实验)

(1) 对综合性实验,由于涉及的知识面较广,学生需要投入较多的时间预习。比如示例4的实验,首先学生需要了解氧化铝的种类和性质、SDS(十二烷基硫酸钠,一种阴离子表面活性剂)的特性等。

氧化铝的化学式是Al_2O_3,分子量是101.96,它是矾土的主要成分,白色粉末。具有不同晶型,常见的是α-Al_2O_3和γ-Al_2O_3。自然界中的刚玉为α-Al_2O_3,六方紧密堆积晶体,α-Al_2O_3的熔点为2015±15 ℃,密度为3.965 g/cm^3,硬度为8.8,不溶于水、酸或碱。γ-型氧化铝(γ-Al_2O_3)是氢氧化铝在140～150 ℃的低温环境下脱水制得的,工业上也叫活性氧化铝、铝胶。其结构中氧离子近似为立方面心紧密堆积,Al^{3+}不规则地分布在由氧离子围成的八面体和四面体空隙之中。γ-Al_2O_3不溶于水,能溶于强酸或强碱溶液,是典型的两性氧化物,它的等电点在弱碱性范围,pH在8～9.5之间。将它加热至1200 ℃就全部转化为α-Al_2O_3。γ-Al_2O_3是一种多孔性物质,每克的内表面积高达数百平方米,活性高,吸附能力强。

$$Al_2O_3 + 6H^+ = 2Al^{3+} + 3H_2O$$

$$Al_2O_3 + 2OH^- = 2AlO_2^- + H_2O$$

SDS 的分子式为 $C_{12}H_{25}SO_4Na$，是一种阴离子表面活性剂，具有两亲（既亲水又亲油）的特点，在一定 pH 范围内呈现负电性质。

（2）了解如何才能实现 SDS 在氧化铝表面的自组装，如何测定 SDS 在氧化铝表面的吸附量，经 SDS 改性的氧化铝为何能用于分离富集铜离子，如何来准确测定铜离子的吸附量。

γ-Al_2O_3 是一种多孔性物质，比表面大，是一种较理想的吸附剂或吸附载体。为了实现 SDS 在氧化铝表面的自组装，可调节溶液的 pH 使氧化铝表面带正电，而因 SDS 本身带负电，静电引力作用可实现 SDS 在氧化铝表面的吸附，从而实现了对氧化铝的改性（这种改性到底有什么作用呢？能否直接利用带电的氧化铝直接吸附铜离子呢？）。

从经 SDS 改性的氧化铝的性质来看，它的表面层是一个疏水或弱极性的环境，无法实现对铜离子的吸附。因此，也需要对铜离子进行改性。在本书中，我们采用铜试剂与铜离子形成疏水的配合物来改变铜离子的亲水性，使其很容易实现在氧化铝表面层的吸附（注意这里说的是表面层而不是表面）。那么下一个问题又来了，如果对铜离子进行改性，那改性后能否直接吸附到近中性（不带电，pH＝pI）的氧化铝表面呢？

测定 SDS 的吸附量可采用测定吸附前后溶液中的 SDS 量来实现。铜离子吸附量的测定通过分光光度法测定吸附前后溶液中铜离子的量来完成。涉及的实验原理分别如下：

① SDS 修饰的氧化铝作为吸附剂分离富集金属离子的示意图如图 2.6 所示。

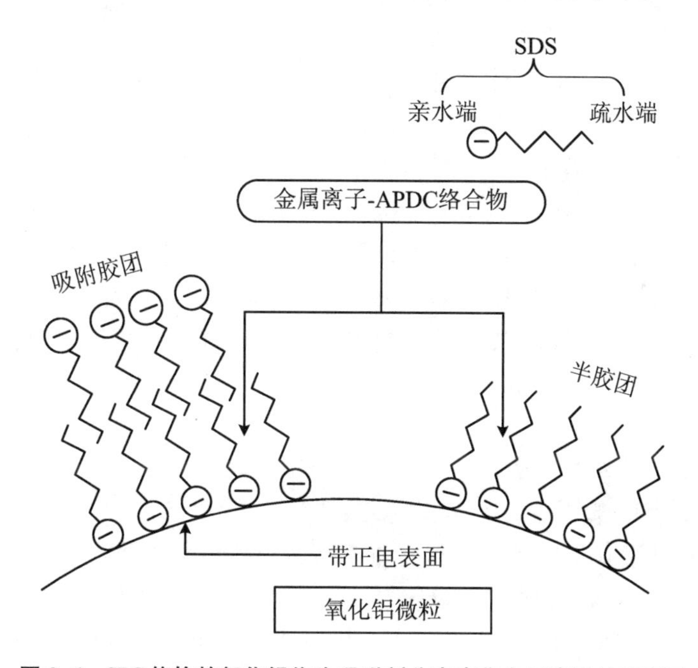

图 2.6　SDS 修饰的氧化铝作为吸附剂分离富集金属离子的示意图

② SDS 测定原理（两相滴定法）如图 2.7 所示。

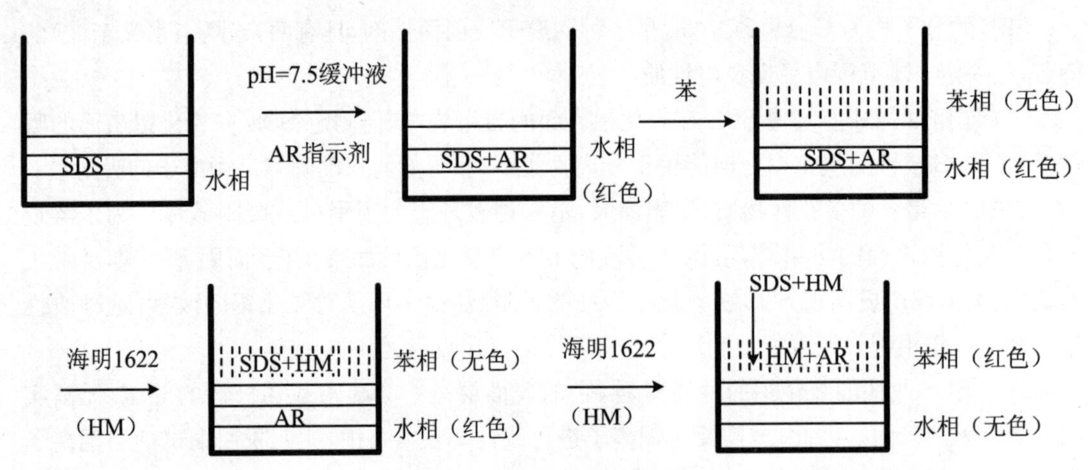

图 2.7　两相滴定法测定 SDS

③ 铜离子测定原理(分光光度法)：

$$(C_2H_5)_2N-C(=S)S^- + Cu^{2+} \xrightarrow{\text{TritonX-100}} (C_2H_5)_2N-C(=S\rightarrow)S^- \cdot Cu^{2+}/2$$

（无色）　　　　　　　　　　　　（黄色）

(3) 本实验涉及表面活性剂这种功能试剂、无机氧化物的自组装、吸附胶团、金属配合物、两相滴定法、分光光度法等众多概念、知识和方法，通过对实验步骤的理解学会掌握学科之间的交叉渗透，以促进所学知识之间的融会贯通。

步骤一　SDS 涂层的 Al_2O_3 微粒制备

在搅拌情况下，将经过处理的 Al_2O_3 微粒(5 g)缓慢加入悬浮在 150 mL 水和 0.4 g SDS 混合溶液中，悬浮液用 4 mol·L^{-1} HNO_3 酸化(酸化的目的是什么?)，调至 pH＝2(pH 值如何选定?)，振荡 10 min 后，去除上层清液，水洗 2～3 次。将 SDS 涂层的 Al_2O_3 微粒转移进入一个微孔过滤器中进行过滤，以去除未吸附在 Al_2O_3 微粒上的 SDS 和其他离子。这种多孔玻璃器中放有孔径为 0.45 μm 的聚碳酸酯膜，可防止 Al_2O_3 渗漏。水洗后沉淀移至表面皿上，110 ℃烘干，备用。

步骤二　SDS 的两相滴定法

① 海明 1622(苄基苯氧基氯化铵)的标定：

用 2 mL 移液管移取 2.00 mL SDS 标准溶液于 100 具塞量筒中，加入 48 mL 水、10 mL pH＝7.5 磷酸盐缓冲溶液(为何选定 pH＝7.5?)、2 mL 偶氮红指示剂 AR(根据原理推测偶氮红应该是什么类型的指示剂?)和 5 mL 苯，用 5 mL 微量滴定管以海明 1622 滴定。每次加液后均需摇振、静置、分层。当有机相出现红色即达终点。根据 $c_1V_1=c_2V_2$ 计算海明 1622 的浓度。

② 水样测定：

如水样为均匀液体，摇匀水样，用 50 mL 移液管移取水样滴定。如果水样含有悬浮固体杂质，混匀水样，移取 50.00 mL，用大孔径滤纸过滤(过滤时，如何选定孔径?)，收取滤液于 100 mL 具塞量筒中，用缓冲溶液淋洗固体杂质 2 次(每次 5 mL)(为何选定缓冲液作洗涤液?)，合并滤液于量筒中滴定。

步骤三　标准曲线绘制

取一系列一定质量的金属离子，如 40 μg・mL^{-1} 的铜离子 0 mL、0.2 mL、0.4 mL、0.6 mL、0.8 mL、1.0 mL，加 pH=4.0 HAc-NaAc 缓冲溶液 2.5 mL，加 2% TritonX-100 水溶液 1.0 mL，再加 1.0 mL 铜试剂溶液，放置 5 min，并用水稀至 25 mL；用分光光度法测定吸收值，制作相应的标准曲线(标准曲线有什么作用，单标法与标准曲线法有何不同？内标法和外标法有何不同?)。

步骤四　水样中的重金属离子的吸附和分析

取 0.5 mL 铜金属离子标准溶液(40.00 μg・mL^{-1})，放入 100 mL 烧杯中，加 pH=4.0 HAc-NaAc 缓冲溶液 2.5 mL(为什么要控制 pH 值?)，加 2% TritonX-100 水溶液 1.0 mL (加 TritonX-100 有什么作用?)，再加 1.0 mL 铜试剂溶液，放置 5 min，加蒸馏水 20.00 mL，加入 2.0 g SDS 涂层的 Al_2O_3，震荡 30 min(振荡的目的何在?)，将混合液转移到离心管中进行离心分离(2000 r・min^{-1})(为何要离心，过滤可不可以?)，20 min 后取出上层清液，到入比色皿中，在 λ=420 nm 处用分光光度法测定吸光度，并与标准曲线对比，计算去除率。

示例 5　胃舒平中铝和镁的测定(设计实验)

1. 设计实验的要求如下：

① 可行性。可行性是化学实验方案设计的首要原则。所谓可行性是指实验原理、实验步骤或方法必须有一定的理论基础。例如，要定量测定 Ba^{2+}，若选用 EDTA 滴定法就缺乏可行性。因为 Ba^{2+} 和 EDTA 在滴定条件下很难定量反应完全，所以失去了定量分析最基本的条件。

② 安全性。实验设计时应尽量避免使用有毒的药品和进行具有一定危险性的实验操作。若确有需要，则一定要小心设计，确保这些药品的安全使用和实验操作的顺利进行。对可能产生的危险要有预防措施和处理办法，以避免人身伤害和其他事故。

③ 简约性。实验设计的方案尽可能简易可行。比如，选用仪器(包括玻璃仪器)和药品简单易得；选用的方法实验步骤少，容易操作，且能实现对实验准确度的要求。

2. 设计实验时应注意的问题如下：

① 了解被测物的组成。若完全未知的样品，首先要做定性分析，以确定样品的组成。若是已知品名的样品，可通过查询(各种途径均可，如网络、书籍等)了解样品的大致组成。

② 了解被测物的浓度大小。若浓度未知，还需了解被测物的浓度大小，否则无法进行方案的设计。化学分析一般浓度范围在 0.02～0.2 mol・L^{-1}，若是酸碱滴定，往往选择浓度大一点，如 0.2 mol・L^{-1}；若是络合滴定或氧化还原滴定，常选择浓度小一点，如 0.02 mol・L^{-1}。先按此浓度设计实验方法，然后根据测出来的结果再进行调整。也就是说，如果测出的浓度与预计的相差不大，通过误差计算后确定符合要求，实验方案就无需再调整；如果测出的浓度与预计的相差较大，通过计算超差，则需对方案进行修改。

③ 选择实验方法和具体的实验方案

根据被测物质的性质和组成情况，选择实验方法(如酸碱、络合、氧化还原或重量法等)；方法确定后，再设计具体的实验方案。下面就以胃舒平中铝和镁的测定为例来说明一下。

通过查询，可知胃舒平药片主要成分为氢氧化铝、三硅酸镁及少量中药颠茄流浸膏，在制成片剂时还加入了大量糊精等以使药片成形。其中有机成分可通过样品制备时除去，由此可确定，滴定过程中主要考虑铝和镁的相互影响。从铝和镁的性质来看，可采用的实验方法主要有络合滴定法和重量分析法，而且前者应该更实用。

选定络合滴定法后，可查询铝和镁相关的一些参数，如它们和 EDTA 的形成常数的对数值分别为 16.3 和 8.7。由于胃舒平中铝的浓度大于镁的浓度，可知 $\Delta \lg cK \geqslant 6$，也就是说可选择适当的条件测定铝而镁不干扰，由此可确定铝的实验方案。再考虑镁的测定，由于铝和 EDTA 的形成常数大于镁的，所以，用 EDTA 测定镁时，事先必须除去铝的干扰。考虑到铝的浓度较大，而一般情况下铝的络合能力又强于镁，故采用络合掩蔽的方法来消除铝的干扰就难以实现。了解到铝和镁的水解性质差异较大，可选择通过控制 pH 使铝沉淀而与镁分离。

方案确定后，在实验设计的细节上仍需要注意，否则也难以保证测定结果的可靠性。如沉淀铝时，由于氢氧化铝是胶体沉淀，容易吸附和包藏；另外，在洗涤时，氢氧化铝易发生胶溶。这些潜在的可能都是影响实验结果的因素，在实验设计时都应该充分地考虑。

3. 设计实验的安排如下：

① 提前两个月左右安排设计实验。

② 学生以 3～5 人一组(自行组合或老师分派)，选出一名组长，组长负责组织和协调小组的文献调研、讨论，负责安排 PPT 制作和答辩事宜。

③ 要求每个小组成员应选用不同的实验方法，但可以在一起讨论，相互协作完成。

④ 学生实验前一周提交实验设计报告，由实验老师负责审查可行性(包括实验方法和所用的仪器、试剂等)。

⑤ 第一次实验，每组派一名代表报告组内所设计的每个实验的思路，提出可行性方案；老师和其他组的同学提出质疑，代表和组内同学负责解答；最后老师总结，提出整改方案。不同于其他类型的实验，学生需要准备实验所用的仪器和试剂，包括调试、配制溶液等，其中样品处理和制备，需要学生根据测定方法选择合适的途径来实现，以确保测定结果的可靠性。

⑥ 第二次实验，根据已修改的实验设计方案，由学生独立完成(指实验操作部分)实验过程，遇到问题先自行解决，或与老师和同学讨论以找出解决问题的办法。实验过程中，也可根据具体情况对方案进行修改(跟实验老师协商后)，以争取完成实验预定的目标。实验完成后，无论实验成败与否，每个同学都结合自己在实验过程中遇到的问题和解决问题的办法进行分析和总结，最后写出详细的实验报告。

参考文献

[1]　杨海洋,朱平平,何平笙.高分子物理实验[M].2版.合肥:中国科学技术大学出版社,2008.

[2]　金谷,江万权,周俊英.定量化学分析实验[M].合肥:中国科学技术大学出版社,2005.

[3]　吉林大学化学系分析化学教研室.分析化学实验[M].长春:吉林大学出版社,1992.

[4]　武汉大学化学与分子科学学院实验中心.分析化学实验[M].武汉:武汉大学出版社,2003.

[5]　柴华丽,马林,徐华华,等.定量分析化学实验教程[M].上海:复旦大学出版社,1993.

[6]　徐伟亮.基础化学实验[M].北京:科学出版社,2005.

第 3 章　分析化学实验基础知识

3.1　试样的采集、制备和分解

分析化学实验的结果能否为生产、科研提供可靠的分析数据，直接取决于试样有无代表性。而要从大量的被测物质中采取能代表整批物质的小样，必须掌握适当的技术，遵守一定的规则，必须采用合理的采样及制备试样的方法。

3.1.1　试样的采集和制备

3.1.1.1　土壤样品的采集和制备

1. 污染土壤样品的采集

(1) 采样点的布设

由于土壤本身分布不均匀，应多点采样并均匀混合成为具有代表性土壤样品。在同一采样分析单位里，如果面积不太大，在 1000～1500 m^2 以内，可在不同方位上选择 5～10 个具有代表性的采样点，点的分布应尽量照顾土壤的全面情况，不可太集中，也不能选在采样区的边或某特殊的点(如堆肥旁)等。

(2) 采样的深度

如果只是一般了解土壤污染情况，采样深度只需取 15 cm 左右的耕层土壤和耕层以下 15～20 cm 的土样，如果要了解土壤污染深度，则应按土壤剖面层分层取样。

(3) 采样量

由于测定所需的土样是多点混合而成的，取样量往往较大，而实际供分析的土样不需要太多。具体需要量视分析项目而定，一般要求 1 kg。因此，对多点采集的土壤，可反复按四分法缩分，最后留下所需的土样量。

2. 土壤本底值测定的样品采集

样点选择应包括主要类型土壤，并远离污染源，同一类型土壤应有 3～5 个以上的采样点。其次，要注意与污染土壤采样不同之处是同一点并不强调采集多点混合样，而是选取植物发育典型、具有代表性的土壤样品。采集深度为 1 m 以内的表土和心土。

3. 土壤样品的制备

(1) 土样的风干

除了测定挥发性的酚、氰化物等不稳定组分需要用新鲜土样外，多数项目的样品需经风干，风干后的样品容易混合均匀。风干的方法是将采得的土样全部倒在塑料薄膜上，压碎土块，除去植物根、茎、叶等杂物，铺成薄层，在室温下经常翻动，充分风干。要防止阳光直射和灰尘落入。

(2) 磨碎与过筛

风干后的土样，用有机玻璃棒碾碎后，通过 2 mm 孔径的尼龙筛，以除去砂砾和生物残体。筛下样品反复按四分法缩分，留下足够供分析用的量，再用玛瑙研钵磨细，通过 100 目尼龙筛，混匀装瓶备用。制备样品时，必须避免样品受污染。

3.1.1.2　生物样品的采集与制备

1. 植物样品的采集和制备

(1) 采样的一般原则

① 代表性：选择一定数量的能代表大多数情况的植物株作为样品。采集时，不要选择田埂、地边或离田埂地边 2 m 范围以内的样品。

② 典型性：采样部位要能反应所要了解的情况，不能将植株各部位任意混合。

③ 适时性：根据研究需要，在植物不同生长发育阶段，定期采样，以便了解污染物的影响情况。

(2) 采样量

将样品处理后要能满足分析之用。一般要求样品干重 1 kg，如用新鲜样品，以含水80%～90%计，则需 5 kg。

(3) 采样方法

常以梅花形布点或在小区平行前进以交叉间隔方式布点，采 5～10 个试样混合成一个代表样品，按要求采集植株的根、茎、叶、果等不同部位。采集根部时，尽量保持根部的完整。用清水洗四次，不准浸泡，洗后用纱布擦干。水生植物应全株采集。

(4) 样品制备的方法

① 新鲜样品的制备。

测定植物中易变化的酚、氰、亚硝酸等污染物，以及瓜果蔬菜样品，宜用鲜样分析。制备方法如下：样品经洗净擦干，切碎混匀后，称取 100 g 放入电动捣碎机的捣碎杯中，加同量蒸馏水，打碎 1～2 min，使成浆状。含纤维较多的样品，可用不锈钢刀或剪刀切成小碎块混匀供分析用。

② 风干样品的制备。

干样分析的样品，应尽快洗净风干或放在 40～60 ℃鼓风干燥箱中烘干，以免发霉腐烂。样品干燥后，去除灰尘杂物，将其剪碎，电动磨碎机粉碎和过筛(通过 1 mm 或 0.25 mm 的筛孔)，处理后的样品储存在磨口玻璃广口瓶中备用。

2. 动物样品的收集和制备

① 血液：用注射器抽一定量血液，有时加入抗凝剂(如二溴酸盐)，摇匀后即可。

② 毛发：采样后，用中性洗涤剂处理，去离子水冲洗，再用乙醚或丙酮等洗涤，在室温下充分干燥后装瓶备用。

③ 肉类：将待测部分放在搅拌器搅拌均匀，然后取一定的匀浆供分析用。若测定有机污染物，样品要磨碎，并用有机溶剂浸取；若分析无机物，则样品需进行灰化，并溶解无机残渣，供分析用。

3.1.1.3　其他固体试样的采集与制备

对地质样品以及矿样可采取多点、多层次的方法取样，即根据试样分布面积的大小，按一定距离和不同的地层深度采取。磨碎后，按四分法缩分，直到所需的量。

对制成的产品或商品，可按不同批号分别进行，对同一批号的产品，采样次数可按下式决定：

$$S=\sqrt{\frac{N}{2}} \tag{3.1}$$

式中，N 代表被测物的数目(件、袋、包、箱等)，取好后，充分混匀即可。

对金属片或丝状试样，剪一部分即可进行分析。但对钢锭和铸铁，由于表面与内部的凝固时间不同，铁和杂质的凝固温度也不一样，表面和内部组成是很不均匀的，应用钢钻钻取不同部位深度的碎屑混合。

3.1.1.4　水样的采集与制备

水样比较均匀，在不同深度分别取样即可，黏稠或含有固体的悬浮液或非均匀液体，应充分搅匀，以保证所取样品具有代表性。

采集水管中或有泵水井中的水样时，取样前需将水龙头或泵打开，先放 10～15 min 的水后再取样。采集池、江、河中的水样，因视其宽度和深度采用不同的方法采集，对于宽度窄、水浅的水域，可用单点布设法，采表层水分析即可。对宽度大、水深的水域，可用断面布设法，采表层水、中层水和底层水供分析用。但对静止的水域，应采不同深度的水样进行分析。采样的方法是将干净的空瓶盖上塞子，塞子上系一根绳，瓶底系一铁砣或石头，沉入离水面一定深处，然后拉绳拔塞让水灌满瓶后取出。

3.1.1.5　气体样品的采集

1. 采样方法

(1) 抽气法

① 吸收液法：主要吸收气态和蒸气态物质。常用的吸收液包括：水、水溶液、有机溶剂。吸收液的选择依据被测物质的性质及所用分析方法而定。但是，吸收液必须与被测物质发生的作用快，吸收率高，同时便于以后分析步骤的操作。

② 固体吸附剂法：有颗粒状吸附剂和纤维状吸附剂两种。前者有硅胶、素陶瓷等，后者有滤纸、滤膜、脱脂棉、玻璃棉等。吸附作用主要是物理性阻留，用于采集气溶胶。硅胶常用的是粗孔及中孔硅胶，这两种硅胶均有物理和化学吸附作用。素陶瓷需用酸或碱除去杂质，并在 110～120 ℃烘干，由于素陶瓷并非多孔性物质，仅能在粗糙表面上吸附，所以采样后洗脱比较容易。采用的滤纸及滤膜要求质密而均匀，否则采样效率降低。

(2) 真空瓶法

当气体中被测物质浓度较高，或测定方法的灵敏度较高，或当被测物质不易被吸收液吸收，而且用固体吸附剂采样有困难时，可用此方法采样。将不大于 1 L 的具有活塞的玻璃瓶抽空，在采样地点打开活塞，被测空气立即充满瓶中，然后往瓶中加入吸收液，使其有较长的接触时间以利吸收被测物质，最后进行化学测定。

(3) 置换法

采取少量空气样品时，将采样器(如采样瓶、采样管)连接在一抽气泵上，使之通过比采样器体积大 6～10 倍的空气，以便将采样器中原有的空气完全置换出来。也可将不与被测物质起反应的液体如水、食盐水注满采样器，采样时放掉液体、被测空气即充满采样器。

(4) 静电沉降法

此法常用于气溶胶状物质的采样。空气样品通过 12000～20000 V 电压的电场，在电场中气体分子电离所产生的离子附着在气溶胶粒子上，使粒子附带电荷，此带电荷的粒子在电场的作用下就沉降到收集电极上，将收集电极表面沉降的物质洗下，即可进行分析。此法采样效率高、速度快，但在有易爆炸性气体、蒸气或粉尘存在时不能使用。

2. 采样原则

① 采样效率。在采样过程中，要得到高的采样效率，必须采用合适的收集器及吸附剂，确定适当的抽气速度，以保证空气中的被测物质能完全地进入收集器中，被吸收或阻留下来，同时又便于下一步的分离测定。

② 采样点的选择。根据测定的目的选择采样点，同时应考虑到工艺流程、生产情况、被测物质的理化性质和排放情况，以及当时的气象条件等因素。

每一个采样点必须同时平行采集两个样品，测定结果之差不得超过 20%，记录采样时的温度和压力。

如果生产过程是连续性的，可分别在几个不同地点，不同时间进行采样。如果生产是间断性的，可在被测物质产生前、产生后以及产生的当时分别测定。

3.1.2　试样的分解

根据分解试样时所用的试剂不同，分解方法可分别为湿法和干法。湿法是用酸、碱或盐的溶液来分解试样，干法则用固体的盐、碱来熔融或烧结分解试样。

3.1.2.1　酸法分解

由于酸较易提纯，过量的酸，除磷酸外，也较易除去。分解时，不引进除氢离子以外的阳离子，并具有操作简单、使用温度低、对容器腐蚀性小等优点，应用较广。酸分解法的缺点是对某些矿物的分解能力较差，某些元素可能会挥发损失。

1. 盐酸

浓盐酸的沸点为 108 ℃，故溶解温度最好低于 80 ℃，否则，因盐酸蒸发太快，试样分解不完全。

① 易溶于盐酸的元素或化合物包括：Fe、Co、Ni、Cr、Zn；普通钢铁、高铬铁、多数金属氧化物（如 MnO_2、$2PbO \cdot PbO_2$、Fe_2O_3等）、过氧化物、氢氧化物、硫化物、碳酸盐、磷酸盐、硼酸盐等。

② 不溶于盐酸的物质包括：灼烧过的 Al、Be、Cr、Fe、Ti、Zr 和 Th 的氧化物，SnO_2，Sb_2O_5，Nb_2O_5，Ta_2O_5，磷酸锆，独居石，磷钇矿，锶、钡和铅的硫酸盐，尖晶石，黄铁矿，汞，某些金属的硫化物，铬铁矿，铌、钽、钍、铀的矿石。

③ As(Ⅲ)、Sb(Ⅲ)、Ge(Ⅳ)、Se(Ⅳ)、Hg(Ⅱ)、Sn(Ⅳ)、Re(Ⅶ)容易从盐酸溶液中（特别是加热时）挥发失去。在加热溶液时，试样中的其他挥发性酸，诸如 HBr、HI、HNO_3、H_3BO_3和 SO_3当然也会失去。

2. 硝酸

① 易溶于硝酸的元素和化合物是除金和铂系金属及易被硝酸钝化以外的金属、晶质铀矿（UO_2）、钍石（ThO_2）、铅矿，几乎所有铀的原生矿物及其碳酸盐、磷酸盐、钒酸盐、硫酸盐。

② 硝酸不宜分解氧化物以及元素 Se、Te、As。很多金属浸入硝酸时形成不溶的氧化物保护层,因而不被溶解,这些金属包括:Al、Be、Cr、Ga、In、Nb、Ta、Th、Ti、Zr 和 Hf。Ca、Mg、Fe 能溶于较稀的硝酸。

3. 硫酸

① 浓硫酸可分解硫化物、砷化物、氟化物、磷酸盐、锑矿物、铀矿物、独居石、萤石等。还广泛用于氧化金属 Sb、As、Sn 和 Pb 的合金及各种冶金产品,但铅沉淀为 $PbSO_4$。溶解完全后,能方便地借加热至冒烟的方法除去部分剩余的酸,但这样做将失去部分砷。硫酸还经常用于溶解氧化物、氢氧化物、碳酸盐。由于硫酸钙的溶解度低,所以硫酸不适于溶解以钙为主要组分的物质。

② 硫酸的一个重要应用是除去挥发性酸,同理含 Hg、Se 和 Re 的化合物在某种程度上可能会随之损失。磷酸、硼酸也能失去。

4. 磷酸

磷酸可用来分解许多硅酸盐矿物、多数硫化物矿物、天然的稀土元素磷酸盐、四价铀和六价铀的混合氧化物。磷酸最重要的分析应用是测定铬铁矿、铁氧体和各种不溶于氢氟酸的硅酸盐中的二价铁。

尽管磷酸有很强的分解能力,但通常仅用于一些单项测定,而不用于系统分析。磷酸与许多金属,甚至在较强的酸性溶液中,亦能形成难溶的盐,这给分析带来许多不便。

5. 高氯酸

温热或冷的稀高氯酸水溶液不具有氧化性。较浓的酸(60%~72%)冷时没有氧化能力,热时却是强氧化剂,此时其是极其危险的氧化剂,放置时它将爆炸,因而绝不能使用。操作高氯酸、水和诸如乙酸酐或浓硫酸等脱水剂的混合物应格外小心,当高氯酸与性质不明的化合物混合时,也应极为小心!!!

热的浓高氯酸几乎与所有的金属(除金和一些铂系金属外)起反应,并将金属氧化为最高价态,只有铅和锰呈较低氧化态,即 Pb(Ⅱ)和 Mn(Ⅱ)。在此条件下,Cr 不被完全氧化为 Cr(Ⅵ)。若在溶液中加入氯化物可保证所有的铱都呈四价。高氯酸还可溶解硫化物矿、铬铁矿、磷灰石、三氧化二铬以及钢中夹杂碳化物。

6. 氢氟酸

氢氟酸分解极其广泛地应用于分析天然或工业生产的硅酸盐,同时也适用于分析许多其他物质,如 Nb、Ta、Ti 和 Zr 的氧化物,Nb 和 Ta 的矿石,含硅量低的矿石。另外,含钨铌钢、硅钢、稀土、铀等矿物也均易用氢氟酸分解。

许多矿物,包括石英、绿柱石、锆石、铬铁矿、黄玉、锡石、刚玉、黄铁矿、蓝晶石、十字石、黄铜矿、磁黄铁矿、红柱石、尖晶石、石墨、金红石、硅线石和某些电气石,用氢氟酸分解将遇到困难。

7. 混合酸

混合酸常能起到取长补短的作用,有时还会得到新的、更强的溶解能力。

王水(HNO_3 和 HCl 的体积比为 1∶3):可分解贵金属和辰砂、镉、汞、钙等多种硫化矿物,亦可分解铀的天然氧化物、沥青铀矿及许多其他的含稀土元素、钍、锆的衍生物,某些硅酸盐、矾矿物、彩钼铅矿、钼钙矿、大多数天然硫酸盐类矿物。

磷酸-硝酸:可分解铜和锌的硫化物和氧化物。

磷酸-硫酸:可分解许多氧化矿物,如铁矿石和一些对其他无机酸稳定的硅酸盐。

高氯酸-硫酸:可分解铬尖石等很稳定的矿物。

高氯酸-盐酸-硫酸:可分解铁矿、镍矿、锰矿石。

氢氟酸-硝酸:可分解硅铁、硅酸盐及含钨、铌、钛等试样。

3.1.2.2　熔融分解法

用酸或其他溶剂不能分解完全的试样,可用熔融的方法分解。此法就是将熔剂和试样相混后,于高温下,使试样转变为易溶于水或酸的化合物。熔融方法需要高温设备,且引进大量溶剂的阳离子和坩埚物质,这对有些物质的测定是不利的。

1. 熔剂分类

① 碱性熔剂:如碱金属的碳酸盐及其混合物、硼酸盐,氢氧化物等。

② 酸性熔剂:如酸式硫酸盐、焦硫酸盐、氟氢化物、硼酐等。

③ 氧化性熔剂:如过氧化钠、碱金属碳酸盐与氧化剂混合物等。

④ 还原性熔剂:如氧化铅和含碳物质的混合物、碱金属和硫的混合物、碱金属硫化物和硫的混合物等。

2. 选择熔剂的基本原则

一般说来,酸性试样采用碱性熔剂,碱性试样采用酸性熔剂,氧化性试样采用还原性熔剂,还原性试样采用氧化性熔剂,但也有例外。

3. 常用熔剂简介

(1) 碳酸盐

通常用 Na_2CO_3 或 K_2CO_3 作熔剂来分解矿石试样,如分解钠长石、重晶石、铌钽矿、铁矿、锰矿等,熔融温度一般在900～1000 ℃,时间在10～30 min,熔剂和试样的比例因不同的试样而有较大区别,如对铁矿或锰矿为1∶1,对硅酸盐约为5∶1,对一些难熔的物质如硅酸锆、釉和耐火材料等则要10～20∶1,通常用铂坩埚。

碳酸盐熔融法的缺点是一些元素会挥发失去,汞和铊全部挥发,Se、As、碘在很大程度上失去,氟、氯、溴损失较小。

(2) 过氧化钠

过氧化钠熔融常被用来溶解极难溶的金属、合金、铬矿以及其他难以分解的矿物,例如,钛铁矿、铌钽矿、绿柱石、锆石和电气石等。

此法的缺点是:过氧化钠不纯且不能进一步提纯,使一些坩埚材料常混入试样溶液中。为克服此缺点,可加 Na_2CO_3 或 NaOH。在500 ℃以下,可用铂坩埚,600 ℃以下可用锆和镍坩埚。可能采用的坩埚材料还有铁、银和刚玉。

(3) 氢氧化钠(钾)

碱金属氢氧化物熔点较低(328 ℃),熔融可在比碳酸盐低得多的温度下进行。对硅酸盐(如高岭土、耐火土、灰分、矿渣、玻璃等),特别是对铝硅酸盐熔融十分有效。此外,还可用来分解铅、钒、铌、钽及硼矿物和许多氢化物、磷酸盐以及氟化物。

对于氢氧化物的熔融,镍坩埚(600 ℃)和银坩埚(700 ℃)优于其他坩埚。熔剂用量与试样量比为8～10∶1。此法的缺点是熔剂易吸潮,因此,熔化时易发生喷溅现象;优点是速度快,而且固化的熔融物容易溶解,F^-、Cl^-、Br^-、As、B等也不会损失。

(4) 焦硫酸钾(钠)

焦硫酸钾可用 $K_2S_2O_7$ 产品,也可用 $KHSO_4$ 脱水而得。熔融时温度不应太高,持续的时间也不应太长。假如试样很难分解,最好不时冷却熔融物,并加数滴浓硫酸,尽管这样做不十分方便。

对 BeO、FeO、Cr_2O_3、Mo_2O_3、Tb_2O_3、TiO_2、ZrO_2、Nb_2O_5、Ta_2O_5 和稀土氧化物以及这些元素的非硅酸盐矿物,例如钛铁矿、磁铁矿、铬铁矿、铌铁矿等,用焦硫酸盐熔融特别有效。铂和熔凝石英是进行这类熔融常用的坩埚材料,前者略被腐蚀,后者较好。熔剂与试样量的比为 15∶1。

焦硫酸盐熔融不适于许多硅酸盐,此外,锡石、锆石和磷酸锆也难以分解。焦硫酸盐熔融的应用范围由于许多元素的挥发损失而受到限制。

3.1.2.3 溶解和分解过程中的误差来源

1. 以飞沫形式和挥发引起的损失

当溶解伴有气体放出或者溶解是在沸点的温度下进行时,总有少量溶液损失,即气泡在破裂时以飞沫的形式带出,盖上表面皿,可大大减小损失。熔融分解或溶液蒸发时盐类沿坩埚壁蠕升是误差的另一来源,尽可能均匀地、最好在油浴或砂浴上加热坩埚。有时采用不同材料的坩埚可以避免出现这种现象。

在无机物质溶解时,除了卤化氢、二氧化硫等容易挥发的酸和酸酐以外,许多其他化合物也可能失去。属于形成挥发性化合物的元素有 As、Sb、Sn、Se、Hg、Ge、B、Os、Ru 和形成氢化物的 C、P、Si 以及 Cr。挥发作用引起的损失有许多办法可以避免。某些情况下,在带回流冷凝管的烧瓶中进行反应即可达到目的。试样熔融分解时,由于反应温度高,挥发损失的可能性大为增加,但只要在坩埚上加盖便可大大减少这种损失。

2. 吸附引起的损失

在绝大多数情况下,溶质损失的相对量随浓度的减少而增加。在所有吸附过程中,吸附表面的性质起着决定性作用。不同的容器,其吸附作用显著不同,而且吸附顺序随不同物质而异。

容器彻底清洗能显著减弱吸附作用。除去玻璃表面的油脂,则表面吸附大为减少。在许多情况下,将溶液酸化足以防止无机阳离子吸附在玻璃或石英上。一般说来,阴离子吸附的程度较小,因此,对那些强烈被吸附的离子可加配位体使其生成阴离子而减小吸附。

3. 泡沫的消除

在蒸发液体或湿法氧化分解试样时,特别是生物试样时,有时会遇到起沫的问题。要解决这个问题,可将试样在浓硝酸中静置过夜;有时在湿法化学分解之前,在 300～400 ℃下将有机物质预先灰化对消除泡沫也十分有效。防止起沫的更常用方法是加入化学添加剂,如脂族醇,有时也可用硅酮油。

4. 空白值

在使用溶剂和熔剂时,必须考虑到会有较大空白值。虽然现在可以有高纯试剂,但是相对于试样,这些试剂用量较大,仍可能有空白值。烧结技术也作为减少试剂需要量的一种手段,从而降低空白值。

不干净的器皿常是误差的主要来源。例如,坩埚留有以前测定的、已熔融或已成合金的残渣,在随后分析工作中,可能释出。另外,试样与容器反应也会改变空白值。例如,硅酸盐、磷酸盐和氧化物容易与瓷舟和瓷坩埚的釉化合。由于这个原因,用石英坩埚较好,石英仅在高温下才与氧化物反应。但对氧化物或硅酸盐残渣,铂坩埚也许是最好的。在大多数情况下，小心选择容器材料仍然能够消除空白值。

3.1.3　各种容器材料的使用和维护

1. 玻璃

实验室玻璃器皿一般由某种硼硅酸玻璃生产，其他成分是元素 Na、K、Mg、Ca、Ba、Al、Fe、Ti、As 的氧化物。一般来说，玻璃对酸的稳定性好，只有氢氟酸和热磷酸会对其明显产生腐蚀。玻璃器皿不应与碱溶液长时间接触，因其成分能大量溶解。

玻璃器皿一般用酸和碱溶液或去污剂清洗。用洗液或碱金属高锰酸钾盐溶液处理可以除去玻璃表面的油脂和其他有机物质。后者腐蚀玻璃要严重得多。若用洗液，则玻璃表面常牢固地吸附少量的铬。另外一种可供选择的洗涤液，其组成为等体积的 6 mol·L^{-1} 盐酸和 6%的过氧化氢。

2. 瓷

瓷的成分为 $w_{NaKO} : w_{Al_2O_3} : w_{SiO_2} = 1 : 8.7 : 22$，也就是说瓷含有比玻璃高得多的 Al_2O_3。一般情况，瓷表面涂有一层釉。釉的成分是 73% SiO_2，9% Al_2O_3，11% CaO 和 6% (K_2O+Na_2O)。

瓷的化学稳定性优于实验室玻璃器皿，只有铝的损失量较大。由于瓷是一种硅酸盐，当然会受到碱、氢氟酸或磷酸热溶液较严重地腐蚀。瓷的主要优点是能在 1100 ℃时使用，若不上釉，使用温度可高达 1300 ℃。

3. 熔凝石英(透明石英)

对分析化学来说，由熔凝石英制成的器皿在有特殊要求的场合下使用。石英一般含约 99.8%的 SiO_2，主要杂质是 Na_2O、Al_2O_3、Fe_2O_3、MgO 和 TiO_2，此外还有锑。对氢氟酸、热磷酸和碱溶液以外的化学试剂有很好的稳定性。

熔凝石英的主要优点是良好的化学稳定性和热稳定性。此外，与玻璃和瓷相比，试样似乎仅由一种化合物即 SiO_2 所污染。其缺点是较玻璃容易损坏，而且释出大量的二氧化硅。

4. 金属

在制作分析器皿用的金属中，铂最为重要。除王水外，铂不与常用的酸(包括氢氟酸)作用，只是在极高温度下被浓硫酸腐蚀。铂对熔融的碱金属碳酸盐、硼酸盐、氟化物、硝酸盐和硫酸盐有足够的稳定性。在用这些熔剂熔融时，仍应考虑到有零点几到数毫克的损失。过氧化钠在铂中熔融可在 500 ℃以下进行。在有空气存在时，碱金属氢氧化物迅速腐蚀铂，采用惰性气氛可以防止。铂器皿切不可用于分解含硫化物的混合物。

铂皿与许多金属(这些金属与铂生成低熔点合金)一起加热会损坏，实际上应避免在铂皿中加热 Hg、Pb、Sn、Au、Cu、Si、Zn、Cd、As、Al、Bi 和 Fe，至少不能加热至高温。

当有机化合物炭化时，或者在用发光的本生灯火焰加热时，许多非金属。包括 S、Se、Te、P、As、Sb、B、C，特别是 C、S、P 也能损坏铂皿。

铂在空气中灼烧，少量以略具有挥发性的 PtO_2 失去，在高于 1200 ℃长时间加热，损失十分显著。

在用熔融的碱金属氢氧化物或过氧化钠分解试样时，最好采用镍或铁坩埚，偶尔也采用银或锆坩埚。镍皿也适用于强碱溶液。

5. 石墨

石墨作为坩埚材料的最重要应用是测定金属中残留的氧化物，因为在高温下，这些氧化物与石墨反应可以生成CO和金属碳化物。但在多数情况下，石墨的这种性质是有害的。因此，石墨材料得不到广泛应用。如果温度保持在600 ℃以下，石墨坩埚适用于氧化性碱熔融物，对硼砂熔融甚至可在高达1000～1200 ℃下进行。

6. 塑料

聚乙烯对浓硝酸和冰乙酸以外的各种酸都是稳定的，但是它可以被若干有机溶剂所浸蚀。塑料的缺点是只能在60 ℃下使用，高于此温度就开始变软。聚丙烯可达110 ℃。塑料的另一个缺点是对诸如溴、氨、硫化氢、水蒸气和硝酸等气体有明显的多孔性。

聚四氟乙烯对氟和液态碱金属以外的几乎所有无机和有机试剂不起反应。对气体表现出的多孔性也大为减少，而工作温度可达250 ℃。缺点是在加工生产上有困难，而且其导热性小。

3.2 溶液浓度和标准溶液

3.2.1 溶液浓度的表示法

在分析工作中，许多实验研究工作都涉及溶液或试剂的浓度。在分析化学中所用的溶液，大体可以分为两类。一类是要求相当准确的浓度（如在化学分析工作中是指有四位有效数字）的溶液；另一类是对浓度的准确度要求不高的溶液，常用的掩蔽剂、沉淀剂、指示剂、缓冲溶液等，通常只需要一位有效数字，如5%硫脲、0.1%甲基橙、2 $mol \cdot L^{-1}$ HCl等。根据对准确度的不同要求，溶液浓度值的有效数字可以是不同的。

在配制和标定标准溶液时，必须注意尽可能地降低操作中的误差，其中最重要的有：

① 试样重量不能太小，以保证分析结果的准确度。一般分析天平的称量误差为±0.0001 g，因此试样称量必须大于0.2000 g。而滴定管读数常有±0.01 mL的误差，所以消耗滴定剂的体积必须在20 mL以上。实际上经常使其消耗量取25 mL左右。

② 应用校准过的仪器。通常应将所使用的设备、量器如砝码、滴定管、容量瓶、移液管等作相对校准。

③ 标定标准溶液与测定试样组分时的实验条件，应力求一致，以便抵消实验过程中的系统误差。例如，使用同一指示剂和用标准试样来标定标准溶液等。

此外，配制标准溶液时，浓度大小的选择也是很重要的。若标准溶液较浓，终点颜色的变化可能较明显。但标准溶液越浓，由1滴或半滴过量所造成的相对误差就越大，这是因为估计滴定管读数时的视差几乎是常数（50.00 mL滴定管的读数视差为±0.02 mL）。所以为了保证测量时的相对误差不大于±0.1%，所用标准溶液的体积一般不小于约20 mL，而又不得超过50 mL，否则会引起读数次数增多而增加视差机会。

另一方面，在确定标准溶液浓度大小时，还需考虑一次滴定所消耗的标准溶液的量要适中。关于标准溶液需要量的多少，不仅决定它本身的浓度，也与试样中待测组分含量的多少有关。若待测定组分含量较低，使用的标准溶液浓度又较高，则所需标准溶液的量就可能太少，从而使读数的准确度降低。

综上所述，在定量分析中常用的标准溶液浓度大多为 0.05000～0.2000 mol·L^{-1}，而以 0.1000 mol·L^{-1}溶液用得最多。在工业分析中，时常用到 1.000 mol·L^{-1}标准溶液；微量定量分析中，则常采用 0.001000 mol·L^{-1}的标准溶液。

3.2.2　标准溶液的保存

配制完成并经标定的标准溶液，往往不是短时期就能用完的，特别是一些难标定的溶液，因而如何保存也是值得关注的问题。通常根据其不同性质选择合适的容器，可能还要采取避光、防吸水等必要的措施。这样一来，有些标准溶液便可以长时期保持其原浓度不变，或很少改变。例如，曾有人做过实验，$K_2Cr_2O_7$ 标准溶液的浓度保存了 24 年之久未发生明显改变。但是，如果容器不够严密，任何溶液的浓度都会因溶剂的蒸发而改变。即使在严密的容器中，往往也会因溶剂的蒸发和在器壁上重新凝聚后流下而使溶液浓度不匀，因此在使用时应先摇动。还需注意的是，有许多标准溶液是不稳定的。例如，还原性物质容易被氧化，强碱性溶液会与玻璃瓶作用或从空气中吸收 CO_2 等。因此，贮存碱性标准溶液的容器最好用聚乙烯类制品。若使用的是玻璃瓶，则可在瓶的内壁涂上石蜡来防止碱的作用。有时在容器和滴定管口上连接含有烧碱和石灰混合物的干燥管装置，这样可防止 CO_2 的入侵。其他如对见光分解的 $AgNO_3$ 溶液，应贮存在棕色瓶中或放在暗处。尚需指出，对不稳定的标准溶液还需定期进行标定。表 3.1 列出常用标准溶液的保存期限。

表 3.1　常用标液的保存期限

名　称	标准溶液分子式	浓度(mol·L^{-1})	保存期限(月)
各种酸标液	—	各种浓度	3
氢氧化钠	$NaOH$	各种浓度	2
氢氧化钾乙醇液	KOH	0.1 与 0.5	0.25
硝酸银	$AgNO_3$	0.1	3
硫氰酸铵	NH_4SCN	0.1	3
高锰酸钾	$KMnO_4$	0.1	2
高锰酸钾	$KMnO_4$	0.05	1
溴酸钾	$KBrO_3$	0.1	3
碘液	I_2	0.1	1
硫代硫酸钠	$Na_2S_2O_3$	0.1	3
硫代硫酸钠	$Na_2S_2O_3$	0.05	2
硫酸亚铁	$FeSO_4$	0.1	3
硫酸亚铁	$FeSO_4$	0.05	3
亚砷酸钠	Na_3AsO_3	0.1	1
亚硝酸钠	$NaNO_2$	0.1	0.5
EDTA	Na_2H_2Y	各种浓度	3

最常用的基准物质有以下几类：

① 用于酸碱滴定：无水碳酸钠(Na_2CO_3)、硼砂($Na_2B_4O_7 \cdot 10H_2O$)、邻苯二甲酸氢钾($KHC_8H_4O_4$)、恒沸点盐酸、苯甲酸(C_6H_5COOH)、草酸($H_2C_2O_4 \cdot 2H_2O$)等。

② 用于配位滴定：硝酸铅($Pb(NO_3)_2$)、氧化锌(ZnO)、碳酸钙($CaCO_3$)、硫酸镁($MgSO_4 \cdot 7H_2O$)及各种纯金属如Cu、Zn、Cd、Al、Co、Ni等。

③ 用于氧化还原滴定：重铬酸钾($K_2Cr_2O_7$)、溴酸钾($KBrO_3$)、碘酸钾(KIO_3)、碘酸氢钾($KH(IO_3)_2$)、草酸钠($Na_2C_2O_4$)、氧化砷(As_2O_3)、硫酸铜($CuSO_4 \cdot 5H_2O$)和纯铁等。

④ 用于沉淀滴定：银(Ag)、硝酸银($AgNO_3$)、氯化钠(NaCl)、氯化钾(KCl)、溴化钾(KBr,从溴酸钾制备得到的)等。

以上这些物质的含量一般在99.9%以上，甚至可达99.99%以上。值得注意的是，有些超纯物质和光谱纯试剂的纯度虽然很高，但这只说明其中金属杂质的含量很低而已，却并不表明它的主成分含量在99.9%以上。有时候因为其中含有不定组成的水分和气体杂质，以及试剂本身的组成不固定等原因，其主成分的含量达不到99.9%，也就不能用作基准物质了。因此不得随意选择基准物质。最常用基准物质的干燥条件和应用如表3.2所示。

表3.2 最常用基准物质的干燥条件和应用

基准物质		干燥后的组成	干燥条件(℃)	标定对象
名　称	分子式			
碳酸氢钠	$NaHCO_3$	Na_2CO_3	270～300	酸
碳酸钠	$Na_2CO_3 \cdot 10H_2O$	Na_2CO_3	270～300	酸
硼砂	$Na_2B_4O_7 \cdot 10H_2O$	$Na_2B_4O_7 \cdot 10H_2O$	放在含NaCl和蔗糖饱和液的干燥器中	酸
碳酸氢钾	$KHCO_3$	K_2CO_3	270～300	酸
草酸	$H_2C_2O_4 \cdot 2H_2O$	$H_2C_2O_4 \cdot 2H_2O$	室温、空气干燥	碱或$KMnO_4$
邻苯二甲酸氢钾	$KHC_8H_4O_4$	$KHC_8H_4O_4$	110～120	碱
重铬酸钾	$K_2Cr_2O_7$	$K_2Cr_2O_7$	140～150	还原剂
溴酸钾	$KBrO_3$	$KBrO_3$	130	还原剂
碘酸钾	KIO_3	KIO_3	130	还原剂
铜	Cu	Cu	室温、干燥器中保存	还原剂
三氧化二砷	As_2O_3	As_2O_3	室温干燥中保存	氧化剂
草酸钠	$Na_2C_2O_4$	$Na_2C_2O_4$	130	氧化剂
碳酸钙	$CaCO_3$	$CaCO_3$	110	EDTA
硝酸铅	$Pb(NO_3)_2$	$Pb(NO_3)_2$	室温、干燥器中保存	EDTA
氧化锌	ZnO	ZnO	900～1 000	EDTA
锌	Zn	Zn	室温、干燥器中保存	EDTA
氯化钠	NaCl	NaCl	500～600	$AgNO_3$
氯化钾	KCl	KCl	500～600	$AgNO_3$
硝酸银	$AgNO_3$	$AgNO_3$	220～250	氯化物

若分析要求较高，需要配制不含 CO_3^{2-} 离子的 NaOH 标准溶液，常用下列三种方法配制：

① 在前面已配好的 NaOH 溶液中，加入 1～2 mL 20% $BaCl_2$ 溶液，用橡皮塞塞好，摇匀，静置过夜。用虹吸管将上层清液吸入另一试剂瓶中，塞好备用。

② 在塑料容器中配制适量 50% NaOH 溶液，静置，待沉淀（Na_2CO_3 不溶于浓 NaOH 溶液中）下沉后，吸上层清液，用新煮沸并冷却了的蒸馏水稀释至一定体积。

③ 当标准碱溶液中略含一些碳酸盐并无妨碍时，可用下述简单的方法配制：称取较多的固体 NaOH，例如配制 1 L 0.1 mol·L^{-1} 的 NaOH 溶液可称取 5～6 g NaOH，置于烧杯中，以新煮沸并冷却了的蒸馏水迅速洗涤 2～3 次，每次用水少许，倾去洗涤液，留下固体 NaOH，溶于水，稀释至 1 L。由于固体 NaOH 常常只在表面形成一薄层碳酸盐，故在洗涤时大部分可以除去。

3.3　缓冲溶液的配制

3.3.1　缓冲溶液的选择

缓冲溶液选择的原则如下：

① 缓冲溶液对分析过程应没有干扰。例如，需配制 pH=5.0 左右的缓冲溶液，可选择 HAc-NaAc 体系（$pK_a=4.74$）或六亚甲基四胺-HCl 体系（$pK_a=8.85$）。但若络合滴定测定 Pb^{2+}，则只能选择后者，因 Pb^{2+} 与 Ac^- 有反应发生。

② 所需控制的 pH 应在缓冲溶液的有效缓冲范围之内，即 $pH=pK_a\pm1$。

③ 缓冲溶液应有足够的缓冲容量。通常缓冲组分的浓度在 0.01～1 mol·L^{-1} 之间。

若分析反应要求溶液的 pH 稳定在 0～2 或 12～14 的范围内，则可用强酸或强碱来控制。

在实际工作中，有时要求在很宽 pH 范围中都有缓冲作用，这时可采用多元酸和碱组成的缓冲体系或由几种 pK_a 值不同的弱酸混合后加入不同量的强碱制成缓冲溶液。在这样的体系中，因其中存在许多 pK_a 值不同的共轭酸碱，所以它们能在广泛的 pH 范围内起缓冲作用。

3.3.2　常见缓冲溶液的配制

1. 甘氨酸-盐酸缓冲溶液

X mL 0.2 mol·L^{-1} 甘氨酸加 Y mL 0.2 mol·L^{-1} 盐酸，再加水稀释至 200 mL，相应溶液的 pH 值如表 3.3 所示。

表 3.3 甘氨酸-盐酸缓冲溶液

pH	X	Y	pH	X	Y
2.0	50	44.0	3.0	50	11.4
2.4	50	32.4	3.2	50	8.2
2.6	50	24.2	3.4	50	6.4
2.8	50	16.8	3.6	50	5.0

甘氨酸分子量为75.07，0.2 mol·L^{-1}甘氨酸溶液换算成质量浓度为15.01 g·L^{-1}。

2. 邻苯二甲酸-盐酸缓冲溶液

X mL 0.2 mol·L^{-1}邻苯二甲酸加Y mL 0.2 mol·L^{-1}盐酸，再加水稀释至200 mL，相应溶液的pH值如表3.4所示。

表 3.4 邻苯二甲酸-盐酸缓冲溶液

pH	X	Y	pH	X	Y
2.2	50	40.7	3.0	50	20.2
2.4	50	39.6	3.2	50	14.7
2.6	50	33.0	3.4	50	9.9
2.8	50	26.4	3.6	50	6.0

邻苯二甲酸氢钾分子量为204.23，0.2 mol·L^{-1}邻苯二甲酸氢钾溶液40.85 g·L^{-1}。

3. 磷酸氢二钠-柠檬酸缓冲溶液

X mL 0.2 mol·L^{-1}磷酸氢二钠加Y mL 0.1 mol·L^{-1}柠檬酸，再加水稀释至200 mL，相应溶液的pH值如表3.5所示。

表 3.5 磷酸氢二钠-柠檬酸缓冲溶液

pH	X	Y	pH	X	Y
2.2	0.40	19.60	5.2	10.72	9.28
2.4	1.24	18.76	5.4	11.15	8.85
2.6	2.18	17.82	5.6	11.60	8.40
2.8	3.17	16.83	5.8	12.09	7.91
3.0	4.11	15.89	6.0	12.63	7.37
3.2	4.94	15.06	6.2	13.22	6.87
3.4	5.70	14.30	6.4	13.85	6.15
3.6	6.44	13.56	6.6	14.55	5.45
3.8	7.10	12.90	6.8	15.45	4.55
4.0	7.71	12.29	7.0	16.47	3.53
4.2	8.28	11.72	7.2	17.39	2.61
4.4	8.82	11.18	7.4	18.17	1.83

续表

pH	X	Y	pH	X	Y
4.6	9.35	10.56	7.6	18.73	1.27
4.8	9.86	10.14	7.8	19.15	0.85
5.0	10.30	9.70	8.0	19.45	0.55

4. 柠檬酸-柠檬酸钠缓冲溶液

X mL 0.1 mol・L^{-1}柠檬酸加Y mL 0.1 mol・L^{-1}柠檬酸钠，再加水稀释至200 mL，相应溶液的pH值如表3.6所示。

表3.6　柠檬酸-柠檬酸钠缓冲溶液

pH	X	Y	pH	X	Y
3.0	18.6	1.4	5.0	8.2	11.8
3.2	17.2	2.8	5.2	7.3	12.7
3.4	16.0	4.0	5.4	6.4	13.6
3.6	14.9	5.1	5.6	5.5	14.5
3.8	14.0	6.0	5.8	4.7	15.3
4.0	13.1	6.9	6.0	3.8	16.2
4.2	12.3	7.7	6.2	2.8	17.2
4.4	11.4	8.6	6.4	2.0	18.0
4.6	10.3	9.7	6.6	1.4	18.6
4.8	9.2	10.8			

5. 乙酸-乙酸钠缓冲溶液

X mL 0.2 mol・L^{-1}乙酸钠加Y mL 0.3 mol・L^{-1}乙酸，再加水稀释至200 mL，相应溶液的pH值如表3.7所示。

表3.7　乙酸-乙酸钠缓冲溶液

pH	X	Y	pH	X	Y
3.6	0.75	9.25	4.8	5.90	4.10
3.8	1.20	8.80	5.0	7.00	3.00
4.0	1.80	8.20	5.2	7.90	2.10
4.2	2.65	7.35	5.4	8.60	1.40
4.4	3.70	6.30	5.6	9.10	0.90
4.6	4.90	5.10	5.8	9.40	0.60

6. 磷酸氢二钠-磷酸二氢钠缓冲溶液

X mL 0.2 mol・L^{-1}磷酸氢二钠加Y mL 0.3 mol・L^{-1}磷酸二氢钠，再加水稀释至

200 mL，相应溶液的 pH 值如表 3.8 所示。

表 3.8 磷酸氢二钠-磷酸二氢钠缓冲溶液

pH	X	Y	pH	X	Y
5.8	8.0	92.0	7.0	61.0	39.0
5.9	10.0	90.0	7.1	67.0	33.0
6.0	12.3	87.7	7.2	72.0	28.0
6.1	15.0	85.0	7.3	77.0	23.0
6.2	18.5	81.5	7.4	81.0	19.0
6.3	22.5	77.5	7.5	84.0	16.0
6.4	26.5	73.5	7.6	87.0	13.0
6.5	31.5	68.5	7.7	89.5	10.5
6.6	37.5	62.5	7.8	91.5	8.5
6.7	43.5	56.5	7.9	93.5	7.0
6.8	49.0	51.0	8.0	94.7	5.3
6.9	55.0	45.0			

7. 巴比妥钠-盐酸缓冲溶液

X mL 0.04 mol·L^{-1}巴比妥钠加 Y mL 0.2 mol·L^{-1}盐酸，再加水稀释至 200 mL，相应溶液的 pH 值如表 3.9 所示。

表 3.9 巴比妥钠-盐酸缓冲溶液

pH	X	Y	pH	X	Y
6.8	100	18.4	8.4	100	5.21
7.0	100	17.8	8.6	100	3.82
7.2	100	16.7	8.8	100	2.52
7.4	100	15.3	9.0	100	1.65
7.6	100	13.4	9.2	100	1.13
7.8	100	11.47	9.4	100	0.70
8.0	100	9.38	9.6	100	0.35
8.2	100	7.21			

巴比妥钠分子量为 206.18，0.04 mol·L^{-1}溶液换算成质量浓度为 8.25 g·L^{-1}。

8. Tris-盐酸缓冲溶液

50 mL 0.1 mol·L^{-1}三羟甲基氨基甲烷(Tris)加 X mL 0.1 mol·L^{-1}盐酸，再加水稀释至 100 mL，相应溶液的 pH 值如表 3.10 所示。

表 3.10　Tris-盐酸缓冲溶液

pH	X	pH	X
7.10	45.7	8.10	26.2
7.20	44.7	8.20	22.9
7.30	43.4	8.30	19.9
7.40	42.0	8.40	17.2
7.50	40.3	8.50	14.7
7.60	38.5	8.60	12.4
7.70	36.6	8.70	10.3
7.80	34.5	8.80	8.5
7.90	32.0	8.90	7.0
8.00	29.2		

三羟甲基氨基甲烷(Tris)分子量为 121.14，Tris 溶液可从空气中吸收二氧化碳，使用时注意将瓶盖严。

9. 硼砂缓冲溶液

X mL 0.05 mol · L^{-1}硼砂加 Y mL 0.2 mol · L^{-1}硼酸，再加水稀释至 200 mL，相应溶液的 pH 值如表3.11所示。

表 3.11　硼砂-硼酸缓冲溶液

pH	X	Y	pH	X	Y
7.4	1.0	9.0	8.2	3.5	6.5
7.6	1.5	8.5	8.4	4.5	5.5
7.8	2.0	8.0	8.7	6.0	4.0
8.0	3.0	7.0	9.0	8.0	2.0

硼砂 $Na_2B_4O_7 \cdot 10H_2O$ 分子量为 381.43，硼酸分子量为 61.84。

10. 硼砂-氢氧化钠缓冲溶液

X mL 0.05 mol · L^{-1}硼砂加 Y mL 0.2 mol · L^{-1}氢氧化钠，再加水稀释至 200 mL，相应溶液的 pH 值如表3.12所示。

表 3.12　硼砂-氢氧化钠缓冲溶液

pH	X	Y	pH	X	Y
9.3	50	6.0	9.8	50	34.0
9.4	50	11.0	10.0	50	43.0
9.6	50	23.0	10.1	50	46.0

11. PBS 缓冲溶液

PBS 缓冲溶液的配制见表 3.13。

表 3.13 PBS缓冲溶液

pH	7.6	7.4	7.2	7.0
H_2O(mL)	1000	1000	1000	1000
NaCl(g)	8.5	8.5	8.5	8.5
Na_2HPO_4(g)	2.2	2.2	2.2	2.2
NaH_2PO_4(g)	0.1	0.2	0.3	0.4

3.4 一般溶液和一些特殊要求纯水的制备

3.4.1 一般溶液的配制

一般溶液的浓度不需要十分准确，配制时固体试剂用托盘天平称量，称量的器皿通常用表面皿或烧杯，液体试剂及溶剂用量筒量取。有时，溶液的体积还可根据所用的烧杯、试剂瓶的容积来估计。

称出的固体试剂，于烧杯中先用适量水溶解，再稀释至所需的体积。试剂溶解时若有放热现象，或需加热溶解，应待冷却后，再转入试剂瓶中。配好的溶液，应马上贴好标签，注明溶液的名称、浓度和配制日期。

对于易水解的盐，配制溶液时需加入适量的酸，再用水或稀酸稀释。有些易氧化或还原的试剂，常在使用前临时配制，或采取措施防止氧化或还原。

易腐蚀玻璃的溶液，不能盛放在玻璃瓶内，如氟化物需保存在聚乙烯瓶中。装苛性碱的玻璃瓶应用橡皮塞，最好也盛于聚乙烯瓶中。

配制指示剂溶液时，需称取的指示剂量往往很少，这时可用分析天平称量，但只要读取两位有效数字即可。要根据指示剂的性质，采用合适的溶剂，必要时还要加入适当的稳定剂，并注意其保存期。配好的指示剂一般贮存于棕色瓶中。

经常并大量使用的溶液，可先配制成使用浓度的 10 倍的储备液，需要用时取储备液稀释 10 倍即可。

3.4.2 一些特殊要求纯水的制备

在分析过程中，有时需要所用的纯水中的某些特征指标的含量应愈低愈好，这就要求了解某些纯水的制备方法。

1. 无氨水

加入硫酸至 $pH<2$，使水中各种形态的氨或胺均转变成不挥发的盐类，收集馏出液即得。

2. 无氯水

加入亚硫酸钠等还原剂将水中氯还原成氯离子，以联邻甲苯胺检查不显黄色。用附有缓冲球的全玻璃蒸馏器进行蒸馏制得。

3. 无二氧化碳水

将蒸馏水或去离子水煮沸至少 10 min(水多时),或使水量蒸发 10%以上(水少时),加盖放冷即得。

4. 无铅水

用氢型强酸性阳离子交换树脂处理原水即得。所用贮水器事先应用 6 mol・L^{-1}硝酸溶液浸泡过夜再用无铅水洗净。

5. 无砷水

一般蒸馏水和去离子水均能达到基本无砷的要求。应避免使用软质玻璃制成的蒸馏器、贮水瓶和树脂管。

6. 无酚水

加 NaOH 使 pH>11,使水中的酚生成不挥发的酚钠后蒸馏即得。也可同时加入少量 $KMnO_4$ 溶液至水呈浑红色后蒸馏。

7. 无有机物的蒸馏水

加入少量 $KMnO_4$ 碱性溶液,使水呈紫红色,进行蒸馏即得。若在蒸馏过程中红色褪色应补加 $KMnO_4$。

参 考 文 献

[1] 卢荣,高新,顾玲,等. 分析化学:导教、导学、导考[M]. 4 版. 西安:西北工业大学出版社,2004.
[2] 汪尔康. 分析化学[M]. 北京:北京理工大学出版社,2002.
[3] 张广强,黄世德. 分析化学[M]. 3 版. 北京:学苑出版社,2001.
[4] 李维斌,谢庆娟. 分析化学[M]. 北京:高等教育出版社,2005.
[5] 葛兴. 分析化学[M]. 北京:中国农业大学出版社,2004.
[6] 王彤,赵清泉. 分析化学[M]. 北京:高等教育出版社,2003.
[7] 王芬,孙太凡. 分析化学[M]. 北京:中国农业出版社,2006.
[8] 胡传训. 定量分析化学[M]. 成都:四川大学出版社,2002.
[9] 张锦柱. 分析化学简明教程[M]. 北京:冶金工业出版社,2006.
[10] 朱灵峰. 分析化学[M]. 北京:中国农业出版社,2006.
[11] 杜江燕. 分析化学学习指导[M]. 南京:南京师范大学出版社,2006.
[12] 林树昌,胡乃非,曾泳淮. 分析化学[M]. 北京:高等教育出版社,2004.

第4章　化学实验基本操作

4.1　实验室用水的规格、制备及检验方法

4.1.1　实验用水规格及技术指标

分析化学实验用水是分析实验质量控制的一个因素，关系空白值、分析方法的检出限，尤其是微量分析对水质有更高的要求。分析者对用水级别、规格应当了解，以便正确选用。分析化学实验对水的质量要求较高，既不能直接使用自来水或其他天然水，也不应一律使用高纯水，而应根据所做实验对水质的要求选用适当规格的纯水，并对特殊要求的水质进行适当的处理后才可使用。一般情况下，分析实验室最常见的是蒸馏水。在蒸馏水中，电解质几乎完全除尽，同时，不溶解胶体物质、有机物、细菌、SiO_2等也降低到最低程度。

我国已颁布了分析实验用水规格和试验方法的国家标准，该标准参照了广泛使用的国际标准(见表4.1)。国家标准中规定了分析实验用水的级别、技术指标、制备方法及检验方法。

表4.1　各类方法制备纯水杂质含量($\mu g \cdot g^{-1}$)

杂质元素	自来水	二次蒸馏水	混床离子交换水	石英亚沸蒸馏水
Ag	<1	1.0	0.01	0.002
Ca	>10000	50.0	1.0	0.08
Cd	—	—	<1.0	0.005
Cr	40	—	<0.1	—
Cu	30	5.0	0.2	0.02
Fe	200	0.1	0.2	0.01
Mg	8000	8.0	0.3	0.05
Na	10000	1.0	1.0	0.09
Ni	<10	1.0	<0.1	0.06
Pb	<10	5.0	0.1	0.003
Sn	<10	5.0	<0.1	0.02
Ti	10	—	<0.1	0.01
Zn	100	10.0	<0.1	0.04

表4.2中所列的技术指标可满足一般分析实验的要求。在实际工作中，若有的实验对水还有特殊的要求，则还要检验有关的项目。

表4.2　分析实验室用水的级别及主要技术指标

指标名称	一级	二级	三级
pH范围(25 ℃)	—*	—	5.0～7.5
电导率(25 ℃)($ms \cdot m^{-1}$)	≤0.01	≤0.10	≤0.50
可氧化物质(以O计)($mg \cdot L^{-1}$)	—	<0.08	<0.4
蒸发残渣(105±2 ℃)($mg \cdot L^{-1}$)	—	≤1.0	≤2.0
吸光度(254 nm，1 cm光程)	≤0.001	≤0.01	
可溶性硅(以SiO_2计)($mg \cdot L^{-1}$)	<0.01	<0.02	

* "—"表示在此条件下，无法检测。

电导率是纯水质量的综合指标。一级水和二级水的电导率必须"在线"(即将测量电极安装在制水设备的出水管道内)测量。纯水在贮存和与空气接触过程中，由于容器材料中可溶解成分的引入和吸收空气中的CO_2等杂质，都会引起电导率的改变。水越纯，其影响越显著，一级水必须临用前制备，不宜存放。在实践中人们往往习惯于用电阻率衡量水的纯度，若以电阻率来表示，则上述一、二、三级水的电阻率应分别等于或大于10 MΩ·cm、1 MΩ·cm、0.2 MΩ·cm。

可见纯水并不是不含杂质，只是其所含杂质量极微小而已。随着制备纯水的方法不同及所用材料不同，其所含杂质的种类和含量也不同。采用铜蒸馏器制得的水，显然含微量的Cu^{2+}离子；用玻璃蒸馏器制得的水，则含微量的Na^+、SiO_3^{2-}离子等；离子交换法或电渗析法制备的水，常含有少量微生物和某些有机物等。

4.1.2　纯水的制备

1. 一级水制备

一级水可用二级水经过石英设备蒸馏或离子交换混合床处理后，再经0.2 μm微孔滤膜过滤来制取。一级水主要用于有严格要求的分析实验，包括对微粒有要求的实验，如高效液相色谱分析用水。

2. 二级水制备

二级水可用离子交换或多次蒸馏等方法制取。二级水主要用于无机痕量分析实验，如原子吸收光谱分析、电化学分析实验等。

3. 三级水制备

三级水可用蒸馏、去离子(离子交换及电渗析法)或反渗透等方法制取。三级水用于一般化学分析实验。

制备分析实验室用水的原水应当是饮用水或其他适当纯度的水。

三级水是最普遍使用的纯水，一是直接用于某些实验，二是用于制备二级水乃至一级水。

4. 蒸馏水制备

由蒸馏法制得的水称为蒸馏水。蒸馏水较纯净，适用于一般分析工作。因蒸馏器的材料不同，蒸馏水所带杂质亦不同。蒸馏法只能除去水中非挥发性的杂质。

蒸馏法设备成本低、操作简单，但能耗高、产率低，且只能除掉水中非挥发性杂质。

5. 去离子水(又称离子交换水)制备

用离子交换树脂处理自来水所获得的水称为去离子水。用此法制备纯水的优点是：操作简便、设备简单、出水量大、成本低。在一般情况下可代替蒸馏水。离子交换处理能除去水中绝大部分盐类、碱和游离酸，但不能除去有机物和非电解质，而且尚有微量树脂溶在水中。要获得既无电解质又无微生物等杂质的纯水，还需要将离子交换水再蒸馏一次。为了消除非电解质的杂质和提高实验室中离子交换树脂的利用率，应以普通蒸馏水代替自来水进行离子交换处理。

6. 电渗析水制备

电渗析水是在外电场的作用下，利用阴、阳离子交换膜对溶液中离子的选择性透过而使溶质和溶剂分离，从而得到的净化水。此方法除去杂质的效率较低，适用于要求不很高的分析工作。

与离子交换法相似，电渗析法也不能除掉非离子型杂质，但电渗析器的使用周期比离子交换柱长，再生处理比离子交换柱简单。好的电渗析器所制备的纯水其电阻率可达 0.2 ～ 0.3 MΩ・cm。相当于三级水的质量水平。

分析实验中所用纯水来之不易，也较难于存放。要根据不同的情况选用适当级别的纯水。在保证实验要求的前提下，注意节约用水。

在定量化学分析实验中，主要使用三级水，有时需将三级水加热煮沸后使用，特殊情况下也使用二级水。仪器分析实验中主要使用二级水，有的实验还需使用一级水。

注意：本书中各实验(定量化学分析实验)用水除另有注明外，均使用三级水(一次水)，仪器分析实验用二级水(二次水)。

4.1.3 纯水的检验方法

通常用水的电阻率或电导率来间接表示水的级别标准。

纯水质量的检验有物理方法和化学方法两类，现仅结合一般分析实验室的要求简略介绍。

1. 电阻率

水的电阻率越高，表示水中的离子越少，水的纯度越高。25 ℃时，电阻率为 10 MΩ・cm 的水称为纯水；电阻率大于 10 MΩ・cm 的水称为高纯水。高纯水应贮存在石英或聚乙烯塑料容器中。

2. pH

用酸度计测定与大气相平衡的纯水的 pH，一般应为 6.6 左右。可采用简易化学方法鉴定。取两支试管，在其中各加水 10 mL，于甲试管中滴加 0.2%甲基红(变色范围 pH=4.4～6.2)溶液 2 滴，不得显红色；于乙试管中加 0. 2%溴百里酚蓝 (变色范围 pH=7.6～9.6)溶液 5 滴，不得显蓝色。

3. 硅酸盐

取30 mL水于一小烧杯中，加入1∶3 HNO_3 5 mL、5%钼酸铵溶液5 mL，室温下放置5 min后，加入10%亚硫酸钠溶液5 mL，观察是否出现蓝色。如呈现蓝色，则硅酸盐超标。

4. 氯化物

取20 mL水于试管中，加1滴1∶3 HNO_3 酸化，加入0.1 mol·L^{-1} AgCl溶液1～2滴，如有白色乳状沉淀，则氯化物超标。

5. Cu^{2+}、Pb^{2+}、Zn^{2+}、Ca^{2+}、Mg^{2+}等金属离子

(1) Cu^{2+}离子

取10 mL水于试管中，加入1滴1∶1 HCl，摇匀，加入1～2 mL 0.001%二硫腙及1～2 mL CCl_4，CCl_4 液层中不显浅蓝色或紫色，说明 Cu^{2+}离子不超标。

(2) Pb^{2+}离子

取1 mL水于试管中，加入1 mL10% 柠檬酸、1 mL 10% KCN溶液，再加入1 mL 0.001%二硫腙及2 mL CCl_4，CCl_4 液层中不显粉红色，说明 Pb^{2+}离子不超标。

(3) Zn^{2+}离子

取10 mL水于试管中，加5 mL HAc-NaAc缓冲溶液、0.5 mL 10% $Na_2S_2O_3$溶液，摇匀后加入1 mL 0.001%二硫腙溶液，不显蓝紫色，说明 Zn^{2+}离子不超标。

以上 Cu^{2+}、Pb^{2+}、Zn^{2+}的检出限量均为0.1 ppm(百万分比浓度，1 ppm即百万分之一)。

另一种简易检验金属离子的方法如下：取25 mL水于小烧杯中，加入1滴0.2%铬黑T指示剂，5 mL pH=10的氨性缓冲溶液，如溶液呈蓝色，说明 Fe^{3+}、Cu^{2+}、Pb^{2+}、Zn^{2+}、Ca^{2+}、Mg^{2+}等金属阳离子含量甚微，水合格；如呈紫红色，则水不合格。

4.2　常用玻璃器皿的洗涤和干燥

4.2.1　定量分析实验常用器皿介绍

定量分析实验常用器皿的表示方法、一般用途及性能、使用注意事项列于表4.3。

表4.3　定量分析实验常用器皿介绍

名　称	规格表示方法	一般用途及性能	使用注意事项
烧杯	1. 玻璃品质：硬质或软质； 2. 以容积(mL)表示	反应容器，可以容纳较大量的反应物	1. 硬质烧杯可以加热至高温，但对软质烧杯，要注意勿使温度变化过于剧烈； 2. 加热时放在石棉网上，不应直接加热

续表

名　称	规格表示方法	一般用途及性能	使用注意事项
烧瓶	1. 玻璃品质：圆底或平底； 2. 以容积(mL)表示	反应容器，需要长时间加热时用	加热时放在石棉网上，不能直接用火加热，应避免骤热、骤冷
锥形瓶	1. 玻璃品质：硬质或软质； 2. 以容积(mL)表示	反应容器，摇荡方便，口径较小，因而能减少反应物因蒸发而造成的损失	同烧杯
称量瓶	1. 玻璃品质； 2. 上口有磨口塞； 3. 分高形和扁形两种	1. 精确称量试样和基准物； 2. 质量小，可直接在天平上称量	称量瓶盖要密合
移液管	1. 玻璃品质； 2. 在一定温度下以刻度的容积(mL)表示	吸取一定量准确体积的液体时用	1. 不能加热或烘干； 2. 将吸取的液体放出时，管尖端剩余的液体不得随意吹出，若刻有“吹”字的则要把剩余部分吹出，若无“吹”字则不得吹出
容量瓶	1. 玻璃品质； 2. 在一定温度下以容积(mL)表示	配制标准溶液	1. 不能盛热溶液，不得加热或烘烤； 2. 磨口塞必须密合，并且要避免打碎、遗失和互相搞混

续表

名　称	规格表示方法	一般用途及性能	使用注意事项
碱式滴定管　酸式滴定管	1. 玻璃品质； 2. 以容积(mL)表示； 3. 分酸式(玻璃活塞)或碱式(橡皮管)，酸式有无色和棕色两种	1. 滴定时用； 2. 用以取得准确体积的液体	1. 小心酸式滴定管的玻璃活塞，避免打碎、遗失或相互搞混； 2. 用滴定管时要洗洁净，液体下流时，管壁不得有水珠悬挂，滴定管的活塞下部也要充满液体，全管不得留有气泡
表面皿	1. 玻璃品质； 2. 以口径(cm)表示(如直径9 cm)	1. 用作烧杯等容器的盖子； 2. 用来进行点滴反应； 3. 观察小晶体及结晶过程	1. 不能加热； 2. 用作烧杯盖子时，表面皿的直径应比烧杯直径略大些
漏斗	1. 玻璃品质； 2. 以口径(cm)表示； 3. 分长颈与短颈两种	1. 过滤用； 2. 引导液体或粉末状固体入小口容器中时用	1. 不能用火直接加热； 2. 用时放在漏斗架上，漏斗颈尖端必须紧靠盛接液体的容器壁
分液漏斗	1. 玻璃品质； 2. 以容积(mL)表示； 3. 分长颈与短颈两种； 4. 形状有球形、梨形、管形等	1. 连续加料； 2. 分离两互不相溶的液体； 3. 萃取实验	1. 不能盛放热溶液； 2. 磨口活塞必须密合，并要避免打碎、丢失或互相搞混； 3. 萃取时，振荡初期应放气数次，以免漏斗内压力过大

续表

名称	规格表示方法	一般用途及性能	使用注意事项
量筒 量杯	1. 玻璃品质； 2. 以容积(mL)表示	度量液体的体积(不十分准确)	1. 不能用作反应容器； 2. 不能加热或烘烤
坩埚	1. 瓷质、铁、银、镍、铂、刚玉、石英； 2. 以容积(mL)表示，常用者为 30 mL	灼烧固体时，能耐高温	1. 灼烧时放在泥三角上，直接用火加热； 2. 烧热的坩埚避免骤冷或溅水； 3. 烧热时只能用坩埚钳夹取，不能放在桌面上
坩埚钳	铁质或铜合金，表面常镀镍、铬	夹取坩埚或坩埚盖	夹取热坩埚时，应先将夹子尖端预热，以免坩埚骤冷破裂
水浴锅	1. 铜质或铝质； 2. 以口径(cm)表示	用于间接加热，也可用于控温实验	1. 防止锅内水分蒸干； 2. 加热时水量不宜太多，以防沸腾溢出
玻璃砂心坩埚	1. 玻璃品质； 2. 以滤板直径(cm)表示； 3. 滤板号	用于过滤定量分析中只需低温干燥的沉淀	1. 只能在低温下干燥和烘烤，最高不得超过 500 ℃； 2. 避免碱液和氢氟酸腐蚀，不宜对浆状沉淀进行过滤； 3. 常与吸滤瓶配合使用

续表

名　称	规格表示方法	一般用途及性能	使用注意事项
布氏漏斗和吸滤瓶	1. 布氏漏斗：瓷质，以直径(cm)表示； 2. 吸滤瓶：玻璃品质，以容积(mL)表示	吸滤较大量固体时用	1. 过滤前，先抽气，再倾注溶液； 2. 过滤洗涤完后，先由安全瓶放气
泥三角	1. 泥质； 2. 以泥三角边长(cm)表示	坩埚或小蒸发皿加热时的承受器	1. 避免猛烈敲击使泥质脱落； 2. 选择泥三角时，要使搁在其上的坩埚所露出的上部不超过本身高度的三分之一； 3. 灼热的泥三角不要滴上冷水
c b a 铁台(a)，铁圈(b)和铁夹(c)	铁质。 a. 铁台，以高度(cm)表示； b. 铁圈或铁环，以直径(cm)表示； c. 铁夹，以自由夹以大小表示	1. 固定反应器用； 2. 铁圈也可用作泥三角的承架	1. 不能用铁台、铁圈、铁夹等敲打其他硬物，以免打断； 2. 用铁夹固定反应容器时不能夹得太紧，以免夹破仪器
蒸发皿	1. 瓷质； 2. 以口径大小(cm)或容积(mL)表示； 3. 分有柄和无柄	蒸发液体时用	1. 热的蒸发皿应避免骤冷、骤热或溅水； 2. 可以直接加热
保干器 (干燥器)	1. 厚玻璃制； 2. 以口径(cm)表示； 3. 尚有真空干燥器可抽气减压	1. 定量分析时用； 2. 盛需保持干燥的仪器物品	1. 干燥剂不要放得太满； 2. 保干器的身与盖间应均匀涂抹一层凡士林； 3. 灼烧过的物品放入保干器前温度不能过高； 4. 打开盖时应将盖向旁边推开，搬动时应用手指按住盖，避免滑落而打碎； 5. 干燥器内的干燥剂要按时更换

续表

名　称	规格表示方法	一般用途及性能	使用注意事项
研钵	1. 有瓷质厚玻璃和玛瑙两种； 2. 以口径(cm)表示	研磨细料	只能研磨不能敲打
毛刷	1. 柄为铁质； 2. 以大小表示	洗刷一般玻璃仪器时用	1. 洗刷玻璃器皿，应小心勿使刷子顶部的铁丝撞穿器皿底部； 2. 刷子不应与酸，特别是洗液接触
石棉网	1. 铁线、石棉； 2. 以面积大小表示	加热玻璃容器时垫在玻璃容器底部，使加热均匀	1. 不能随意放置，以免损坏石棉； 2. 不能浸水弄湿
漏斗架	1. 木制； 2. 有螺丝可固定于铁架或木架子上	过滤时承接漏斗用	固定漏斗板时，不要把它倒放
洗瓶	1. 有塑料和玻璃两种； 2. 规格：以容积(mL)表示	用蒸馏水洗涤沉淀和容器用	1. 不能装自来水； 2. 塑料洗瓶不能加热
碘瓶	1. 玻璃品质； 2. 以容积(mL)表示	用于碘量法	1. 塞子及瓶口边缘磨口勿擦伤，以免产生空隙； 2. 滴定时打开塞子，用蒸馏水将瓶口及塞子上的碘液洗入瓶内

4.2.2　容器的洗涤

4.2.2.1　容器的洗涤方法

分析化学实验室经常使用玻璃容器和瓷器,用不干净的容器进行实验时,往往由于污物和杂质的存在而得不到准确的结果,所以容器应该保证干净。

洗涤容器的方法很多,应根据实验的要求、污物的性质和沾污的程度加以选择。

一般来说,附着在仪器上的污物有尘土和其他不溶性物质、可溶性物质、有机物质及油污等。针对这些情况,可采用下列方法:

① 用水刷洗:用自来水和毛刷刷洗容器上附着的尘土和水溶物。

② 用去污粉(或洗涤剂)和毛刷刷洗容器上附着的油污和有机物质。若仍洗不干净,可用热碱液洗。容量仪器不能用去污粉和毛刷刷洗,以免磨损器壁,使体积发生变化。

③ 用还原剂洗去氧化剂如二氧化锰。

④ 进行定量分析实验时,即使少量杂质也会影响实验的准确性。这时可用洗液清洗容量仪器。洗液是重铬酸钾在浓硫酸中的饱和溶液(5 g 粗重铬酸钾溶于 10 mL 热水中,稍冷,在搅拌下慢慢加入 100 mL 浓硫酸,就得到铬酸洗液,简称洗液)。

实验中常用的烧杯、锥形瓶、试管、表面皿、试剂瓶等一般的玻璃仪器,先用自来水冲洗,再用去污粉或肥皂水刷洗,接着用自来水冲洗。若未洗净,可根据污垢的性质选用适当的洗液洗涤,再用自来水冲洗干净。最后用蒸馏水润洗三次。

带刻度的容器如容量瓶、吸量管、滴定管等,为了保证容积的准确性,不宜用毛刷刷洗;光度法中的比色皿是用光学玻璃制成的,也不能用毛刷刷洗。它们均应视其污垢性质选用适当的洗液(如稀硝酸)洗涤,用自来水冲洗干净后,最后用蒸馏水润洗三次。

已洗净的容器壁上,不应附着不溶物或油污。这样的器壁可以被水完全润湿。检查是否洗净时,应将容器倒转过来,如果是干净的,水即顺着器壁流下,器壁上只留下一层既薄又均匀的水膜,而不应有水珠。

注意,用布或纸擦拭已洗净的容器非但不能使容器变得干净,反而会将纤维留在器壁上,玷污了容器。

洗涤时用蒸馏水应注意节约,采用少量多次的原则,可使用较少的蒸馏水,达到较好的洗涤效果。既节约,又提高了效率。

4.2.2.2　常用洗涤剂

1. 铬酸洗液

铬酸洗液是含有饱和 $K_2Cr_2O_7$ 的浓硫酸溶液。铬酸洗液具有强氧化性和强酸性,适于洗涤无机物和部分有机物。洗液具有很强的去污能力,洗涤时往容器内加入洗液,其用量为容器总容积的 1/3,然后将容器倾斜,慢慢转动容器,使容器的内壁全部为洗液润湿,然后将洗液倒入原来瓶内,再用水将洗液洗去。如果用洗液将容器浸泡一段时间或者将其加热(70～80 ℃)后,使用效果最好,但要注意温度过高容易造成一些软质玻璃器皿破裂。使用铬酸洗液时应注意以下几点:

① 使用洗液前最好先用水或去污粉将容器洗一下。

② 使用时要尽量避免将水引入洗液，故使用洗液前应尽量把容器内的水去掉（稀释后会降低洗涤效果），以免将洗液稀释。

③ 洗液用后应倒入原瓶内，可重复使用。过度稀释的洗液可在通风橱中加热蒸掉大部分水后继续使用。

④ 不要用洗液洗涤具有还原性的污物（如某些有机物），这些物质能把洗液中的重铬酸钾还原为硫酸铬（洗液的颜色则由原来的深棕色变为绿色）。已变为绿色的洗液不能再继续使用。

⑤ 洗液具有很强的腐蚀性，会灼伤皮肤和破坏衣物。如果不慎将洗液洒在皮肤、衣物和实验桌上，应立即用水冲洗。

⑥ 因重铬酸钾严重污染环境，应尽量少用洗液。凡是能够用其他洗涤剂进行洗涤的仪器，都不要用铬酸洗液。在本书的实验中，铬酸洗液只用于容量瓶、移液管、吸量管和滴定管的洗涤。用上述方法洗涤后的容器还要用水洗去洗涤剂，并用蒸馏水再洗涤三次。

必须指出，洗液并不是万能的，对不同的污染应采用不同的洗涤方法。例如，被 AgCl 玷污的器皿，用洗液洗涤是无效的，此时可用 $NH_3 \cdot H_2O$ 或 $Na_2S_2O_3$ 洗涤。又如被 MnO_2 玷污的器皿，应用 HCl-$NaNO_2$ 的酸性溶液洗涤。

2. 合成洗涤剂

这类洗涤剂主要是去污粉、洗洁精等。一般的器皿都可以用它们洗涤，可有效地除去油污及某些有机化合物。洗涤时，在器皿中加入少量的洗涤剂和水，然后用毛刷反复刷洗，再用水冲洗干净。

3. 盐酸-乙醇溶液

将化学纯的盐酸和乙醇按 1∶2 的体积比进行混合。此洗涤液主要用于洗涤被染色的吸收池、比色管、吸量管等。洗涤时最好是将器皿在此液中浸泡一定时间，然后再用水冲洗。

4. 盐酸

化学纯的盐酸与水以 1∶1 的体积比进行混合，此液为还原性强酸洗涤剂，可洗去多种金属氧化物及金属离子。

5. 氢氧化钠-乙醇溶液

将 120 g NaOH 溶于 150 mL 水中，再用 95％的乙醇稀释至 1 L，此液主要用于洗去油污及某些有机物。用它洗涤精密玻璃量器时，不可长时间浸泡，以避免腐蚀玻璃，影响量器精度。

4.2.3 容器的干燥

可以用加热的方法来干燥容器：

① 烘干：洗净的一般容器可以放入恒温箱内烘干，放置容器时应注意平放或使容器口朝下。

② 烤干：烧杯或蒸发皿可置于石棉网上用火烤干。

也可在不加热的情况下干燥容器：

① 晾干：洗净的容器可倒置于干净的实验柜内或容器架上晾干（倒置后不稳定的容器如量筒则不宜这样做）。

② 吹干：可用吹风机将容器吹干。

③ 用有机溶剂干燥:有些有机溶剂可以和水相溶,最常用的是酒精,在容器内加入少量酒精,将容器倾斜转动,器壁上的水即与酒精混合,然后倾出酒精和水。留在容器内的酒精挥发,从而使容器干燥。往仪器内吹入空气可以使酒精挥发更快一些。

带有刻度的量器不能用加热方法进行干燥,因为加热会影响这些容器的精密度,也可能会造成破裂。

4.3　试剂及其取用方法

4.3.1　试剂的分类

一般实验室所用的化学试剂分为三级:优级纯、分析纯、化学纯。此外,根据特殊的工作目的,还有一些特殊的纯度标准。例如光谱纯、荧光纯、半导体纯等。取用时应按不同的实验要求选用不同规格的试剂。例如一般无机实验用三级试剂即可,分析实验则需取用纯度较高的二级甚至一级试剂。

分析化学实验所用试剂一般分下面几种。

1. 一般试剂

一般试剂是实验室普遍使用的试剂,指示剂也属一般试剂,见表4.4。

表4.4　一般实验室化学试剂等级对照表

级别	一级品	二级品	三级品
中文名称	优级纯	分析纯	化学纯
英文符号	GR	AR	CP
标签颜色	绿色	红色	蓝色
一般用途	精密分析实验	一般分析实验	一般化学实验

此外,还有实验纯(LR)的试剂,其主成分含量高,纯度较差,杂质含量不做选择,只适用于一般化学实验和合成制备。

2. 标准试剂

标准试剂是衡量其他物质化学量的标准物质试剂,是严格控制主体含量的试剂。

3. 高纯试剂

高纯试剂其主体含量与优级纯相当,杂质含量比优级纯、标准试剂均低。高纯试剂多属于通用试剂,如Na_2CO_3等。

4. 专用试剂

专用试剂是指具有特殊用途的试剂。各类仪器分析法所用试剂,如色谱分析标准试剂、紫外及红外光谱纯试剂、核磁共振波谱分析专用试剂等。

4.3.2　试剂的保管和选用

选用试剂应综合考虑对分析结果的准确度要求、所选方法的灵敏度、选择性、分析成本和对测定有无干扰等几个方面。高纯试剂和基准试剂价格比一般试剂要高许多倍，例如若分析方法对 Fe^{3+} 要求高，在溶样、配制溶液时，应选优级纯盐酸，因为盐酸的各级试剂差别主要在 Fe^{3+} 杂质的含量。通常滴定分析配制标准溶液用分析纯试剂；仪器分析一般使用专用试剂或优级纯试剂；而微量、超微量分析应选用高纯试剂。

试剂保管不善或取用不当，极易变质和沾污。这在分析化学实验中往往是引起误差甚至造成失败的主要原因之一。因此，必须按一定的要求保管和取用试剂。

① 使用前，要认清标签。取用时，不可将瓶盖随意乱放，应将瓶盖反放在干净的地方。固体试剂应用干净的牛角勺取用，用毕后立即将牛角勺洗净，晾干备用。液体试剂一般用量筒取用。倒试剂时，标签朝上，不要将试剂泼撒在外，多余的试剂不应倒回试剂瓶内，取完试剂随手将瓶盖盖好，切不可"张冠李戴"，以防沾污。

② 装试剂的试剂瓶都应贴上标签，写明试剂的名称、规格、日期等。不可在试剂瓶内装入与标签不符的试剂，以免造成差错。标签脱落的试剂，在未查明前不可使用。

③ 使用标准溶液前，应将试剂充分摇匀。

④ 易腐蚀玻璃的试剂，如氟化物、苛性碱等应保留在塑料瓶或涂有石蜡的玻璃瓶中。

⑤ 易氧化的试剂(如氯化亚锡、低价铁盐)、易风化或潮解的试剂(如 $AlCl_3$、无水 Na_2CO_3 等)，应用石蜡密封瓶口。

⑥ 易受光分解的试剂，如 $KMnO_4$、$AgNO_3$ 等，应用棕色瓶盛装，并保存在暗处。

⑦ 易受热分解的试剂、低沸点的液体和易挥发的试剂，应保存在阴凉处。

⑧ 剧毒试剂如氰化物、三氧化二砷、二氯化汞，应妥善保管和安全使用。

4.3.3 取用试剂规则

为了达到准确的实验结果，取用试剂时应遵守以下规则，以保证试剂不受污染和不变质：

① 试剂不能与手接触。

② 要用洁净的药勺，量筒或滴管取用试剂。绝对不准用同一种工具同时连续取用多种试剂。取完一种试剂后，应将工具洗净(药勺要擦干)后，方可取用另一种试剂。

③ 试剂取用后一定要将瓶塞盖紧，不可放错瓶盖和滴管，绝不允许张冠李戴，用完后将瓶放回原处。

④ 已取出的试剂不能再放回原试剂瓶内。

另外取用试剂时应本着节约精神，尽可能少用，这样既便于操作和仔细观察现象，又能得到较好的实验结果。

固体粉末试剂可用洁净的牛角勺取用。要取一定量的固体时，可将固体放在纸上或表面皿上在台秤上称量。要准确称量时，则用称量瓶在天平上进行称量。液体试剂常用量筒量取。量筒的容量分别为 5 mL、10 mL、50 mL、500 mL 等数种，使用时要把量取的液体注入量筒中，视线与量筒内液体凹面的最低处保持水平，然后读出量筒上的刻度，即得液体的体积。如需少量液体试剂则可用移液管取用，取用时应注意不要将移液管碰到或插入接收容器的壁上或里面。

4.4　加热方法

4.4.1　加热用的仪器

实验中一般使用的加热设备有电炉、电热板、电热恒温水浴锅、磁力加热搅拌器等。

1. 电炉

电炉种类很多，通常实验室用的是电炉丝型。电炉丝是由镍铬合金制成的，根据用电量大小，有 500 W、800 W、1000 W、2000 W 等数种。电炉的优点是加热面积大，受热均匀，温度可以控制，因此在实验室广泛使用。使用时需注意防止电路短路，小心触电，不要把热物品溅在电炉丝上，以免电路损坏。

2. 电热板

电热板和电炉使用方法大体相同，它比电炉受热更均匀，烧杯等一些器皿可直接放在上面加热。

4.4.2　液体的加热

1. 直接加热

适用于在较高温度下可分解的溶液或纯液体，一般将装有液体的器皿放在石棉网上用煤气灯(或电炉)加热。

2. 水浴加热

适用于 100 ℃以上易分解或易挥发燃烧的溶液或纯液体。

3. 沙浴加热

一般要求在 100～400 ℃之间受热均匀者宜用沙浴加热。

4.4.3　液体的蒸发和浓缩

和液体的加热一样，根据液体的热稳定性，可分别采取直接加热蒸发、水浴加热蒸发和沙浴加热蒸发。为了加快蒸发速度，除适当提高温度外，还需扩大蒸发面积。蒸发容器常用蒸发皿。在进行蒸发时，蒸发皿内所盛液体的量不要超过其总容量的 2/3。

4.5　台秤的使用

台秤用于粗略的称重，能称准至 0.1 g，如图 4.1 所示。台秤带有刻度尺的横梁架在台秤座上，横梁左右两个盘子，横梁的中部上面有指针。根据指针在标尺摆动的情况，可看出

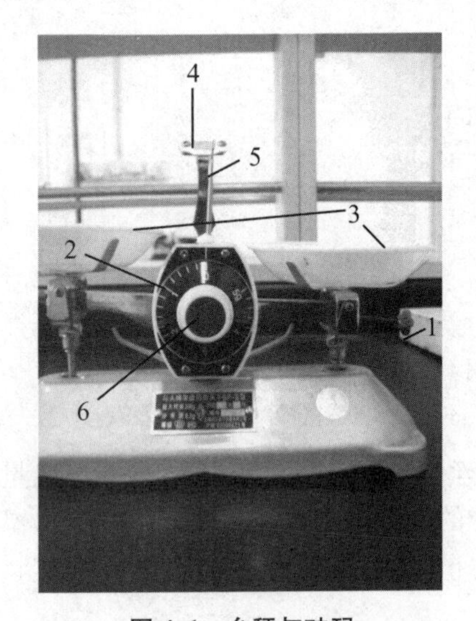

图 4.1 台秤与砝码

1. 调节螺丝;2. 刻度尺;3. 左、右托盘;4. 标尺;5. 指针;6. 游码

台秤的平衡状态。称量前,要先测定台秤的零点(即未放称量物时,台秤的指针在标尺上指示的位置)。零点最好在标尺的中央附近,如果不是,可用调节螺丝调节。称量时,把称量物放在左盘,砝码放在右盘。添加10 g以下的砝码时,可移动游码,当最后的停点(即称量物品时的平衡)与零点符合时(可偏差1小格以内),砝码的质量就是称量物的质量。

称量时必须注意以下几点:

① 称量物要放在纸片或表面皿上,不能直接放在托盘上,潮湿的或具有腐蚀性的药品则要放在玻璃容器内称量。

② 不能称热的东西。

③ 称量完毕后,应将砝码放回砝码盒中,把刻度尺上的游码移至刻度"0"处。使台秤的各部分恢复原状。

④ 应经常保持台秤的整洁。

4.6 分析天平和称量

分析天平是定量分析中最重要的仪器之一。开始做分析工作之前必须熟悉如何正确使用分析天平,因为称量的准确度对分析结果有很大的影响。电子天平是常用的分析天平。

4.6.1 天平室规则

① 分析天平是精密仪器,需安装在专门的天平室内使用。天平室应远离震源、热源,并与产生腐蚀性气体的环境隔离。室内应清洁无尘。室内以18~26 ℃为宜,且应相对稳定。室内保持干燥,相对湿度一般不要大于75%。

② 天平必须安放在牢固的水泥台上,有条件时台面可铺橡皮布防滑、减震。天平安放的位置应避免阳光直射,并应悬挂窗帘挡光,以免天平两侧受热不均、横梁发生形变或使天平箱内产生温差,形成气流,从而影响称量。

③ 不得在天平室里存放或转移挥发性、腐蚀性的试剂(如浓酸、强碱、氨、溴、碘、苯酚及其他有机试剂等)。如欲称量这些物质,宜用玻璃密封容器进行称量。

④ 称量是一项非常细致的工作,天平室里应保持肃静,不得喧哗。与称量无关的物品不要带入天平室。

⑤ 不得带潮湿的器皿进入天平室。需要称取水溶液时,应装入密封性好的容器(如细颈、比重瓶、称量滴定管等)称量,且应尽量缩短称量时间。

4.6.2　天平使用规则

① 称量前，必须用软毛刷清扫天平。然后检查天平是否水平，检查和调整天平的零点。

② 称量的数据应及时写在记录本上，不能记在纸片上或其他地方。

③ 称量完毕，检查天平，使其恢复原状。

④ 称量的物体必须与天平箱内的温度一致，不得把热的或冷的物体放进天平称量。为了防潮，在天平箱内放有吸湿用的干燥剂(如硅胶、无水氯化钙等)。

⑤ 天平的载重绝对不能超过天平的最大负载。在同一次实验中，应使用同一台天平和同一盒砝码。

4.6.3　称量方法

4.6.3.1　指定重量称量法(固定重量称量法)

在分析化学实验中，当需要用直接配制法配制指定浓度的标准溶液时，常常用指定重量称量法来称取基准物。此法只能用来称取不易吸湿的，且不与空气中各种组分发生作用的、性质稳定的粉末状物质。不适用于块状物质的称量。

具体操作方法如下：首先调好天平的零点，用金属镊子将清洁干燥的容器(瓷坩埚、深凹型小表面皿)放到天平托盘上，去皮，使其显示读数为零，然后用小牛角勺逐渐加入试样，直到所加试样只差很小质量时，极其小心地以左手持盛有试样的牛角勺，伸向容器中心部位上方2～3 cm处，用左手拇指、中指及掌心拿稳牛角勺柄，让勺里的试样以非常缓慢的速度抖入容器中，如图4.2所示。这时，眼睛既要注意牛角勺，同时也要注视显示器上的读数变化，直到所需要的重量时，立即停止抖入试样。

此步操作必须十分仔细，若不慎多加了试样，只能关闭升降枢用牛角勺取出多余的试样，再重复上述操作直到合乎要求为止。

操作时应注意如下方面：

① 加样或取出牛角勺时，试样决不能失落在称盘上。开启天平加样时，切忌加入过多的试样，否则会使天平突然失去平衡。

② 称好的样品必须定量地转入处理样品的接收器中。

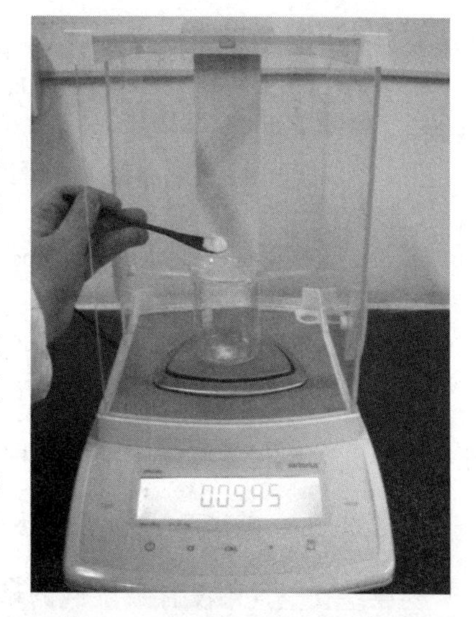

图4.2　加法和固定称量法操作

4.6.3.2　递减(差减)称量法

递减(差减)称量法即称取样品的量是由两次称量之差而求得的。这样称量的结果准确，但不便称取指定质量。

操作方法如下：将适量试样装入称量瓶中，盖上瓶盖。用清洁的纸条叠成纸带套在称量瓶上，左手拿住纸带尾部把称量瓶放到天平左盘的正中位置，选用适当的砝码放在右盘上使之平衡，称出称量瓶加试样的准确质量为 W_1 g，记下砝码的数值，左手仍用原纸带将称量瓶从天平盘上取下，拿到接收器的上方，右手用纸片包住瓶盖柄打开瓶盖，但瓶盖也不离开接收器上方将瓶身慢慢倾斜。用瓶盖轻轻敲瓶口上部，如图 4.3 所示，使试样慢慢落入容器中。当倾出的试样接近所需要的质量时，一边继续用瓶盖敲瓶口，一边逐渐将瓶身竖直，使粘在瓶口的试样落入接收器或落回称量瓶中。然后盖好瓶盖，把称量瓶放回天平左盘，取出纸带，关好左边门准确称其质量为 W_2 g。两次质量之差，就是试样的质量。如此进行，可称取多份试样。

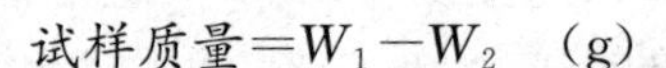

$$试样质量=W_1-W_2 \quad (g)$$

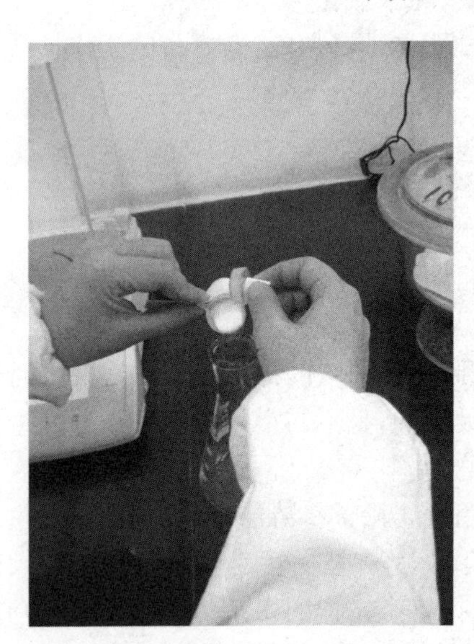

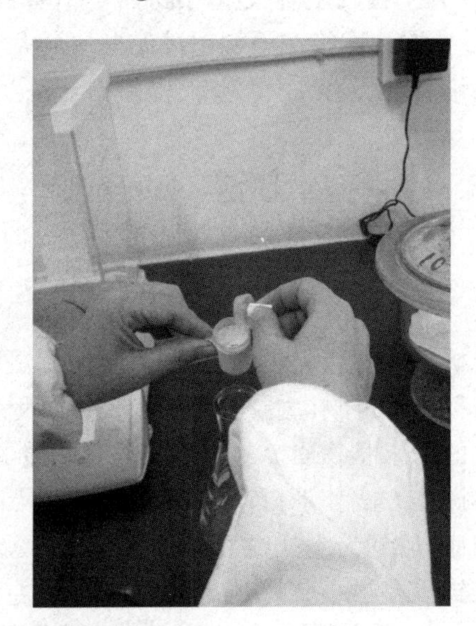

图 4.3 差减法称量操作

操作时应注意如下问题：

① 若倒入试样量不够，可重复上述操作；如倒入试样大大超过所需要数量，则只能弃去重做。

② 盛有试样的称量瓶除放在秤盘上或用纸带拿在手中外，不得放在其他地方，以免沾污。

③ 套上或取出纸带时，不要碰着称量瓶口，纸带应放在清洁的地方。

④ 粘在瓶口上的试样尽量处理干净，以免粘到瓶盖上或丢失。

⑤ 要在接收容器的上方打开瓶盖或盖上瓶盖，以免可能粘在瓶盖上的试样失落它处。

递减称量法用于称取易吸水、易氧化或易与 CO_2 反应的物质。此称量法比较简便、快速、准确，在分析化学实验中常用来称取待测样品和基准物，是最常用的一种称量法。

4.6.3.3 直接称量法(加法称量)

对某些在空气中没有吸湿性的试样或试剂，如金属、合金等，可以用直接称量法称样。即用牛角勺取试样放在已知质量的清洁而干燥的表面皿或硫酸纸上一次称取一定量的试样。然后将试样全部转移到接收容器中。

4.7　滴定分析基本操作

4.7.1　移液管和吸量管

移液管用来准确移取一定体积的溶液。在标明的温度下，先使溶液的弯月面下缘与移液管标线相切，再让溶液按一定方法自由流出，则流出溶液的体积与管上所标明的体积相同[①]。吸量管一般只用于量取小体积的溶液。其上带有分度，可以用来吸取不同体积的溶液。但用吸量管吸取溶液的准确度不如移液管。上面所指的溶液均以水为溶剂，若为非水溶剂，则体积稍有不同。

① 使用前，移液管和吸量管都应该洗净，使整个内壁和下部的外壁不挂水珠，为此，可先用自来水冲洗一次，再用铬酸洗液洗涤。以左手持洗耳球，将食指和拇指放在洗耳球的上方，右手手指拿住移液管或吸量管管劲标线以上的地方，将洗耳球紧接在移液管口上（见图 4.4）。管尖贴在吸水纸上，用洗耳球打气，吹去残留水。然后排除耳球中空气，将移液管插入洗液瓶中，左手拇指或食指慢慢放松，洗液缓缓吸入移液管球部或吸量管约 1/4 处。移去洗耳球，再用右手食指按住管口，把管横过来，左手扶住管的下端，慢慢开启右手食指，一边转动移液管，一边使管口降低，让洗液布满全管。洗液从上口放回原瓶，然后用自来水充分冲洗，再用洗耳球吸取蒸馏水，将整个内壁洗三次，洗涤方法同前，洗过的水也应从上口放出。每次用水量是：移液管以液面上升到球部或吸量管全长约 1/5 为度。也可用洗瓶从上口进行吹洗，最后用洗瓶吹洗管的下部外壁。

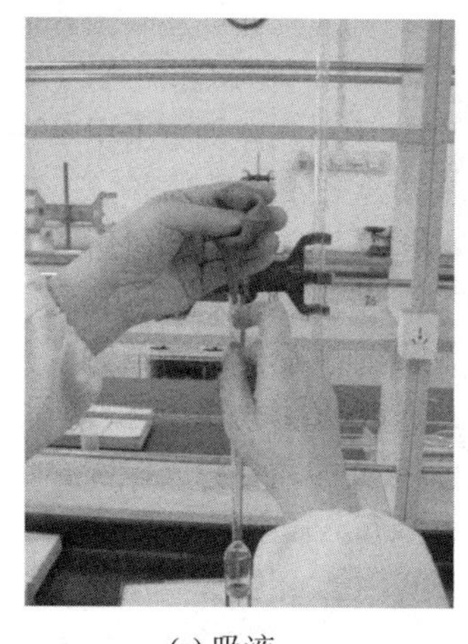

(a) 吸液

(b) 移液

(c) 放液

图 4.4　移液操作

② 移取溶液前，必须用吸水纸将尖端内外的水除去，然后用待吸溶液洗三次。方法是：

① 实际上流出溶液的体积与标明的体积会稍有差别。使用时的温度与标定移液管移液体积时的温度不一定相同，必要时可作校正，参见附录 7。

将待吸溶液吸至球部的1/5处(尽量勿使溶液流回,以免稀释溶液)。以后的操作,按铬酸洗液洗涤移液管的方法进行,但用过的溶液应从下口放出弃去。

③ 移取溶液时,将移液管直接插入待吸溶液液面下1～2 cm深处,不要伸入太浅,以免液面下降后造成吸空;也不要伸入太深,以免移液管外壁附有过多的溶液。移液时将洗耳球紧接在移液管口上,并注意容器液面和移液管尖的位置,应使移液管随液面下降而下降,当液面上升至标线以上时,迅速移去洗耳球,并用右手食指按住管口,左手改拿盛待吸液的容器。将移液管向上提,使其离开液面,并将管的下部伸入溶液的部分沿待吸液容器内壁转两圈,以除去管外壁上的溶液。然后使容器倾斜成约45°,其内壁与移液管尖紧贴,移液管垂直,此时微微松动右手食指,使液面缓慢下降,直到视线平视时弯月面与标线相切时,立即按紧食指。左手改拿接收溶液的容器。将接收容器倾斜,使内壁紧贴移液管尖成45°倾斜。松开右手食指,使溶液自由地沿壁流下(见图4.4)。待液面下降到管尖后,再等15 s取出移液管。注意,除非特别注明需要"吹"的以外,管尖最后留有的少量溶液不能吹入接收器中,因为在检定移液管体积时,就没有把这部分溶液算进去。

④ 用吸量管吸取溶液时,吸取溶液和调节液面至最上端标线的操作与移液管相同。放溶液时,用食指控制管口,使液面慢慢下降至与所需的刻度相切时按住管口,移去接收器。若吸量管的分度刻到管尖,管上标有"吹"字,并且需要从最上面的标线放至管尖时,则在溶液流到管尖后,立即从管口轻轻吹一下即可。还有一种吸量管,分度刻在离管尖尚差1～2 cm处。使用这种吸量管时,应注意不要使液面降到刻度以下。在同一实验中应尽可能使用同一根吸量管的同一段,并且尽可能使用上面部分,而不用末端收缩部分。

⑤ 移液管和吸量管用完后应放在移液管架上。如短时间内不再用它吸取同一溶液,应立即用自来水冲洗,再用蒸馏水清洗,然后放在移液管架上。

4.7.2 容量瓶

一般的容量瓶都是"量入"式的,瓶上标有"E"字样[①],是用来配制一定体积溶液用的。在标明的温度下,当液体充满到标线时,瓶内液体的体积恰好与瓶上标出的体积相同。另一种"量出"式的容量瓶,上面标有"A"字样[①],当液体充满到标线后,按一定方法倒出溶液,其体积与瓶上标出的体积相同。用后一种容量瓶取溶液比量筒准确,但仍不适用于精确的分析工作。

4.7.2.1 容量瓶使用前的准备工作

① 检查瓶塞是否漏水。

② 检查标线位置距离瓶口是否太近,如果漏水或标线距离瓶口太近,则不宜使用。检查的方法是,加自来水至标线附近,盖好瓶塞后,一手用食指按住塞子,其余手指拿住瓶颈标线以上部分,另一手用指尖托住瓶底边缘(见图4.5),倒立两分钟(见图4.6)。如不漏水,将

① 我国近年来规定用"In"表示"量入";用"Ex"表示量出。

瓶直立,将瓶塞旋转 180°后,再倒过来试一次。在使用中,不可将扁头的玻璃磨口塞放在桌面上,以免沾污和搞错。操作时,可用一手的食指及中指(或中指及无名指)夹住瓶塞的扁头(见图4.7),当操作结束时,随手将瓶盖盖上。也可用橡皮圈或细绳将瓶塞系在瓶颈上,细绳应稍短于瓶颈。操作时,瓶塞系在瓶颈上,尽量不要碰到瓶颈,操作结束后立即将瓶塞盖好。在后一种做法中,特别要注意避免瓶颈外壁对瓶塞的沾污。如果是平顶的塑料盖子,则可将盖子倒放在桌面上。

图 4.5　托底

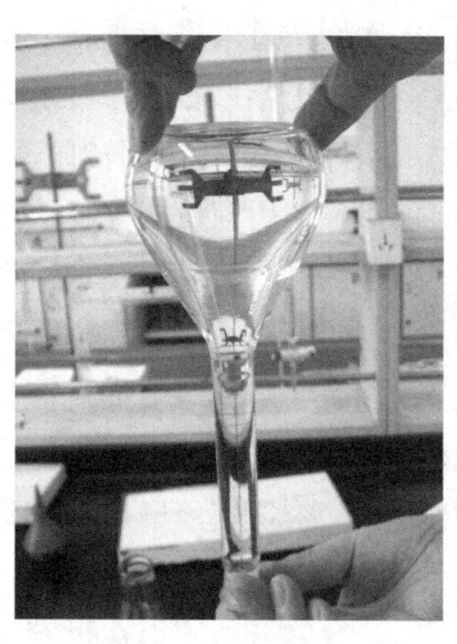

图 4.6　倒立

图 4.7　瓶塞拿法

4.7.2.2　洗涤容量瓶的方法

洗涤容量瓶时,先用自来水洗几次,倒出水后,内壁如不挂水珠,即可用蒸馏水洗好备用。否则就必须用洗液洗涤。先尽量倒去瓶内残留的水,再倒入适量洗液(如洗 250 mL 容量瓶,倒入 10～20 mL 洗液已足够),倾斜转动容量瓶,使洗液布满内壁,同时将洗液慢慢倒回原瓶。然后用自来水充分洗涤容量瓶及瓶塞,每次洗涤应充分振荡,并尽量使残留的水流尽。最后用蒸馏水洗三次。应根据容量瓶的大小决定用水量,如 250 mL 容量瓶,第一次约用 30 mL 蒸馏水,第二、第三次约用 20 mL 蒸馏水。

4.7.2.3　用容量瓶配制标准溶液的方法

用容量瓶配制溶液时,最常用的方法是将待溶固体称出置于小烧杯中,加水或其他溶剂将固体溶解,然后将溶液定量转移入容量瓶中。定量转移时,烧杯口应紧靠伸入容量瓶的搅拌棒(其上部不要碰瓶口,下端靠着瓶颈内壁),使溶液沿玻璃棒和内壁流入(见图 4.8)。溶液全部转移后,将玻璃棒和烧杯稍微向上提起,同时使烧杯直立,再将玻璃棒放回烧杯。注意勿使溶液流至烧杯外壁而受损失。用洗瓶吹洗玻璃棒和烧杯内壁,如前将洗涤液转移至容量瓶中,如此重复多次,完成定量转移。当加水至容量瓶的 3/4 左右时,用右手食指和中指夹住瓶塞的扁头,将容量瓶拿起,按水平方向旋转几周,使溶液大体混匀。继续加水至距离标线约 1 cm 处,等 1～2 min;使附在瓶颈内壁的溶液流下后,再用细而长的滴管加水(注意勿使滴管接触溶液)至弯月面下缘与标线相切[①](也可用洗瓶加水至标线)。无论溶液有无颜色,一律按照这个标准。即使溶液颜色比较深,但最后所加的水位于溶液最上层,而尚未与有色溶液混匀,所以弯月下缘仍然非常清楚,不会有碍观察。盖上干的瓶塞。用一只手的食指按住瓶塞上部,其余四指拿住瓶颈标线以上部分。用另一只手的指尖托住瓶底边缘如图 4.6 所示,将容量瓶倒转,使气泡上升到顶,此时将瓶振荡数次,正立后,再次倒转过来进行振荡。如此反复多次,将溶液混匀。最后放正容量瓶,打开瓶塞,使瓶塞周围的溶液流下,重新塞好塞子后,再倒转振荡 1～2 次,使溶液全部混匀。

图 4.8　溶液转移

若用容量瓶稀释溶液,则用移液管移取一定体积的溶液,放入容量瓶后,稀释至标线,混匀。

配好的溶液如需保存,应转移至磨口试剂瓶中。试剂瓶要用此溶液润洗三次,以免将溶液稀释。不要将容量瓶当做试剂瓶使用。

容量瓶用毕后应立即用水冲洗干净。长期不用时,磨口处应洗净擦干,并用纸片将磨口隔开。

容量瓶不得在烘箱中烘烤,也不能用其他任何方法进行加热。

4.7.3　滴定管

这里讨论的都以 50 mL 的滴定管为例。

4.7.3.1　酸式滴定管(酸管)的准备

酸管是滴定分析中经常使用的一种滴定管。除了强碱溶液外,其他溶液作为滴定液时一般均采用酸管。

① 使用前,首先应检查活塞与活塞套是否配合紧密,如不密合将会出现漏水现象,则不宜使用。其次,应进行充分的清洗。根据玷污的程度,可采用下列方法清洗:

(a) 用自来水冲洗。

(b) 用滴定管刷(特制的软毛刷)蘸合成洗涤剂刷洗,但铁丝部分不得碰到管壁(如用泡沫塑料刷代替毛刷更好)。

(c) 用以上两种方法都不能洗净时,可用铬酸洗液洗。加入 5～10 mL 洗液,边转动边将滴定管放平,并将滴定管口对着洗液瓶口,以防洗液洒出。洗净后,将一部分洗液从管口放回原瓶,最后打开活塞将剩余的洗液从出口管放回原瓶,必要时可加满洗液进行浸泡。

---

① 在一般情况下,当稀释时不慎超过了标线,就应弃去重做。如果仅有的独份试样在稀释时超过标线,可这样处理:在瓶颈上标出液面所在的位置,然后将溶液混匀。当容量瓶用完后,先加水至标线,再从滴定管加水到容量瓶中使液面上升到标出的位置。根据从滴定管中流出的水的体积和容量瓶原刻度标出的体积即可得到溶液的实际体积。

(d) 可根据具体情况采用针对性洗液进行洗涤，如管内壁残留的二氧化锰，可用草酸、亚铁盐溶液或过氧化氢加酸溶液进行洗涤。

用各种洗涤剂清洗后，都必须用自来水充分洗净，并将管外壁擦干，以便观察内壁是否挂水珠。

② 为了使活塞转动灵活并克服漏水现象，需将活塞涂油(如凡士林油或真空活塞脂)。操作方法如下：

(a) 取下活塞小头处的小橡皮圈，再取出活塞。

(b) 用吸水纸将活塞和活塞套擦干，并注意勿使滴定管内壁的水再次进入活塞套(将滴定管平放在实验台面上)。

(c) 用手指将油脂涂抹在活塞的两头或用手指把油脂涂在活塞的大头和活塞套小口的内侧，如图 4.9 所示。油脂涂得要适当。涂得太少，活塞转动不灵活，且易漏水；涂得太多，活塞孔容易被堵塞。油脂绝对不能涂在活塞孔的上下两侧，以免旋转时堵住活塞孔。

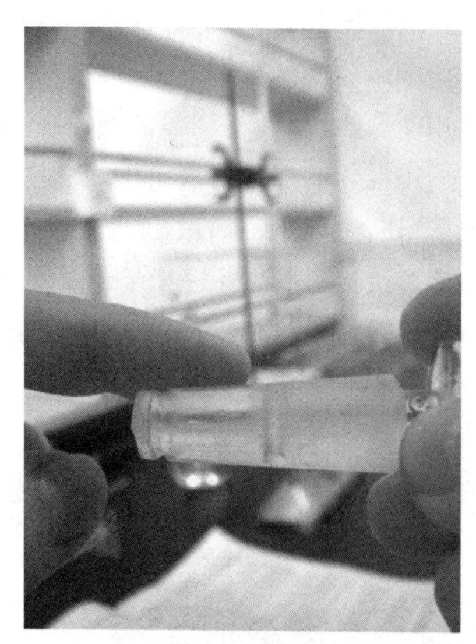

图 4.9　活塞涂油

(d) 将活塞插入活塞套中。插时，活塞孔应与滴定管平行，径直插入活塞套，不要转动活塞，这样避免将油脂挤到活塞孔中。然后向同一方向旋转活塞，直到活塞和活塞套上的油脂层全部透明为止。套上小橡皮圈。

经上述处理后，活塞应转动灵活，油脂层没有纹络。

③ 用自来水充满滴定管，将其放在滴定管架上垂直静置约 2 min，观察有无水滴漏下。然后将活塞旋转 180°，再如前检查，如果漏水，应重新涂油。

若出口管尖被油脂堵塞，可将它插入热水中温热片刻，然后打开活塞，使管内的水突然流下，将软化的油脂冲出。油脂排除后，即可关闭活塞。

将管内的自来水从管口倒出，出口管内的水从活塞下端放出(注意：从管口将水倒出时，务必不要打开活塞，否则活塞上的油脂会冲入滴定管，使内壁重新被玷污)。然后用蒸馏水洗三次，第一次用 10 mL 左右，第二及第三次各 5 mL 左右。洗时，双手拿滴定管身两端无刻度处，边转动边倾斜滴定管，使水布满全管并轻轻振荡。然后直立，打开活塞将水放掉，同时冲洗出口管。也可将大部分水从管口倒出，再将余下的水从出口管放出。每次放水时应尽量不使水残留在管内。最后，将管的外壁擦干。

4.7.3.2　碱式滴定管(碱管)的准备

使用前应检查乳胶管和玻璃珠是否完好。若胶管已老化，玻璃珠过大(不易操作)或过小(漏水)，应予更换。

碱管的洗涤方法和酸管相同。在需要用洗液洗涤时，可除去乳胶管，用塑料乳头堵住碱管下口进行洗涤。如必须用洗液浸泡，则将碱管倒夹在滴定管架上，管口插入洗液瓶中，乳胶管处连接抽气泵，用手捏玻璃珠处的乳胶管，吸取洗液，直到充满全管但不接触乳胶管，然后放开手，任其浸泡。浸泡完毕，轻轻捏乳胶管将洗液缓慢放出。

在用自来水冲洗或用蒸馏水清洗碱管时，应特别注意玻璃珠下方死角处的清洗。为此，在捏乳胶管时应不断改变方位，使玻璃珠的四周都洗到。

4.7.3.3 操作溶液的装入

装入操作溶液前，应将试剂瓶中的溶液摇匀，使凝结在瓶内壁上的水珠混入溶液，这在天气较热、室温变化较大时更为必要。混匀后将操作溶液直接倒入滴定管中，不得用其他容器（如烧杯、漏斗等）来转移。此时，左手前三指持滴定管上部无刻度处，并可稍微倾斜，右手拿住细口瓶往滴定管中倒溶液。小瓶可以手握瓶身（瓶签向手心），大瓶则仍放在桌上，手拿瓶颈使瓶慢慢倾斜，让溶液慢慢沿滴定管内壁流下。

用摇匀的操作溶液将滴定管洗三次（第一次 10 mL，大部分可由上口放出，第二、第三次各 5 mL，可以从出口放出，洗法同前）。应特别注意的是，一定要使操作溶液洗遍全部内壁，并使溶液接触管壁 1～2 min，以便与原来残留的溶液混合均匀。每次都要打开活塞冲洗出口管，并尽量放出残留液。对于碱管，仍应注意玻璃球下方的洗涤。最后，将操作溶液倒入，直到充满至零刻度以上为止。

注意检查滴定管的出口管是否充满溶液，酸管出口管及活塞透明容易看出（有时活塞孔暗藏着的气泡，需要从出口管快速放出溶液时才能看见），碱管则需对光检查乳胶管内及出口管内是否有气泡或有未充满的地方。为使溶液充满出口管，在使用酸管时，右手拿滴定管上部无刻度处，并使滴定管倾斜约 30°，左手迅速打开活塞使溶液冲出（下面用烧杯承接溶液，或到水池边使溶液放到水池中），这时出口管中应不再留有气泡。若气泡仍未能排出，可重复上述操作。如仍不能使溶液充满，可能是出口管未洗净，必须重洗。在使用碱管时，装满溶液后，右手拿滴定管上部无刻度处稍倾斜，左手拇指和食指拿住玻璃珠所在的位置并使乳胶管向上弯曲，出口管斜向上，然后在玻璃珠部位往一旁轻轻捏橡皮管，使溶液从出口管喷出（见图 4.10），下面用烧杯接溶液，同酸管排气泡，再一边捏乳胶管一边将乳胶管放直。注意当乳胶管放直后，再松开拇指和食指，否则出口管仍会有气泡。最后，将滴定管的外壁擦干。注：带有聚四氟乙烯活塞的滴定管既可作酸管，也可作碱管。

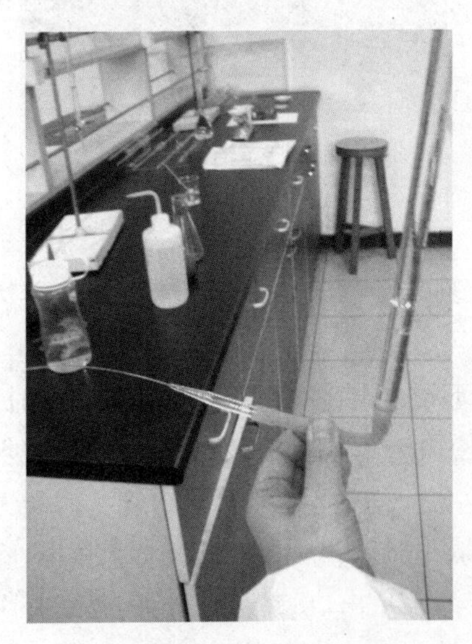

图 4.10 排气操作

4.7.3.4　滴定管的读数

读数时应遵循下列原则：

① 装满或放出溶液后，必须等 1～2 min，使附着在内壁的溶液流下来，再进行读数。如果放出溶液的速度较慢(例如，滴定到最后阶段，每次只加半滴溶液时)，等 0.5～1 min 即可读数。每次读数前要检查一下管壁是否挂水珠，管尖是否有气泡。

② 读数时，滴定管可以夹在滴定管架上，也可以用手拿滴定管上部无刻度处。不管用哪一种方法读数，均应使滴定管保持垂直。

③ 对于无色或浅色溶液，应读取弯月面下缘最低点，读数时，视线在弯月面下缘最低点处，且与液面成水平(见图 4.11)；溶液颜色太深时，可读液面两侧的最高点。此时，视线应与该点成水平。注意初读数与终读数采用同一标准。

④ 必须读到小数点后第二位，即要求估计到 0.01 mL。注意，估计读数时，应该考虑到刻度线本身的宽度。

⑤ 为了便于读数，可在滴定管后衬一黑白两色的读数卡。读数时，将读数卡衬在滴定管背后，使黑色部分在弯月面下约 1 mm，弯月面的反射层即全部成为黑色(见图 4.12)，读此黑色弯月下缘的最低点。但对深色溶液而需读两侧最高点，此时可以用白色卡为背景。

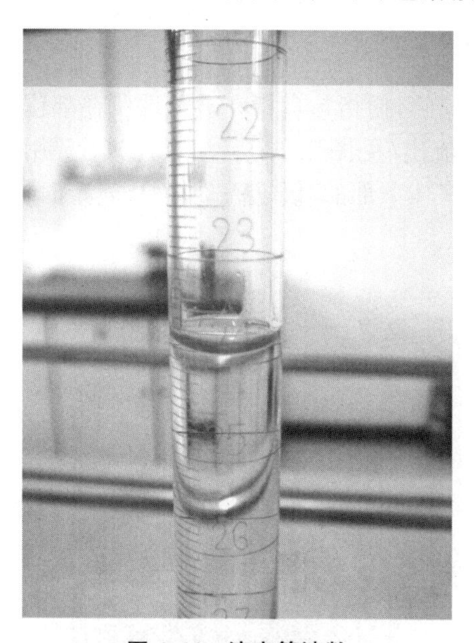

图 4.11　滴定管读数

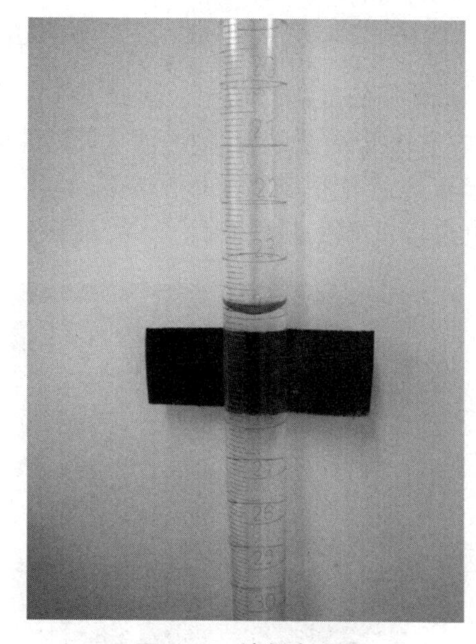

图 4.12　读数卡使用

⑥ 若为乳白板蓝线衬背滴定管，应当取蓝线上下两尖端相对点的位置读数。

⑦ 读取初读数前，应将管尖悬挂着的溶液除去。滴定至终点时应立即关闭活塞，并注意不要使滴定管中的溶液有少许流出，否则终读数便包括流出的半滴液。因此，在读取终读数前，应注意检查出口管尖是否悬挂溶液，如有，则此次读数不能取用。

4.7.3.5　滴定管的操作方法

进行滴定时，应将滴定管垂直地夹在滴定管架上。

如使用的是酸管，左手无名指和小手指向手心弯曲，轻轻地贴着出口管，用其余三指控制活塞的转动(见图 4.13)。但应注意不要向外拉活塞以免推出活塞造成漏水;也不要过分往里扣,以免造成活塞转动困难,不能操作自如。

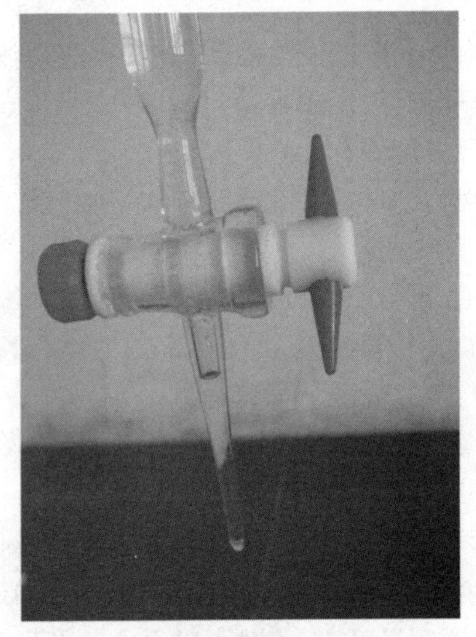

(a) 酸管活塞

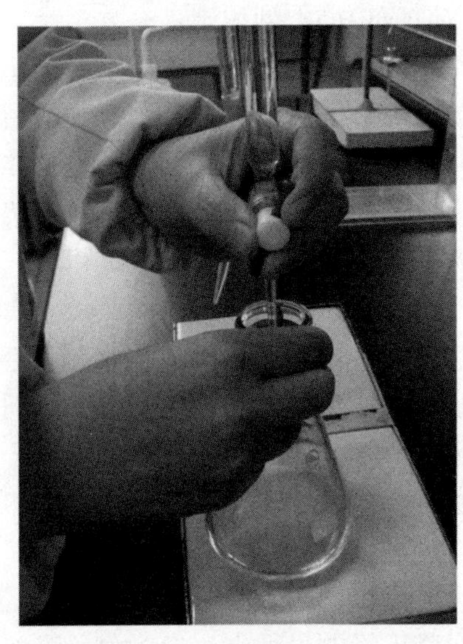

(b) 酸管操作

图 4.13 酸管

如使用的是碱管,左手无名指及小手指夹住出口管,拇指与食指在玻璃珠所在部位往一旁(左右均可)捏乳胶管,使溶液从玻璃珠旁空隙处流出(见图 4.14)。注意:① 不要用力捏玻璃珠,也不能使玻璃珠上下移动;② 不要捏到玻璃珠下部的乳胶管;③ 停止滴定时,应先松开拇指和食指,最后再松开无名指和小指。

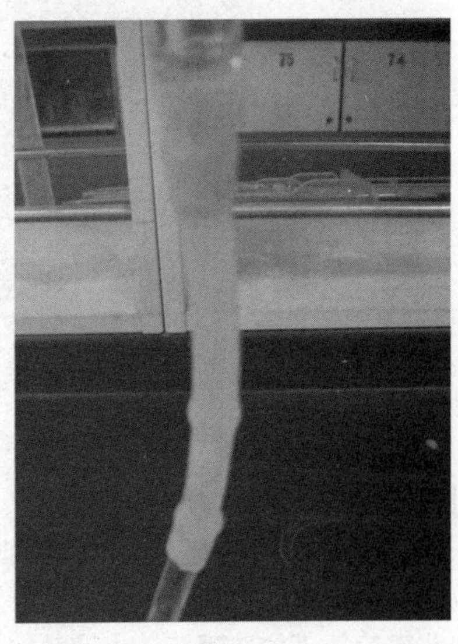

(a) 碱管胶头

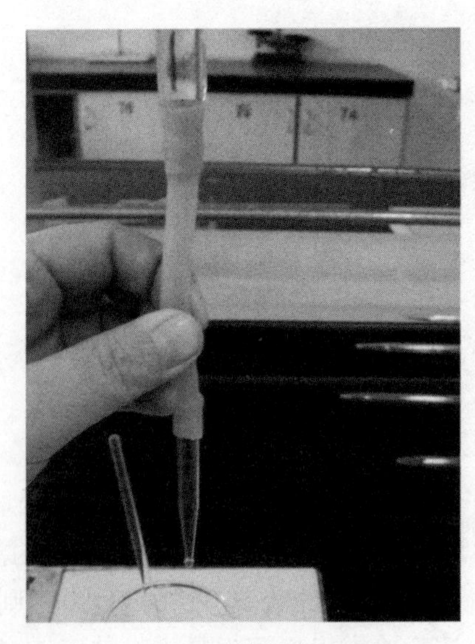

(b) 碱管操作

图 4.14 碱管操作

无论使用哪种滴定管,都必须掌握以下三种加液方法:① 逐滴连续滴加;② 只加一滴;③ 使液滴悬而未落,即加半滴。

4.7.3.6　滴定操作

滴定操作可在锥形瓶和烧杯内进行，并以白瓷板作背景。在锥形瓶中滴定时，用右手前三指拿住锥形瓶瓶颈，使瓶底离瓷板为2～3 cm。同时调节滴管的高度，使滴定管的下端伸入瓶口约1 cm。左手按前述方法滴加溶液，右手运用腕力摇动锥形瓶，边滴加溶液边摇动(见图4.15)。

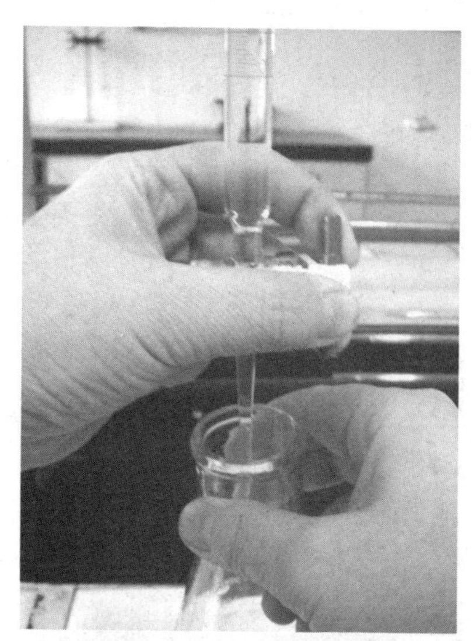

图4.15　滴定操作

滴定操作中应注意以下几点：

① 摇瓶时，应使溶液向同一方向作圆周运动(左右旋转均可)，但勿使瓶口接触滴定管，溶液也不得溅出。

② 滴定时，左手不能离开活塞任其自流。

③ 注意观察溶液落点周围溶液颜色的变化。

④ 开始时，应边摇边滴，滴定速度可稍快，但不能流成“水线”。接近终点时，应改为加一滴，摇几下。最后，每加半滴溶液就摇动锥形瓶，直至溶液出现明显的颜色变化。加半滴溶液的方法如下：微微转动活塞，使溶液悬挂在出口管嘴上，形成半滴，用锥形瓶内壁将其沾落，再用洗瓶以少量蒸馏水吹洗瓶壁。

⑤ 用碱管滴加半滴溶液时，应先松开拇指和食指，将悬挂的半滴溶液沾在锥形瓶内壁上，再放开无名指与小指。这样可以避免出口管尖出现气泡，使读数造成误差。

⑥ 每次滴定最好都从0.00开始(或从0附近的某一固定刻度线开始)，这样可以减小误差。

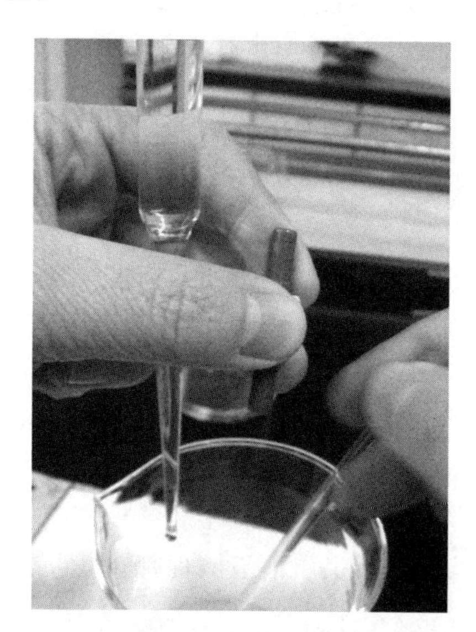

图4.16　烧杯中滴定

在烧杯中进行滴定时，将烧杯放在白瓷板上，调节滴定管的高度，使滴定管下端伸入烧杯内1 cm左右。滴定管下端应位于烧杯中心的左后方，但不要靠壁过近。右手持搅拌棒在右前方搅拌溶液。在左手滴加溶液的同时(见图4.16)，搅拌棒应作圆周搅动，但不得接触烧杯壁和底。

当加半滴溶液时，用搅拌棒下端承接悬挂的半滴溶液，放入溶液中搅拌。注意，搅拌棒只能接触液滴，不能接触滴定管管尖。其他注意点同上。

滴定结束后，滴定管内剩余的溶液应弃去，不得将其倒回原瓶，以免沾污整瓶操作溶液。随即洗净滴定管，并用蒸馏水充满全管，备用。

4.8 重量分析基本操作

4.8.1 样品的溶解[①]

图 4.17 吹洗表面皿

准备好洁净的烧杯,合适的搅拌棒(搅拌棒的长度应高出烧杯 5～7 cm)和表面皿(表面皿的大小应稍大于烧杯口)。烧杯内壁和底不应有划痕。称入样品后,用表面皿盖好烧杯。

溶样时应注意:

① 溶样时若无气体产生,可取下表面皿,将溶剂沿杯壁或沿着下端紧靠杯壁的搅拌棒加入烧杯,边加边搅拌,直至样品全溶解。

② 溶样时若有气体产生(如碳酸钠加盐酸),应先加少量水润湿样品,盖好表面皿,由烧杯嘴与表面皿的间隙处滴加溶剂。样品溶解后,用洗瓶吹洗表面皿的凸面,流下来的水应沿杯壁流入烧杯(见图 4.17)并吹洗烧杯壁。

③ 溶解样品时,若需要加热,应盖好表面皿。停止加热时,应吹洗表面皿和烧杯壁。

④ 若样品溶解后必须加热蒸发,可在杯口放上玻璃三角或在杯沿上挂三个玻璃钩,再放表面皿。

4.8.2 沉淀

应根据沉淀性质采取不同的操作方法。

1. 晶形沉淀

① 在热溶液中进行沉淀,必要时将溶液稀释。

② 操作时,左手拿滴管加沉淀剂溶液。滴管口应接近液面,勿使溶液溅出。滴加速度要慢,接近沉淀完全时可以稍快。与此同时,右手持搅拌棒充分搅拌,但需注意不要碰到烧杯的壁或底。

③ 应检查沉淀是否完全。方法是:静置,待沉淀下沉后,于上层清液液面加少量沉淀剂,观察是否出现浑浊。

④ 沉淀完全后,盖上表面皿,放置过夜或在水浴上加热 1 h 左右,使沉淀陈化。

---

① 这里主要指易溶于水或酸的样品的溶解操作。

2. 非晶形沉淀

沉淀时宜用较浓的沉淀剂溶液，加沉淀剂和搅拌速度都可快些，沉淀完全后要用热蒸馏水稀释，不必放置陈化。

4.8.3　过滤和洗涤

对于需要灼烧的沉淀，要用定量（无灰）滤纸过滤（若滤纸的灰分过重，则需进行空白校正），而对于过滤后只要烘干即可进行称量的沉淀，则可采用微孔玻璃坩埚过滤。

4.8.3.1　用滤纸过滤

1. 滤纸的种类及规格

分析化学实验室中常用的滤纸分为定量滤纸（见表4.5）和定性滤纸（见表4.6）两种。按过滤速度和分离性能的不同，又分为快速、中速和慢速三类（见表4.7）。

表4.5　定量滤纸规格

项目	快速（白带）	中速（蓝带）	慢速（红带）
质量（$g\cdot m^{-2}$）	75	75	80
过滤示范	氢氧化物	碳酸锌	硫酸钡
孔度	大	中	小
水分	≤7%	≤7%	≤7%
灰分	≤0.01%	≤0.01%	≤0.01%
含铁量	—	—	—
水溶性氯化物	—	—	—

表4.6　定性滤纸规格

项目	快速（白带）	中速（蓝带）	慢速（红带）
质量（$g\cdot m^{-2}$）	75	75	80
过滤示范	氢氧化物	碳酸锌	硫酸钡
水分	≤7%	≤7%	≤7%
灰分	≤0.15%	≤0.15%	≤0.15%
含铁量	≤0.003%	≤0.003%	≤0.003%
水溶性氯化物	≤0.02%	≤0.02%	≤0.02%

表 4.7 快速、中速、慢速滤纸规格

指标名称	快速	中速	慢速
滤水 10 mL 所需时间(s)	≤35	≤70	≤140
分离性能(沉淀物)	$Fe(OH)_3$	$PbSO_4$	$BaSO_4$

定量滤纸的特点是灰分很低。以直径 125 mm 定量滤纸为例。每张纸的质量约 1 g,灼烧后其灰分的质量不超过 0.1 mg(小于或等于常量分析天平的感量)。在重量分析法中可以忽略不计。所以通常又称为无灰滤纸。定量滤纸中其他杂质的含量也比定性滤纸低,其价格比定性滤纸高,在实验过程中,应根据具体情况,合理地选用滤纸。

2. 滤纸的选择

① 滤纸的致密程度要与沉淀的性质相适应。胶状沉淀应选用质松孔大的滤纸,晶形沉淀应选用致密孔小的滤纸。沉淀越细,所选用的滤纸应越致密。

② 滤纸的大小要与沉淀的多少相适应,过滤后,漏斗中的沉淀一般不要超过滤纸圆锥高度的 1/3,最多不得超过 1/2。

3. 漏斗的选择

① 漏斗的大小与滤纸的大小相适应,滤纸的上缘应低于漏斗上沿 0.5～1 cm。

② 应选用锥体角度为 60°、颈口倾斜角度为 45°的长颈漏斗。颈长一般为 15～20 cm,颈的内径不要太粗,以 3～5 mm 为宜。

4. 滤纸的折叠和漏斗的准备

所需要的滤纸选好后,先将手洗净擦干,把滤纸对折后再对折。为保证滤纸与漏斗密合,第二次对折时,不要把两角对齐,将一角向外错开一点,并且不要折死,这时将圆锥体滤纸打开放入洁净干燥的漏斗中,如果滤纸和漏斗的上边缘不十分密合,可以稍稍改变滤纸的折叠程度,直到与漏斗密合后再用手轻按滤纸,把第二次的折边折死。所得的圆锥体滤纸半边为三层,另半边为一层,为使滤纸贴紧漏斗壁,将三层这半边的外层撕掉一个角(见图 4.18),最外层撕得多一点,第二层少撕一点,这样撕成梯形,将折好的滤纸放入漏斗,三层的一边放在漏斗出口短的一侧。用食指按住三层的一边,用洗瓶吹水将滤纸湿润,然后轻轻按压滤纸,使滤纸的锥体上部与漏斗之间没有空隙,而下部与漏斗内壁却留有缝隙。按好后,在漏斗中加水至滤纸边缘,这时漏斗下部空隙和颈内应全部充满水,当漏斗中的水流尽后,颈内仍能保留水柱且无气泡。若不能形成完整的水柱,可以用手堵住漏斗下口,稍稍掀起滤纸三层的一边,用洗瓶向滤纸和漏斗之间的空隙里加水,直到漏斗颈与锥体的大部分充满水,最后按紧滤纸边,放开堵出口的手指,此时水柱即可形成。如此操作后水柱仍无形成,可能是由于漏斗内径太大(内径大于 3 mm),或者内径不干净有油污而造成的,根据具体情况处理好后,再重新贴滤纸。

漏斗贴好后,再用蒸馏水冲洗一次滤纸,然后将准备好的漏斗放在漏斗架上,下面放一干净的烧杯承接滤液,漏斗出口长的一边紧靠杯壁。漏斗和烧杯都要盖好表面皿,备用。

图4.18　滤纸折叠

5. 过滤和洗涤

采用"倾注法"过滤，就是先将上层清液倾入漏斗中，使沉淀尽可能留在烧杯内。操作步骤为：左手拿起烧杯置于漏斗上方，右手轻轻地从烧杯中取出搅拌棒并紧贴烧杯嘴，垂直竖立于滤纸三层部分的上方，尽可能地接近滤纸，但绝不能接触滤纸，慢慢将烧杯倾斜，尽量不要搅起沉淀，把上层清液沿玻璃棒倾入漏斗中(见图4.19)。倾入漏斗的溶液，最多到滤纸边缘下5～6 mm的地方。当暂停倾注溶液时，将烧杯沿玻璃棒慢慢向上提起一点，同时扶正烧杯，等玻璃棒上的溶液流完后，将玻璃棒放回原烧杯中，切勿放在烧杯嘴处。在整个过滤过程中，玻璃棒不是放在原烧杯中，就是竖立在漏斗上方，以免试液损失，漏斗颈的下端不能接触滤液。溶液的倾注操作必须在漏斗的正上方进行。不要等漏斗内液体流尽就应继续倾注。

过滤开始后，随时观察滤液是否澄清，若滤液不澄清，则必须另换一洁净的烧杯承接滤液，用原漏斗将滤液进行第二次过滤，若滤液仍不澄清，则应更换滤纸重新过滤(在此过程中保持沉淀及滤液不损失)。第一次所用的滤纸应保留，待洗。

当清液倾注完毕，即可进行初步洗涤，每次加入10～20 mL洗涤液冲洗杯壁，充分搅拌后，把烧杯放在桌上，待沉淀下沉后再倾注。如此重复洗涤数次。每次待滤纸内洗涤液流尽后再倾注下一次洗涤液。如果所用的洗涤总量相同，那么每次用量较小、多洗几次要比每次用量较多、少洗几次的效果要好。

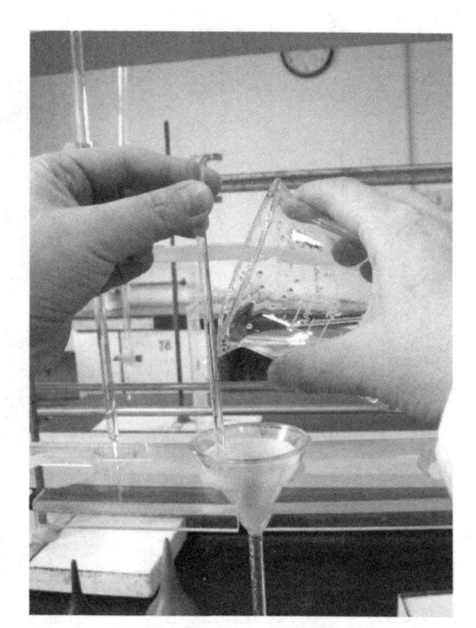

图4.19　过滤

初步洗涤几次后，再进行沉淀的转移。向盛有沉淀的烧杯中加入少量洗涤液，搅起沉淀，立即将沉淀与洗涤液沿玻璃棒倾入漏斗中，如此反复几次，尽可能地将沉淀都转移到滤纸上。

如沉淀未转移完全，特别是杯壁上附着的沉淀，要用左手把烧杯拿在漏斗的上方，烧杯嘴向着漏斗，拇指在烧杯嘴的下方，同时右手把玻璃棒从烧杯中取出横放在烧杯口上，使玻璃棒的下端伸出从烧杯嘴2～3 cm，此时用左手食指按住玻璃棒的较高地方，倾斜烧杯使玻璃棒下端指向滤纸三层一边，用洗瓶吹洗整个烧杯内壁，使洗涤液和沉淀沿玻璃棒流入漏斗中(见图 4.20)。若还有少量沉淀牢牢地附在烧杯壁上，吹洗不下来，可用撕下的滤纸角擦净玻璃棒和烧杯的内壁，将擦过的滤纸角放在漏斗里的沉淀上。也可用沉淀帚(见图 4.21)擦净烧杯的内壁，再用洗瓶吹洗沉淀帚和杯壁，再用洗瓶吹洗沉淀和杯壁，并在明亮处仔细检查烧杯内壁、玻璃棒、沉淀帚、表面皿是否干净。

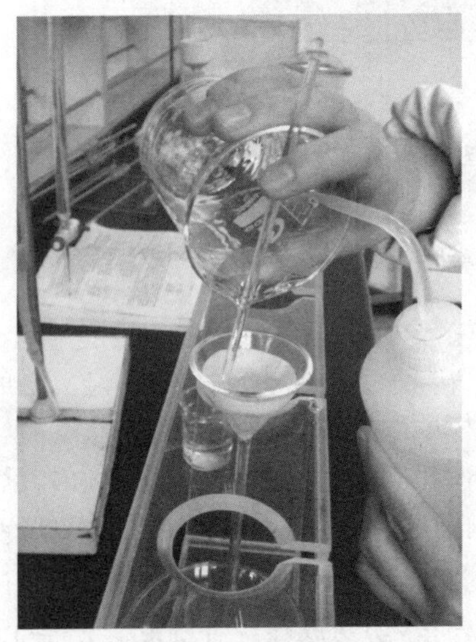

图 4.20　沉淀转移

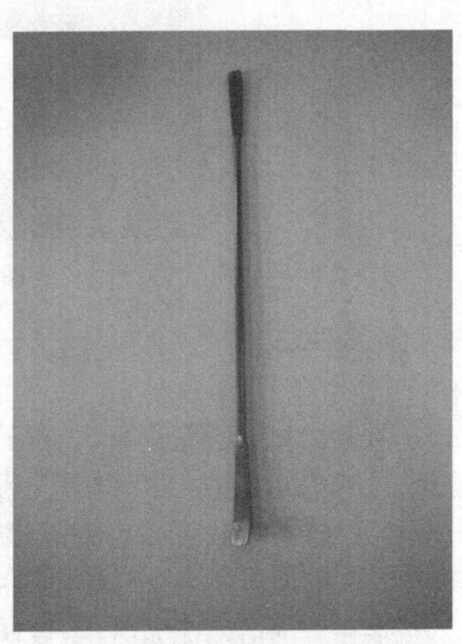

图 4.21　沉淀帚

沉淀全部转移后，继续用洗涤液洗涤沉淀和滤纸。洗涤时，水流从滤纸上缘开始往下作螺旋形移动，将沉淀冲洗到滤纸的底部(见图 4.22)，用少量洗涤液反复多次洗涤。最后再用蒸馏水洗涤烧杯、沉淀及滤纸 3～4 次。

图 4.22　洗涤沉淀

用一洁净的小试管(表面皿也可以)承接少量漏斗中流出的洗涤液，用检测试剂检验沉淀是否洗干净。

4.8.3.2　用微孔玻璃坩埚(玻璃砂芯坩埚)过滤

化学分析中常用 3 号、4 号过滤器(见表 4.8),如丁二酮肟-Ni 沉淀可用 3 号砂芯坩埚过滤,在 105 ℃时烘干、称量。

表 4.8　玻璃过滤器的规格及使用

滤片号	滤片平均孔径(μm)	一般用途
1	80～120	过滤粗颗粒沉淀
2	40～80	过滤较粗颗粒沉淀
3	15～40	过滤化学分析中一般结晶沉淀和含杂质的水银
4	5～15	过滤细颗粒沉淀
5	2～5	过滤极细颗粒沉淀
6	＜2	过滤细菌

玻璃砂芯坩埚只能在低温下干燥和烘烤。最高温度不得超过 500 ℃。最适用于只需在 150 ℃以下烘干的沉淀。

凡沉淀呈浆状,不宜用玻璃砂芯坩埚过滤,因为沉淀会堵塞滤片细孔。

玻璃坩埚滤片耐酸性强,耐碱性差,因此不能过滤碱性较强的溶液。

新的滤器使用前要经酸洗(浸泡)、抽滤、水洗、抽滤、晾干或烘干。由于滤器的滤片容易吸附沉淀物和杂质,为了防止残留物堵塞微孔,使用后清洗滤器也是很重要的。清洗的原则是,选用既能溶解或分解残留物质又不至于腐蚀滤板的洗涤液进行浸泡,然后抽滤、水洗、抽滤。例如:过滤 $KMnO_4$ 溶液后,要用盐酸或草酸溶液浸泡,抽洗残留的 MnO_2;过滤 AgCl 后,要选用氨水或 $Na_2S_2O_3$ 溶液浸洗,过滤丁二酮肟镍后要用温热的盐酸浸泡;过滤 $BaSO_4$ 后,要用 100 ℃浓硫酸浸泡;过滤 Hg 后要用热浓硝酸浸泡。

玻璃滤器不宜过滤较浓的碱性溶液、热浓磷酸及氢氟酸溶液,也不宜过滤残渣堵孔又无法洗掉的溶液。加热干燥时,升温和冷却都要缓慢进行,用较高温度烘干后,应在烘箱中稍降温后再取出,以防造成裂损。

表 4.9 列出了某些沉淀物的清洗方法。

表 4.9　某些沉淀物的洗涤方法

沉淀物	清 洗 液
脂肪等	四氯化碳或适当的有机溶剂
氯化亚铜、铁斑	含 $KClO_4$ 的热浓 HCl
$BaSO_4$	100 ℃的浓 H_2SO_4
汞渣	热浓 HNO_3
AgCl	氨水或 $Na_2S_2O_3$ 溶液
铝质、硅质残渣	先用 2% HF,继用浓 H_2SO_4 洗涤,随继用蒸馏水、丙酮反复漂洗几次
各种有机物	铬酸洗液

① 微孔玻璃坩埚的准备:选择合适孔径的玻璃坩埚,用稀盐酸或稀硝酸浸洗,然后用自

来水冲洗，再把玻璃坩埚安置在具有橡皮垫圈的吸滤瓶上（见图 4.23），用抽水泵抽滤，在抽气下用蒸馏水冲洗坩埚。冲洗干净后再与干燥沉淀相同的条件下，在烘箱中烘至恒重。

② 过滤与洗涤：过滤与洗涤的方法和用滤纸过滤相同。只是应注意，开始过滤前，先倒溶液于玻璃坩埚中，然后再打开水泵，每次倒入溶液不要等吸干，以免沉淀被吸紧，影响过滤速度。过滤结束时，先要松开吸滤瓶上的橡皮管，最后关闭水泵以免倒吸。擦净搅拌棒和烧杯内壁上的沉淀时，只能用沉淀帚，不能用滤纸。微孔玻璃坩埚耐酸力强，耐碱力弱，因此不能过滤碱性较强的溶液。

(a) 布氏漏斗

(b) 砂芯坩埚

图 4.23 抽滤装置

4.8.4 干燥和灼烧

4.8.4.1 干燥器的准备和使用

① 擦净干燥器的内壁及外壁，将多孔瓷板洗净烘干，把干燥剂筛去粉尘后，借助纸筒放入干燥器（见图 4.24），再放上多孔瓷板。在干燥器的磨口上涂上一层薄而均匀的凡士林油。

② 开启干燥器时，左手按住干燥器的下部（见图 4.25），右手按住盖子上的圆顶，向左前方推开盖子。盖子取下后，将其倒置在安全的地方，也可拿在手中，用左手放入（或取出）坩埚或称量瓶，及时盖上干燥器盖。加盖时也应拿住盖上圆顶推着盖好。

③ 将坩埚或称量瓶等放入干燥器时，应放在瓷板圆孔内，当放入热的坩埚时，应稍稍打开干燥器盖 1～2 次。

④ 干燥器内不准存放湿的器皿或沉淀。

⑤ 挪动干燥器时，双手上下握住干燥器盖，以防止滑落打碎（见图 4.26）。

图 4.24　干燥剂加入

图 4.25　打开干燥器

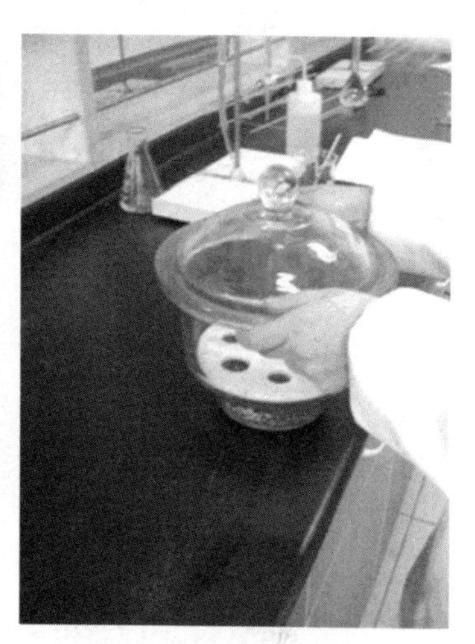

图 4.26　挪动干燥器

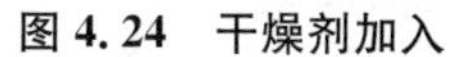

4.8.4.2　坩埚的准备

先清洗坩埚并晾干，随即进行编号。将少许氯化钴粉末加入饱和硼砂溶液中，用此溶液在坩埚外壁和盖上编写号码（也可用铅笔），再加热灼烧。将其灼烧至恒重（两次称量相差 0.2 mg 以下，即达恒重）。灼烧和冷却均应定温、定时，具体的温度和时间视沉淀的性质而定。通常，第一次灼烧时间约 45 min，第二次灼烧约 20 min。灼烧后的坩埚放在空气中冷却至红热稍退放入干燥器中，冷却 30～60 min。冷却应在天平室中进行，与天平温度相同时再进行称量。冷却的时间每次必须相同。

4.8.4.3　沉淀和滤纸的烘干

1. 带有沉淀的滤纸的折卷

① 用洁净的药铲或尖头玻璃棒将滤纸的三层部分掀起，用手拿住三层部分，把滤纸锥体取出。注意手指不要碰着沉淀。

② 将滤纸打开成半圆形，自右端 1/3 半径处向左折起；

③ 自上边向下边折，再自右向左卷成小卷，如图 4.27(a)、(b)、(c)、(d)、(e)所示。

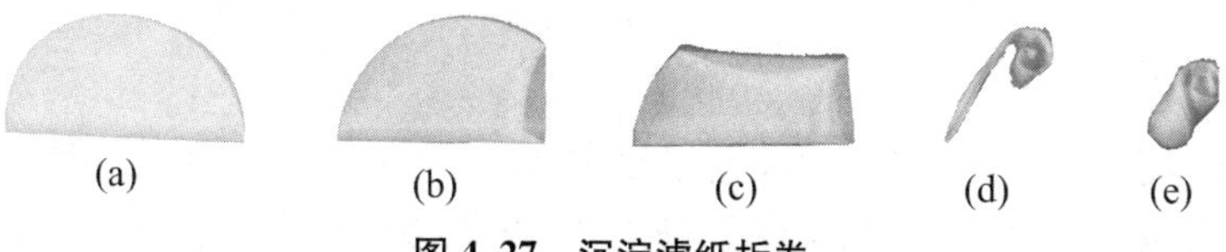

(a)　(b)　(c)　(d)　(e)

图 4.27　沉淀滤纸折卷

④ 把折好的滤纸包放入已恒重的坩埚中，层数较多的一边向上，以便炭化和灰化。

也可以按图 4.28 所示的方法折叠：

① 把滤纸锥体取出后(取法同前)不打开，而折成四折，撕去一角的地方应在边缘图 4.28(a)；

② 然后将上边向下折(三层部分在外面，见图 4.28(b))；

③ 再将左右两边向里折，尖端(即有沉淀的地方)向下(见图 4.28(c))，放在已恒重的坩埚内。

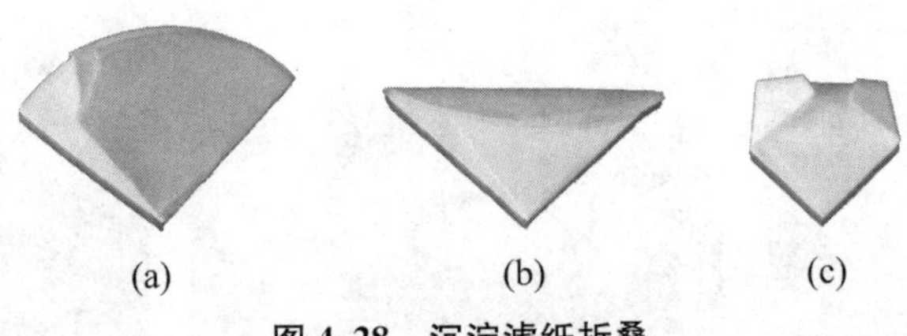

图 4.28 沉淀滤纸折叠

如果为胶状沉淀，一般体积较大，用上述方法不易包好。这时就不把滤纸取出，可用扁头玻璃棒将纸边挑起，向中间折叠，将沉淀全部盖住，如图 4.29 所示，然后再转移到已恒重的坩埚中，仍使三层部分向上。

2. 沉淀的干燥

沉淀干燥应在高温炉外进行，一般使用煤气灯。先调好泥三角位置的高低，将放有沉淀的坩埚斜放在泥三角上，坩埚底部枕在泥三角的一边上，坩埚口朝泥三角的顶角。把坩埚盖斜倚在坩埚口的中上部。为使滤纸和沉淀迅速干燥，应该用反射焰，即用小火加热坩埚盖中部，则热空气流便进入坩埚内部，而水蒸气从坩埚上面逸出(见图 4.30)。

图 4.29 沉淀滤纸折叠

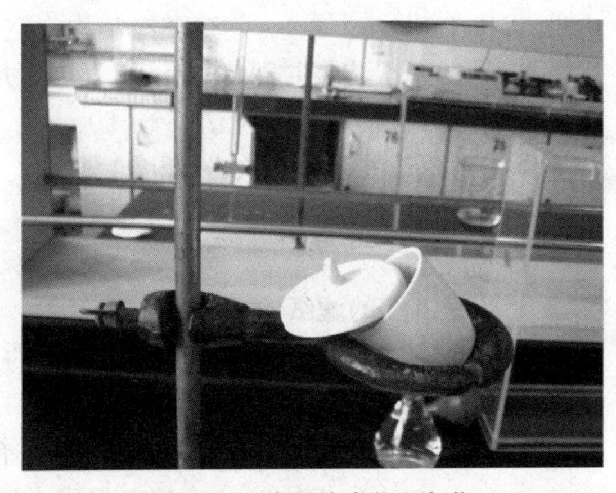

图 4.30 滤纸的炭化和灰化

4.8.4.4 滤纸的炭化和灰化

待滤纸及沉淀干燥后，将煤气灯逐渐移至坩埚底部(见图 4.30)，稍稍加大火焰，使滤纸炭化。注意火力不能突然加大，如温度升高太快，滤纸会生成整块的炭，需要较长时间才能将其完全烧完。如遇滤纸着火，可用坩埚盖盖住，使坩埚内火焰熄灭(切不可用嘴吹灭)，同时移去煤气灯。火熄灭后，将坩埚盖移至原位，继续加热至全部炭化。炭化后加大火焰，使滤纸灰化。滤纸灰化后应该不再呈黑色。为了使坩埚壁上的炭完全灰化，应该随时用坩埚钳夹住坩埚转动，但注意每次只能转一极小的角度，以免转动过于剧烈时，沉淀飞扬。

4.8.4.5　沉淀的灼烧

灰化后，将坩埚移入马弗炉中，盖上坩埚盖(稍留有缝隙)，在与空坩埚相同的条件下(定温、定时)灼烧至恒重。若用煤气灯灼烧，则将坩埚置立于泥三角上，盖严坩埚盖，在氧化焰上灼烧至恒重。切勿使还原焰接触坩埚底部，这是因为还原焰温度低，且与氧化焰温度相差较大，以至坩埚受热不均匀而容易损坏。

灼烧时将炉温升至指定温度后应保温一段时间(通常，第一次灼烧 45 min 左右，第二次灼烧 20 min 左右)。灼烧后，切断电源，打开炉门，将坩埚移至炉口，待红热稍退，将坩埚从炉中取出①，放在洁净的泥三角或洁净的耐火瓷板上，在空气中冷却至红热退去，再将坩埚移入干燥器中(开启 1～2 次干燥器盖)冷却 30～60 min，待坩埚的温度与天平温度相同时再进行称量。再灼烧、冷却、称量，直至恒重为止。注意每次冷却条件和时间应一致。称重前，应对坩埚与沉淀总质量有所了解，力求迅速称量。重复时可先放好砝码。

4.9　常见分析化学实验仪器及使用方法

4.9.1　电子天平

4.9.1.1　天平的工作原理和常见故障排除

电子天平是最新一代的天平，是基于电磁学原理制造的，有顶部承载式(吊挂单盘)和底部承载式(上皿式)两种结构。一般的电子天平都装有小电脑，具有数字显示、自动调零、自动校正、扣除皮重、输出打印等功能，有些产品还具备数据储存与处理功能。电子天平操作简便，称量速度很快。近年来，我国已生产了多种型号的电子天平，但由于电子天平的价格比机械天平高几倍至十倍，目前国内尚未普及。

表 4.10　电子天平的故障诊断指南

故　障	原　因	排　除
显示器上无任何显示	无工作电压	检查供电线路及仪器
	未接变压器	将变压器接好
在调整校正之后，显示器无显示	放置天平的表面不稳定	确保放置天平的场所稳定
	未达到内校稳定	防止振动对天平支撑面的影响；关闭防风罩
显示器显示“H”	超载	为天平卸载
显示器显示“L”或“Err 54”	未装秤盘或底盘	依据电子天平的结构类型装上秤盘或底盘

① 从炉内取出热坩埚时，坩埚钳应预热，且注意不要触及炉壁。

续表

故　障	原　因	排　除
称量结果不断改变	振动太大，天平暴露在无防风措施的环境中；防风罩未完全关闭；被测物结果显示不稳定(吸收潮气或蒸发)；被测物带静电荷	完全关闭防风罩
	在秤盘与天平壳体之间有杂物	清除杂物
	吊钩称量开孔封闭盖板被打开	关闭吊钩称量开孔
称量结果明显错误	电子天平未经调校	对天平进行调校
	称量之前未清零	称量前清零

电子天平的一般操作方法是：通电预热一定时间(按说明书规定)；调整水平；待零点显示稳定后，用自带的标准砝码进行校准；取下标准砝码，零点显示稳定后即可进行称量。例如用小烧杯称取样品时，可先将洁净干燥的小烧杯放在称盘中央，显示数字稳定后按"去皮"键，显示即恢复为零，再缓缓加样品至显示出所需样品的质量时，停止加样，直接记录称取样品的质量。短时间(例如 2 h)内暂不使用天平，可不关闭天平电源开关，以免再使用时重新通电预热。

使用电子天平一定要注意保持天平内的清洁。

4.9.1.2　电子天平的操作

1. 预热时间

为了达到理想的测量结果，电子天平在初次接通电源或者在长时间断电之后，至少需要 30 min 的预热时间，只有这样，天平才能达到所需要的工作温度。

为了接通或关闭显示器，请按下 I/O 键(见图 4.31)。

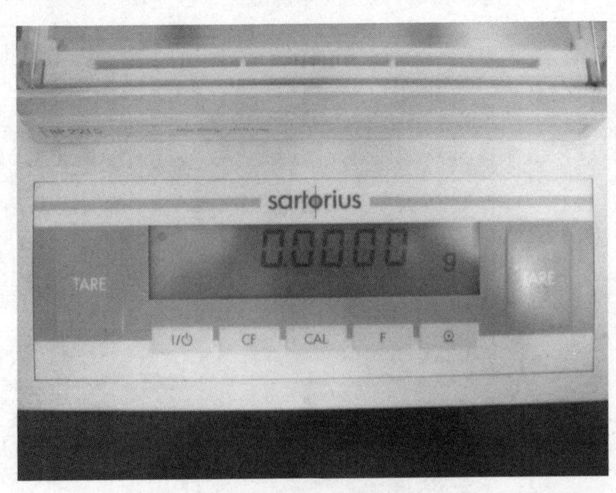

图 4.31　电子天平操作面板

2. 自检

在接通以后，电子量程系统自动实现自检功能。当显示器显示为零时，自检过程即告结束，此时，天平工作准备就绪。

为了使用户获得信息，在天平的显示器上出现如下标记：

① 在右上部显示 O，表示 OFF，即天平曾经断电(重新接电或断电时间长于 3 s)。

② 左下方显示 O，表示仪器处于待机状态。显示器已通过 I/O 键关断，天平处于工作准备状态。一旦接通，仪器便可立刻工作，而不必经历预热过程。

③ 显示◊，表示仪器正在工作。在接通后到按下第一个键的时间内，显示此标记◊。如果仪器正在工作时显示这个标记，则表示天平的微处理器正在执行某个功能，因此，不接受其他任务。

3. 清零

只有当仪器经过清零之后，才能执行准确的重量测量。按下两个 TARE 键中的一个，以便使读数显示为 0。这种清零操作可在天平的全量程范围内进行。

4. 简单称量(确定重量)

将物品放到秤盘上。当显示器上出现作为稳定标记的质量单位“g”或其他选定的单位时，读出质量数值。

使用一级天平注意事项：

为避免测量误差，必须将空气密度考虑在内，下列公式可用于计算被称物的真实质量：

$$m = n_{\mathrm{w}} \frac{1-\rho_1/8000}{1-\rho_1/\rho} \tag{4.1}$$

式中，n_{w} 是天平称量时的读数 ρ_1 是称量时空气的密度，ρ 是被称物的密度，8000 的单位为 $\mathrm{kg \cdot m^{-3}}$。

4.9.2　紫外-可见分光光度计

操作步骤如下：

① 开启电源，指示灯亮，仪器预热 20 min，选择开关置于“T”。

② 打开试样室盖(光门自动关闭)，调节“0%T”旋钮，使数字显示为“00.0”。

③ 将装有溶液的比色皿放置比色架中。

④ 调节波长旋钮，把测试所需的波长调节至刻度线处。

⑤ 盖上样品室盖，将参比溶液比色皿置于光路，调节透过率“100%T”旋钮，使数字显示为“100.0 T”(如果显示不到 100.0 T，则可适当增加灵敏度的挡数，同时应重复②，调整仪器的“00.0”)

⑥ 将被测溶液置于光路中，数字表上直接读出被测溶液的透过率(T)值。

⑦ 参照②⑤调整仪器的“00.0”和“100.0”，将选择开关置于 A，旋动吸光度调零旋钮，使得数字显示为“0.000”，然后移入被测溶液，显示值即为试样的吸光度 A 值。

⑧ 选择开关由 A 旋至 C，将已标定浓度的溶液移入光路，调节浓度按钮，使得数字显示为标定值，将被测溶液移入光路，即可读出相应的浓度值。

⑨ 仪器在使用时，应常参照本操作方法中②⑤进行调“00.0”和“100.0”的工作。

⑩ 每台仪器所配套的比色皿不能与其他仪器上的比色皿单个调换。

⑪ 本仪器数字显示后背部，带有外接插座，可输出模拟信号，插座 1 脚为正，2 脚为负，接地线。

⑫ 如果大幅度改变测试波长，需等数分钟后才能正常工作（因波长由长波向短波或短波向长波移动时，光能量变化急剧，光电管受光后响应较慢，需一段光响应平衡时间）。

4.9.3 酸度计

4.9.3.1 开机前的准备

① 将多功能电极架插入多功能电极架插座中，将 pH 复合电极安装在电极架上。

② 将 pH 复合电极下端的电极保护套拔下，并且拉下电极上端的橡皮套使其露出上端小孔。

③ 用蒸馏水清洗电极。

4.9.3.2 pH 的测量

仪器使用前首先要标定。一般情况下仪器在连续使用时，每天要标定一次。

1. 仪器标定

① 打开电源开关，“pH/mV”波段开关旋至“pH”挡，使仪器进入 pH 测量状态。

② 调节“温度”旋钮，使旋钮白线对准溶液温度值；把“斜率”旋钮顺时针旋到底（100％位置）。

③ 把用蒸馏水清洗过的电极插入 pH＝6.86 的标准缓冲溶液中，调节“定位”旋钮使仪器显示读数与该缓冲溶液当时温度下的 pH 相一致。

④ 把用蒸馏水清洗过的电极插入 pH＝4.00（或 pH＝9.18）的标准缓冲溶液中，调节“斜率”旋钮使仪器显示读数与该缓冲液中当时温度下的 pH 一致。

⑤ 重复③和④直至不用再调节定位或斜率两调节旋钮为止，仪器完成标定。

⑥ 用蒸馏水清洗电极后即可对被测溶液进行测量。

注意：经标定后，定位调节旋钮及斜率调节旋钮不应再有变动。标定的缓冲溶液第一次应用 pH＝6.86 的溶液，第二次应用接近被测溶液 pH 的缓冲液。如被测溶液为酸性，缓冲溶液应选 pH＝4.00；如被测溶液为碱性时，则选 pH＝9.18 的缓冲溶液。

2. 测量

经标定过的仪器，即可用来测量被测溶液，被测溶液与标定溶液温度是否相同，所引起的测量步骤也有所不同。

被测溶液与定位溶液温度相同时，测量步骤如下：

① 用蒸馏水清洗电极头部，再用被测溶液清洗一次；

② 把电极浸入被测溶液中，用玻璃棒搅拌溶液，使溶液均匀后读出该溶液的 pH。

被测溶液和定位溶液温度不同时，测量步骤如下：

① 用蒸馏水清洗电极头部，再用被测溶液清洗一次；

② 用温度计测出被测溶液的温度值；

③ 调节“温度”调节旋钮，使白线对准被测溶液的温度值；

④ 把电极插入被测溶液内，用玻璃棒搅拌溶液，使溶液均匀后读出该溶液的 pH 值。

4.9.3.3　注意事项

① 玻璃电极的保质期为一年，出厂一年以后不管是否使用，其性能都会受到影响，应及时更换。

② 第一次使用的 pH 电极或长期停用的 pH 电极，在使用前必须在 3 mol · L^{-1}氯化钾溶液中浸泡 24 h。

4.9.4　离心机

操作程序如下：

① 把离心机放置于平面桌或平面台上，四只橡胶机脚应坚实接触平面，目测使之平衡，用手轻摇一下离心机，检查离心机是否放置平稳。

② 打开门盖，将离心管放入转子体内，离心管必须成偶数对称放入（离心管试液应称量加入）。注意把转子体上的螺钉旋紧，并重新检查试管是否对称放入，螺钉是否旋紧。

③ 关上门盖，注意一定要使门盖锁紧，并用手检查门盖是否关紧。

④ 插上电源插座，按下电源开关。

⑤ 设置转子号、转速、温度、时间。

在停止状态下时，用户可以设置转子号、转速、温度、时间，按设置键“SET”，此时离心机处于设置状态，停止灯亮、运行灯闪烁；在运行状态下时，用户只能设置转速、温度、时间，按设置键“SET”，此时离心机处于设置状态，此时运行灯亮、停止灯闪烁（停止状态下按“SET”键可以在时间、温度、转速和转子号之间循环选择；运行状态下按“SET”键可以在时间、温度和转速之间循环选择）。

(a) 设置转子号：按“SET”键，当转子数码管右下角的小数点亮时，即进入转子号设置，再按“▲”或“▼”键选择离心机本次工作所带的转子号，共有六种转子可供选择。注意：设置的转子号要与所选用的转子一致，不可设置错误。

(b) 设置转速：按“SET”键，当转速最后一个数码管右下角的小数点亮时，即进入转速设置，再按“▲”或“▼”键确定离心机本次工作的转速。

(c) 设置温度：按“SET”键，当温度最后一个数码管右下角的小数点亮时，即进入温度设置，再按“▲”或“▼”确定离心机的工作温度。

(d) 设置时间：按“SET”键，当时间最后一个数码管右下角的小数点亮时，即进入时间设置，再按“▲”或“▼”键确定离心机本次工作的时间（时间最长为 99 min），时间为倒计时。

(e) 当上述四个步骤完成后，再按“ENTER”键，以确认上述所设的转子、转速、温度、时间，再按“START”键启动离心机。

(f) 在运行当中，如果要看离心力，按下“RCF”键（RCF 灯亮），就显示当时转速下的离心力，3 s 后自动返回到运行状态。在离心机运行时进入设置状态，如果要取消设置，按下“RCF”键即返回到运行状态。

⑥ 离心机时间倒计时显示“0”时，电机断电，5 s 后开始刹车，离心机将自动停止，当转速等于 0 r · min^{-1}时，蜂鸣器鸣叫 15 声，按下“RCF”键可取消鸣叫；运行途中按“STOP”键，离心机停止运转，蜂鸣器不响。当转子停转后，打开门盖取出离心管。

⑦ 关断电源开关，离心机断电。

4.9.5 集热式磁力搅拌器

1. 操作程序

① 首先检查随机配件是否齐全,然后按顺序先装好夹具,插上控温探头以备用。

把所需实验之油或其他溶液置于不锈钢锅内(要漫过电热管),在反应液中放入搅拌子即可待搅拌。

② 将盛有溶液的烧杯、三角瓶固定于不锈钢锅内的溶液中,加入搅拌子。

③ 插上电源,打开电源开关,指示灯灯亮表明电源已接通,调整调速旋钮从左至右(由低速到高速)选择所需搅拌的速度即可,不允许高速直接启动,以免搅拌子不同步,引起跳动。

④ 需要进行恒温加热时,请打开加热开关,指示灯亮,控温表红色发光管亮,表明可以进行恒温加热操作,此时打开控温表罩,调整控温旋钮设置所需温度值,当设置温度值高于常温时,绿色发光管亮表明加热器开始工作,请注意此时应同时进行溶液搅拌,不进行溶液搅拌时不能加热。把传感器探头置于溶液之中,以测量实验溶液温度。控温探头及实测温度计可以置于恒温状态,当温度发生波动时,红、绿灯自动交换,使加热器处于恒定状态,此过程自动完成,不需进行任何操作。

⑤ 不工作时应切断电源,为确保安全,使用时请接上地线。

⑥ 仪器应保持清洁干燥,不锈钢锅内严禁不加溶液空加热,以免烧坏加热器。

2. 注意事项

① 加热时间一般不宜过长,间歇使用能延长寿命。

② 中速运转可连续工作 8 h,高速运转可连续工作 4 h。

③ 使用前请详细阅读说明书,以便正确使用。

④ 长时间不用,请擦拭干净置于干燥通风处。

4.9.6 冷冻干燥器

冷冻干燥之前,先将准备干燥的物品置于低温冰箱或液氮中,使物品完全冰冻结实,方可进行冷冻干燥。

主机与真空泵之间由真空泵连接,连接处采用国际标准卡箍。卡箍内含一只密封橡胶圈,连接前可在橡胶圈上涂抹适量真空脂,再用卡箍卡紧。

主机的右侧板上设有真空泵的电源插座,将真空泵的电源线连接好。

检查一下真空泵,确认已加注真空油,不可无油运转。油面不得低于油镜的中线,第一次使用前,请详细阅读真空泵使用说明书。

主机冷阱上方的"O"形密封橡胶圈应保证清洁,第一次使用时,可薄薄地涂上一层真空脂,有机玻璃罩置于橡胶圈上,轻轻旋转几下,有利于密封。

4.9.6.1 开机操作

① 连好总电源线,打开右侧黄色总电源开关。此时"冷阱温度"显示窗开始显示冷阱的

温度。

② 按一下“制冷机”开关，制冷机开始运转，冷阱温度逐渐降低。为使冷阱且有充分吸附水分的能力，预冷时间不少于30 min。

③ 按一下“真空计”开关，此时真空度显示为“999”。

④ 预冷结束后，将已准备好的待干燥物品置于干燥盘中，再将有机玻璃筒罩上。

⑤ 按下快速充气阀(位于右前面板)上的不锈钢按片，听到咔嚓声后，将快速充气阀接嘴拔出来，以自动密封。

⑥ 按下“真空泵”开关，真空泵开始工作，真空度显示“999”，直到1000 Pa以下，方可显示实际真空度，冷冻干燥进程开始。

注：在真空泵开始工作时，用力下压有机玻璃罩片刻，有利于密封。

⑦ 针对多歧管型冷冻干燥器，首先应将橡胶阀关闭(将阀芯长把向上)，待真空度达到20 Pa以下时将预冻结束的冻干瓶插入橡胶阀下接口，将塑料阀芯向下旋转180°。(注意：此时真空显示会有回升，应在真空度达到20 Pa以下时，再装下一瓶)。

4.9.6.2 关机操作

① 将快速充气阀接嘴，插入快速充气阀座，同时关“真空泵”电源开关，使空气缓慢进入冷阱；如需充入惰性气体，则将惰性气体的减压导管连接“充气口”。

② 关“真空计”“制冷机”，如长期不用应拔掉电源线。

③ 提起有机玻璃罩，将物品取出、保存，冷冻干燥过程结束。

④ 冷阱中的冰化成水后，需将水从快速充气阀出口排出，操作与充气类同。

⑤ 清理冷阱内的水分和杂质，妥善保养设备。真空泵不用时，应盖上排气嘴，以防脏物进入。

⑥ 针对多歧管型冷冻干燥器，应逐个关闭橡胶阀并取下冻干瓶后再重复关机操作。

参考文献

[1] 北京大学化学分析化学教研室. 基础分析化学实验[M]. 2版. 北京：北京大学出版社，2003.

[2] 南京大学《无机及分析化学实验》编写组. 无机及分析化学实验[M]. 北京：高等教育出版社，1998.

[3] 大连理工大学《分析化学实验》编写组. 分析化学实验[M]. 大连：大连理工大学出版社，1989.

[4] 陈焕光. 分析化学实验[M]. 广州：中山大学出版社，2006.

[5] 李雄志，杨仁柱. 分析化学实验[M]. 北京：北京师范大学出版社，1990.

[6] 吉林大学化学系分析化学教研室. 分析化学实验[M]. 长春：吉林大学出版社，1992.

[7] 武汉大学化学与分子科学学院实验中心. 分析化学实验[M]. 武汉：武汉大学出版社，2003.

[8] 柴华丽，马林，徐华华，等. 定量分析化学实验教程[M]. 上海：复旦大学出版社，1993.

[9] 金谷，江万权，周俊英. 定量化学分析实验[M]. 合肥：中国科学技术大学出版社，2005.

[10] 徐伟亮. 基础化学实验[M]. 北京：科学出版社，2005.

[11] 谢国梅. 分析化学实验[M]. 2版. 杭州：浙江大学出版社，2001.

[12] 王彤，姜言权. 分析化学实验[M]. 北京：高等教育出版社，2002.

第5章　基础分析化学实验

5.1　滴定分析实验

基本操作练习

实验5.1　天平称量的练习

实验目的

1. 了解电子天平的基本构造，称量原理。
2. 通过电子天平的称量练习，学会熟练地使用电子天平。
3. 掌握常见的几种称量方法，训练准确称取一定量的试样。

方法原理

电子天平称量依据的是电磁力平衡原理。电子天平的重要特点是在测量被测物体的质量时不用测量砝码的重力，而是采用电磁力与被测物体的重力相平衡的原理来测量的。秤盘通过支架连杆与线圈连接，线圈置于磁场内。在称量范围内时，被测重物的重力 mg 通过连杆支架作用于线圈上，这时在磁场中若有电流通过，线圈将产生一个电磁力 F，方向向上，电磁力 F 和秤盘上被测物体重力 mg 大小相等、方向相反而达到平衡，同时在弹性簧片的作用下使秤盘支架回复到原来的位置。即处在磁场中的通电线圈，流经其内部的电流 I 与被测物体的质量成正比，只要测出电流 I 即可知道物体的质量 m。

试剂与仪器

1. 主要试剂：

① 石英砂。

② 装有石英砂的称量瓶1个。

2. 主要仪器：

① BSA224S-CW 电子天平。

② 洁净干燥的瓷坩埚2个。

③ 镊子和药勺各1把。

实验步骤

1. 天平的检查：检查天平是否保持水平，天平盘是否洁净，若不干净可用软毛刷刷净。

2. 天平零点的检查和调整：启动天平，调零后，检查天平的稳定性，具体做法是将任一洁净干燥的固体物放入托盘，若读数很快（几秒内）稳定，证明天平正常，即可使用。

3. 直接称量法：首先用铅笔在两个瓷坩埚底部分别标上“1”号、“2”号，然后左手用镊子夹取1号瓷坩埚，置于天平盘上（最好放盘中间部位），按下“去皮”键，将坩埚的质量定为零（W_0），再用药勺往坩埚内加石英砂0.9000～1.1000 g（注意：石英砂不要洒在天平盘上），称出其准确重量，记为W_1。用2号瓷坩埚重复一次，记为W_2。记录数据填入表5.1。

表5.1　直接称量法测出的数据

	W_0	石英砂质量 W
1号		
2号		

4. 固定质量称量法：同步骤③，将1号瓷坩埚质量定为零（W_0），然后往瓷坩埚内加入略小于0.5 g的石英砂，再轻轻振动药勺，使样品慢慢落入瓷坩埚中，直到读数为0.5000。若不慎超过0.5 g，先关天平，再用药勺小心取出一点样品，重复前面的操作，直到所称质量为0.5000为止。此时称取石英砂的质量与砝码的质量相等。用2号瓷坩埚重复一次。实验记录表同表5.1。

5. 差减法称量：

① 左手用镊子从干燥器中取出1号瓷坩埚，置于天平盘上，称出1号瓷坩埚质量，记为W_1。

② 从干燥器中取出盛有石英砂的称量瓶一个，切勿用手拿取，用干净的纸条，套在称量瓶上，手捏纸条将称量瓶放在天平盘上。最后将称量瓶加石英砂的质量定为零。

③ 用一干净的纸条，套在称量瓶上，用手拿取，再用一小块纸包住瓶盖，在坩埚上方打开称量瓶，用盖轻轻敲击称量瓶，转移石英砂0.3～0.4 g于1号瓷坩埚内，然后准确称出称量瓶和剩余石英砂的重量，记为W_2。

④ 准确称出1号瓷坩埚加石英砂的质量，记为W_3。

⑤ 2号瓷坩埚以同样方法称量，分别记为W_4、W_5和W_6。数据填入表5.2。

表5.2　差减法称量出的数据

	1号坩埚	2号坩埚
坩埚质量(g)	W_1	W_4
坩埚和石英砂的质量(g)	W_3	W_6
石英砂质量(g)		
倒出一定石英砂后称量瓶质量(g)	W_2	W_5

⑥ 分别计算W_1、W_3与W_2之间的偏差及W_4、W_6与W_5之间的偏差，并对结果进行分析和评价。

注意事项

1. 原始记录不得随意记在小纸片上,而应记在实验报告本上。

2. 称量瓶与小坩埚除了放在干燥器内和天平盘上,其他情况使用须放在洁净的纸上,不得随意乱放,以免沾污。

3. 差减法称量时,应用瓶盖轻轻敲击称量瓶口上部(出样品部位的对面位置),称样前也应轻轻敲击,将可能粘在瓶口的样品敲回称量瓶,再盖上盖子,这样可避免样品的丢失。

思考题

1. 什么情况下选用差减法称量?
2. 什么情况下选用固定法称量?
3. 原始记录为何要及时记录,并要求记在报告本上?

实验 5.2 滴定分析操作的练习

实验目的

1. 认识各种容量仪器,了解它们的用途和使用方法。
2. 掌握容量仪器的正确洗涤方法及一般试液的配制方法。
3. 掌握容量仪器的操作技术,练习正确读数,正确观察滴定终点。

方法原理

本实验为滴定分析操作练习,是通过酸碱相互滴定来实现的。当有不同浓度的酸或碱时,滴定时消耗的碱或酸应该相互对应。由此来检验滴定者在操作方面的掌握程度,并了解不同指示剂的使用对滴定的影响。

试剂与仪器

1. 主要试剂:

① HCl 溶液:2 mol·L^{-1}。

② NaOH:AR。

③ $K_2Cr_2O_7$:CP。

④ H_2SO_4:LR。

⑤ 酚酞指示剂:0.5%乙醇溶液。

⑥ 甲基橙指示剂:0.1%水溶液。

2. 主要仪器:

① 滴定管:聚四氟乙烯活塞滴定管,可用于酸或碱滴定。

② 移液管:25 mL 1 支。

③ 锥形瓶:250 mL 3个。
④ 烧杯:500 mL、250 mL 各1个。
⑤ 试剂瓶:500 mL 玻璃瓶、塑料瓶各1个。
⑥ 量筒:100 mL、25 mL 各1个。
⑦ 洗耳球: 1个。
⑧ 洗瓶:1个。

实验步骤

1. 配制铬酸洗液:称取7.5 g $K_2Cr_2O_7$ 放入烧杯中,加入10 mL水,加热溶解,取下,稍冷,沿壁慢慢倒入150 mL浓硫酸,并不断搅拌,加热使之完全溶解。冷却后倒入试剂瓶中备用。

2. 按要求洗净本实验所需的玻璃器皿。

3. 0.1 mol·L^{-1} HCl溶液的配制:用量筒量取380 mL水,倒入500 mL烧杯中,再量取20 mL 2 mol·L^{-1} HCl溶液一边顺杯壁倒入水中一边搅拌,搅拌均匀后转入500 mL玻璃试剂瓶中,盖紧盖子,摇匀备用。

4. 0.1 mol·L^{-1} NaOH溶液的配制:用小烧杯在台秤上称取1.6 g固体NaOH,加入50 mL水搅拌使其完全溶解,然后转入500 mL塑料试剂瓶内,再加入350 mL水,盖紧,摇匀备用。

5. 以酚酞指示剂滴定:用移液管吸取25.00 mL 0.1 mol·L^{-1} HCl溶液于250 mL锥形瓶中,加入2滴酚酞指示剂,用0.1 mol·L^{-1} NaOH溶液滴定至粉红色刚刚出现为止(30 s内不褪色即为终点),记下读数。平行滴定三份。计算V_{HCl}/V_{NaOH},相对偏差应不超过2‰将结果填入表5.3中。

表5.3　NaOH滴定HCl

V_{HCl}(mL)	25.00	25.00	25.00	
V_{NaOH}(mL)				
V_{HCl}/V_{NaOH}				
d_i				

注:d_i为单次测定的相对偏差。

6. 以甲基橙指示剂滴定:用移液管吸取25.00 mL 0.1 mol·L^{-1} NaOH溶液于250 mL锥形瓶中,加入1滴甲基橙指示剂,用0.1 mol·L^{-1} HCl溶液滴定至橙色刚刚出现,记下读数。平行滴定三份。计算V_{HCl}/V_{NaOH},相对偏差应不超过2‰。将结果填入表5.4中。

表5.4　HCl滴定NaOH

V_{NaOH}(mL)	25.00	25.00	25.00	
V_{HCl}(mL)				
V_{HCl}/V_{NaOH}				
d_i				

注意事项

1. 配制铬酸洗液时，在加入浓硫酸的同时，一定要慢慢并充分搅拌。

2. 铬酸洗液可反复使用，故在使用时，尽量避免引入水。若有废洗液，一定要倒入专门的废液缸中。

3. 每次滴定时，应都从零点开始，以确保使用的滴定管体积相同。

4. 练习基本操作时，要注意动作的规范性，并严格按照要求去做。这一点很重要，是同学们容易忽视但却是做好定量分析化学最基本的要求。

思考题

1. 滴定管和移液管在使用前如何处理？为什么？用来滴定的锥形瓶是否需要干燥？是否需要用被滴定溶液润洗几次以除去其水分？为什么？

2. 遗留在移液管管口内部的少量溶液，是否应当吹出去？为什么？

3. 容量器皿洗净的标志是什么？

4. 配制铬酸洗液是否要在分析天平上称 $K_2Cr_2O_7$？为什么？

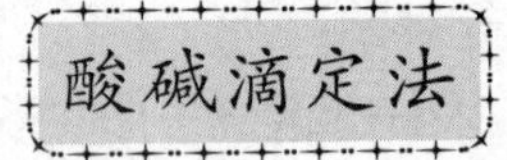

实验 5.3　酸碱滴定法测定未知碱

实验目的

1. 了解基准物质的处理方法和标准溶液的配制方法。

2. 了解酸碱滴定法测定酸或碱的原理。

3. 通过对未知碱的测定进一步检验基本操作的规范性。

方法原理

HCl 浓度的标定以 Na_2CO_3 作为基准物质，甲基橙作为指示剂，滴定至溶液由黄色变为橙色即为终点。

未知碱浓度的测定以甲基橙作为指示剂，用标准 HCl 溶液滴定 NaOH，滴定至溶液由黄色变为橙色即为终点。

试剂与仪器

1. 主要试剂：

① Na_2CO_3：AR(270 ℃干燥 2 h，并保存在干燥器内)。

② 甲基橙指示剂:0.1%水溶液。

③ HCl 溶液:0.1 mol · L^{-1}。见实验 5.2。

2. 主要仪器:

① 滴定管:1 支。

② 移液管:25 mL 1 支。

③ 锥形瓶:250 mL 3 个。

④ 烧杯:500 mL 2 个。

⑤ 试剂瓶:500 mL 玻璃瓶 1 个。

⑥ 量筒:100 mL、25 mL 各 1 个。

⑦ 容量瓶:250 mL 1 个。

⑧ 洗耳球: 1 个。

⑨ 洗瓶:1 个。

实验步骤

1. HCl 浓度的标定:在分析天平上用称量瓶准确称取无水碳酸钠 1.2～1.5 g,置于 250 mL 烧杯中,加50 mL水搅拌溶解后,定量转入 250 mL 容量瓶中,用水稀释至刻度,摇匀备用。

用移液管移取 25.00 mL 上述 Na_2CO_3 标准溶液于 250 mL 锥形瓶中,加 1 滴甲基橙作指示剂,用 HCl 溶液滴定至溶液刚好由黄色变为橙色即为终点,记下所消耗的 HCl 溶液的体积。平行标定三份。计算出 HCl 溶液的浓度和单次测定的偏差,若小于或等于 0.2%,则表示结果符合要求,否则需继续标定,直到到达要求为止。将结果填入表 5.5 中。

表 5.5　HCl 溶液的标定

$W_{Na_2CO_3}$(g)				
V_{HCl}(mL)				
c_{HCl}(mol · L^{-1})				
d_i				
$\bar{c}_{HCl}$(mol · L^{-1})				

2. 未知碱的测定:准确称取 0.12～0.15 g 未知碱一份(另两份由老师称量)于 250 mL 锥形瓶中,用 20～30 mL 水蒸馏水溶解,加 1 滴甲基橙作指示剂,用 HCl 溶液滴定至溶液刚好由黄色变为橙色即为终点,记下所消耗的 HCl 溶液的体积。平行滴定三份。计算出未知碱的质量和单次测定的相对误差,并进行误差分析。将结果填入表 5.6 中。

表 5.6　未知碱的测定

$W_{未知碱}$(g)				
V_{HCl}(mL)				
$W_{测出的未知碱}$(g)				
E_i				

注:E_i 为单次测定的相对误差。

注意事项

1. 无水碳酸钠易吸水，故称量时要尽量减少无水碳酸钠与空气接触时间，同时要注意有可能粘在瓶口的样品。

2. 标定时，在接近终点时要用力摇动锥形瓶，赶走二氧化碳，以防止终点的改变。

思考题

1. NaOH 和 HCl 可否作为基准物质？能否在容量瓶中配得 0.1000 mol · L^{-1} 的 NaOH 溶液？

2. NaOH 溶液如放置时间长，用 HCl 滴定，以酚酞作指示剂和用甲基橙作指示剂有何不同？

3. 若现有无水醋酸钠样品，你认为该如何测定其含量？

实验 5.4 酸碱滴定法测定有机酸的摩尔质量

实验目的

1. 进一步地熟练掌握定量化学分析的基本操作。

2. 进一步地熟练掌握酸或碱的分析方法。

3. 了解有机酸测定的特点。

方法原理

物质的酸碱摩尔质量可以根据滴定反应从理论上进行计算。本实验要求准确测定一种有机酸的摩尔质量，并与理论值进行比较。

大多数有机酸是固体弱酸，如果易溶于水，且有 $K_a \geq 10^{-7}$，即可在水溶液中用 NaOH 标准溶液进行滴定，反应产物为强碱弱酸盐。由于滴定突跃发生在弱碱性范围内，故常选用酚酞作指示剂，滴定至溶液呈微红色即为终点。根据 NaOH 标准溶液的浓度和滴定时用的毫升数，计算该有机酸的摩尔质量。

试剂与仪器

1. 主要试剂：

① NaOH 溶液：0.1 mol · L^{-1}（见实验 5.2）。

② 酚酞指示剂：0.5%乙醇溶液。

③ 邻苯二甲酸氢钾（$KHC_8H_4O_4$）基准试剂：100～125 ℃干燥备用，干燥温度不宜过高，否则脱水而成为邻苯二甲酸酐。

④ 有机酸试样。

2. 主要仪器：

① 滴定管：1 支。

② 移液管:25 mL 1支。
③ 锥形瓶:250 mL 3个。
④ 烧杯:500 mL 1个。
⑤ 量筒:100 mL 1个。
⑥ 容量瓶:250 mL 1个。
⑦ 洗耳球:1个。
⑧ 洗瓶:1个。

实验步骤

1. 0.1 mol·L^{-1} NaOH溶液的标定:准确称取0.4~0.6 g邻苯二甲酸氢钾三份,分别放入250 mL锥形瓶中,加20~30 mL热水溶解后,加入2滴0.5%酚酞指示剂,用NaOH溶液滴定至溶液呈现微红色,30 s不褪色即为终点。平行标定三份。计算NaOH标准溶液的量浓度和单次测定的相对偏差,将结果填入表5.7中。

表5.7 NaOH溶液的标定

$W_{KHC_8H_4O_4}$(g)				
V_{NaOH}(mL)				
c_{NaOH}(mol·L^{-1})				
d_i				
$\bar{c}_{NaOH}$(mol·L^{-1})				

2. 测定有机酸的摩尔质量:准确称取0.15~0.17 g有机酸试样1份(其中2份由老师称量)置于250 mL锥形瓶中,加水25 mL溶解后,摇匀。加酚酞指示剂2滴。用NaOH标准溶液滴定至溶液呈现微红色,30 s不褪色即为终点。计算此有机酸摩尔质量的平均结果和测定结果的相对平均偏差,并将结果与理论值比较。将计算分析结果的相对误差填入表5.8中。

表5.8 有机酸摩尔质量的测定

$W_{有机酸}$(g)				
V_{NaOH}(mL)				
$W_{测出的有机酸}$(g)				
E_i				

注意事项

1. 锥形瓶口较小,称量时要不能让样品洒在瓶外。

2. 邻苯二甲酸氢钾需微热溶解,要注意使其溶解完全;若溶解时温度较高,需冷却后再滴定。

思考题

1. 用邻苯二甲酸氢钾和草酸作基准物质有何区别？
2. 若测定的有机酸水溶性较差，应如何处理？
3. 如何配制不含 CO_2 的 NaOH 溶液？如何消除滴定时溶液因吸收 CO_2 而带来的影响？

实验 5.5 甲醛法测定铵盐中氮的含量

实验目的

1. 掌握甲醛法测定铵盐中氮含量的方法原理。
2. 了解甲醛法测定铵盐中氮的特点。
3. 了解滴定方式改变对分析方法的影响。

方法原理

铵盐是一类常用的无机化肥。由于 NH_4^+ 的酸性太弱（$K_a = 5.6\times10^{-10}$），故无法用 NaOH 标准溶液直接滴定。铵盐与甲醛作用，可定量地生成六亚甲基四铵盐和 H^+，反应方程式如下：

$$4NH_4^+ + 6HCHO = (CH_2)_6N_4H^+ + 6H_2O + 3H^+$$

由于生成的 $(CH_2)_6N_4H^+$（$K_a = 7.1\times10^{-6}$）和 H^+ 可用 NaOH 标准溶液滴定，滴定终点生成 $(CH_2)_6N_4$ 是弱碱，故突变在弱碱性范围，应用酚酞作指示剂，溶液呈微红色即为终点。

由上述反应可知，1 mol NH_4^+ 相当于 1 mol H^+。

如果试样中含有游离酸，加甲醛之前应先以甲基橙为指示剂，用 NaOH 中和至溶液呈黄色。

甲醛法准确度差，但方法快速，故生产实际中应用较广，适用于强酸铵盐的测定。

试剂与仪器

1. 主要试剂：

① NaOH 标准溶液：0.1 mol·L^{-1}。

② 酚酞指示剂：0.5%乙醇溶液。

③ 甲醛溶液：20%。甲醛中常含有微量酸，应事先除去，方法如下：取原瓶装甲醛上层清液于烧杯中，加水稀释一倍，加入 2～3 滴 0.5%酚酞指示剂，用 NaOH 溶液滴定至甲醛溶液呈现微红色。

④ 邻苯二甲酸氢钾：100～125 ℃干燥备用。

2. 主要仪器：

① 滴定管：1 支。

② 移液管：25 mL 1 支。

③ 锥形瓶：250 mL 3 个。

④ 烧杯:100 mL 1个。
⑤ 量筒:100 mL、10 mL 各1个。
⑥ 容量瓶:250 mL 1个。
⑦ 洗耳球: 1个。
⑧ 洗瓶:1个。

实验步骤

1. 0.1 mol·L^{-1} NaOH 的标定:准确称取0.4～0.6 g邻苯二甲酸氢钾三份,分别放入250 mL锥形瓶中,加20～30 mL热水溶解后,加入2滴0.5%酚酞指示剂,用NaOH溶液滴定至溶液呈现微红色即为终点,平行标定三份。计算NaOH标准溶液的量浓度,并将数据填入表5.9中。

表5.9　NaOH溶液的标定

$W_{KHC_8H_4O_4}$(g)			
V_{NaOH}(mL)			
c_{NaOH}(mol·L^{-1})			
d_i			
$\bar{c}_{NaOH}$(mol·L^{-1})			

2. 化肥试样中氮的测定:准确称取试样3～4 g于100 mL小烧杯中,加入少量水使之溶解,将溶液定量转移至250 mL容量瓶中,用水稀释至刻度摇匀。平行移取三份25.00 mL试液于250 mL锥形瓶中,加入10 mL预先中和好的20%甲醛溶液,加酚酞指示剂2滴,充分摇匀。放置5 min后,用NaOH标准溶液滴定至溶液呈现粉红色30 s不褪色即为终点。计算氮的含量,并将数据填入表5.10中。

表5.10　化肥试样中氮的测定

$W_{试样}$(g)				
$V_{试液体积}$(mL)				
V_{NaOH}(mL)				
氮含量(%)				
E_i				

注意事项

1. 加入甲醛的量要适当,否则会影响实验结果。
2. 加甲醛时,要边摇边加,防止局部酸化。
3. 中和甲醛时要控制好滴定终点,否则会直接影响后面的滴定体积大小。

思考题

1. 本方法测定氮时,为什么不用碱标准溶液直接滴定?
2. 加入甲醛的作用是什么?
3. $(NH_4)_2SO_4$、NH_4NO_3、NH_4Cl、NH_4HCO_3是否都可用本方法测定?为什么?
4. 可否用返滴定法测定铵盐的浓度?

实验5.6　直接酸碱滴定法滴定样品中的磷

实验目的

1. 了解用酸碱滴定法测定磷的原理。
2. 学会具体选择实验方法。
3. 学会灵活地利用酸碱理论知识来设计测定磷的方法。

方法原理

磷的测定方法有重量法、滴定法和比色法,其中滴定法应用较多。本实验是采用直接酸碱滴定法测磷。其原理是先利用甲基橙作指示剂,用碱滴定,以消除其他盐存在对磷测定的影响。然后再利用酚酞作指示剂,用碱标准溶液滴定。滴定反应如下:

$$KH_2PO_4 + NaOH \xlongequal{} KNaHPO_4 + H_2O$$

试剂与仪器

1. 主要试剂:

① NaOH溶液:0.10 mol·L^{-1}。

② HCl溶液:0.10 mol·L^{-1}。

③ 磷标准溶液:1.000 mg·mL^{-1}(用磷酸二氢钾配制)。

④ 酚酞指示剂:0.5%乙醇溶液。

⑤ 甲基橙指示剂:0.2%水溶液。

⑥ 邻苯二甲酸氢钾(基准物质):100~125 ℃干燥备用。

2. 主要仪器:

① 滴定管:1支。

② 移液管:25 mL 1支。

③ 锥形瓶:250 mL 3个。

④ 烧杯:100 mL 1个。

⑤ 量筒:100 mL、10 mL 各1个。

⑥ 容量瓶:250 mL 1个。

⑦ 洗耳球:1个。

⑧ 洗瓶:1个。

实验步骤

1. 0.1 mol·L^{-1} NaOH的标定：

准确称取0.4～0.6 g邻苯二甲酸氢钾三份，分别放入250 mL锥形瓶中，加20～30 mL热水溶解后，加入2滴0.5%酚酞指示剂，用NaOH溶液滴定至溶液呈现微红色即为终点，平行标定三份。计算NaOH标准溶液的量浓度，并将数据填入表5.11中。

表5.11 NaOH溶液的标定

$W_{KHC_8H_4O_4}$ (g)				
V_{NaOH} (mL)				
c_{NaOH} (mol·L^{-1})				
d_i				
$\bar{c}_{NaOH}$ (mol·L^{-1})				

2. 实验方法：移取一定量磷标准液于250 mL烧杯中，用水稀释至100 mL，加10 mL 0.10 mol·L^{-1}盐酸溶液，加热煮沸，再冷却后加2滴甲基橙指示剂，用0.10 mol·L^{-1}的氢氧化钠标准溶液滴定至终点。再加5滴酚酞指示剂，用氢氧化钠标准溶液滴至红色为终点。由加酚酞后消耗的氢氧化钠标液的体积计算磷的含量。

3. 样品分析：称样0.500 g于250 mL烧杯中，加10 mL 0.10 mol·L^{-1} HNO_3及5 mL 0.10 mol·L^{-1} HCl，低温蒸发至不再冒烟。取下，冷却后用水冲洗烧杯壁，加水稀释至溶液体积为100 mL。加热煮沸，再冷却后加2滴甲基橙指示剂，用0.10 mol·L^{-1}的氢氧化钠标准溶液滴定至终点。再加5滴酚酞指示剂，用氢氧化钠标准溶液滴至红色为终点。由加酚酞后消耗的氢氧化钠标液的体积计算磷的含量，并将数据填入表5.12中。

表5.12 样品中磷的测定

$W_{含磷样品}$ (g)				
V_{NaOH} (mL)				
磷含量(%)				
E_i				

注意事项

1. 最好选用磷酸二氢钾作磷基准物质来配制磷标准溶液。
2. 若加入甲基橙即为黄色，注意选用的实验方法就要改变。

思考题

1. 本实验中为什么要采用甲基橙指示剂？
2. 本实验与测定烧碱或纯碱的双指示剂法有何不同？
3. 为什么要采用硝酸而不是直接用盐酸来溶解样品？

4. 什么情况下,本法不宜采用?

实验 5.7 乙酰水杨酸含量的测定

实验目的

1. 了解复杂体系中酸碱滴定法的应用。
2. 掌握药物样品的处理方法。
3. 学会如何做空白实验。

方法原理

乙酰水杨酸(阿司匹林)是最常用的药物之一。它是有机弱酸($pK_a=3.0$),结构式为

$$C_6H_4(COOH)(OCOCH_3)$$

摩尔质量为 180.16 $g \cdot mol^{-1}$,微溶于水,易溶于乙醇。在 NaOH 或 Na_2CO_3 等强碱性溶液中溶解并分解为水杨酸(即邻羟基苯甲酸)和乙酸盐:

$$C_6H_4(COOH)(OCOCH_3) \longrightarrow C_6H_4(COOH)(OH) + CH_3COONa$$

由于它的 pK_a 较小,以酚酞为指示剂,可用 NaOH 溶液直接滴定。为了防止乙酰基水解,应在 10 ℃以下的中性冷乙醇介质中进行滴定,滴定反应为

$$C_6H_4(COOH)(OCOCH_3) + NaOH \longrightarrow C_6H_4(COONa)(OCOCH_3) + H_2O$$

直接滴定法适用于乙酰水杨酸纯品的测定。而药片中一般都混有淀粉等不溶物,在冷乙醇中不易溶解完全,不宜直接测定,但可以利用上述水解反应,采用返滴定法测定。即在样品中加入过量的 NaOH 标准溶液,加热一定时间使乙酰基水解完全,再用盐酸标准溶液滴定剩余的氢氧化钠,同时做空白实验。在这一滴定中,1 mol 乙酰水杨酸消耗 2 mol NaOH。

试剂与仪器

1. 主要试剂:

① 草酸 ($H_2C_2O_2 \cdot 2H_2O$):AR。

② NaOH:AR。

③ HCl 溶液:6 $mol \cdot L^{-1}$。

④ 乙醇(CH_3CH_2OH):95%。

⑤ 酚酞溶液：0.5%（乙醇溶液）。

2. 主要仪器：

① 滴定管：1支。

② 瓷研钵：直径75 mm，洗净晾干，配备药勺。

③ 锥形瓶：250 mL 3个。

④ 烧杯：500 mL、100 mL各1个。

⑤ 量筒：100 mL、20 mL各1个。

⑥ 试剂瓶：500 mL玻璃瓶、塑料瓶各1个。

实验步骤

1. 配制0.10 mol・L^{-1}的HCl溶液400 mL，用碳酸钠作基准物质标定，详见实验5.3。

2. 配制0.10 mol・L^{-1}的NaOH溶液500 mL，用邻苯二甲酸氢钾作基准物质标定，详见实验5.4。

3. 乙醇的预中和：量取约60 mL乙醇置于100 mL烧杯中，加入2滴酚酞指示剂，在搅拌下滴加0.1 mol・L^{-1}的NaOH溶液至刚刚出现微红色，盖上表面皿，泡在冰水中。

4. 乙酰水杨酸（晶体）纯度的测定：准确称取试样约0.4 g，置于干燥的锥形瓶中，加入20 mL中性冷乙醇。摇动溶解后立即用NaOH标准溶液滴定至微红色为终点。平行滴定三份，计算试样的纯度（%）。三次滴定结果的极差应不大于0.3%，以其平均值为最终结果。

5. 乙酰水杨酸药片的测定。

① 样品测定：从教师处领取四粒药片，称量其总量（准至0.001 g）。在瓷研钵中将药片充分研细并混匀，转入称量瓶中。准确称取0.4±0.05 g药粉置于锥形瓶中。加入40.00 mL NaOH标准溶液，盖上表面皿。轻轻摇动后放在水浴上用蒸汽加热15±2 min，其间摇动两次并冲洗瓶壁一次。迅速用自来水冷却，然后加入2滴酚酞溶液，立即用0.1 mol・L^{-1}的HCl溶液滴定至红色刚刚消失为终点。平行测定三份。

② NaOH标准溶液与HCl溶液体积比的测定：在锥形瓶中加入20.00 mL NaOH标准溶液和20 mL水，在与测定药粉相同的实验条件下进行加热、冷却和滴定。平行测定三份，计算V_{NaOH}/V_{HCl}值。

③ 计算测定结果：分别计算药粉中乙酰水杨酸的含量（%）和每片药中乙酰水杨酸的含量（g/片）。

注意事项

1. 实验步骤5中②也是一种空白试验。由于NaOH溶液在加热过程中会受空气中CO_2的干扰，给测定造成一定程度的系统误差（可称为空白值），而在与测定样品相同的条件下滴定两种溶液的体积比，就可以基本上扣除空白。

2. 在水浴上加热的时间以及冷却时间都要一致。

3. 学生可以自带样品进行分析。

思考题

1. 称取纯品试样（晶体）时，所用锥形瓶为什么要干燥？

2. 在测定药片的实验中，为什么 1 mol 乙酰水杨酸消耗 2 mol NaOH，而不是 3 mol NaOH？回滴后的溶液中，水解产物的存在形式是什么？

3. 请列出计算药粉中乙酰水杨酸含量的关系式。

4. 对水溶性差的有机酸样品的分析，你认为应该注意哪些问题？

实验 5.8 食品中总酸和氨基酸(氮)的测定

实验目的

1. 掌握食品中总酸的测定方法。
2. 掌握食品中氨基酸(氮)的测定原理和方法
3. 了解复杂体系中指示终点的判别方法。

方法原理

食品中酸性物质以弱酸(如羧酸)为主，羧酸基团电离度较小，未电离的羧酸基团会随着溶液 pH 的升高而释放 H^+。总酸度是指用酚酞作指示剂(无色 8.0～红 9.6)，氢氧化钠标准溶液作滴定剂，测出使羧酸基团内 H^+ 完全解离时所得的食品酸度。

氨基酸具有酸、碱两重性质，因为氨基酸含有—COOH 显示酸性，又含有$-NH_2$显示碱性。这两个基团的相互作用，使氨基酸成为中性的内盐。当加入甲醛溶液时，$—NH_2$与甲醛结合，其碱性消失，破坏内盐的存在，就可用麝香草酚蓝指示剂作指示剂(黄 8.0～蓝9.6)，氢氧化钠标准溶液来滴定—COOH，以间接方法测定氨基酸的量。相关反应如下：

$$NH_3^+-CH(R)-COO^-+2HCHO=N(CH_2OH)_2-CH(R)-COO^-+H^+$$

试剂与仪器

1. 主要试剂：

① NaOH 溶液：0.05 $mol \cdot L^{-1}$。

② 麝香草酚蓝指示剂：0.4%乙醇溶液。

③ 甲醛溶液：1.0%水溶液。

④ 酚酞指示剂：1.0%乙醇溶液。

2. 主要仪器：

① 移液管：5.0 mL 一支。

② 滴定管：50 mL 一支。

③ 量筒：10 mL、100 mL 各一支。

④ 锥形瓶：250 mL 三个。

实验步骤

吸取 5.0 mL 酒样加入不含二氧化碳的蒸馏水 100 mL，加入酚酞指示剂数滴，即以氢氧化钠标准溶液滴定到微显粉红色(并且30 s不褪色),记录V_1;再加入10 mL 36%甲醛,加入麝香草酚蓝指示剂1 mL,用0.05 mol・L^{-1}氢氧化钠标准溶液滴定至蓝紫色(pH=9.2),记录加入甲醛后滴定所消耗0.05 mol・L^{-1}氢氧化钠标准溶液的mL数,记录V_2。

同时做一试剂空白,即取水100 mL,加酚酞指示剂3滴,用0.05 mol・L^{-1}氢氧化钠标准溶液中和,记V_0,精密加入甲醛10 mL、麝香草酚蓝指示剂1 mL,用0.05 mol・L^{-1}氢氧化钠标准溶液滴至蓝紫色(pH=9.2),记录消耗0.05 mol・L^{-1}氢氧化钠标准溶液的体积(mL),记为V_0'。

计算:

$$总酸(以乳酸计,g\cdot L^{-1}) = \frac{(V_1 - V_0)c \times 0.090}{V_{样}} \times 1000$$

$$氨基酸态氮(以氮计,g\cdot L^{-1}) = \frac{(V_2 - V'_0)c \times 0.014}{V_{样}} \times 1000$$

注意事项

1. 加入指示剂的量要适宜,过多或过少都不易辨认终点。
2. 甲醛溶液在使用前需中和。
3. 若测定时样品的颜色较深,应加活性炭脱色之后再滴定。

思考题

1. 若样品中含有铵盐,该如何消除其影响?
2. 如甲醛中含有少量的甲酸,应如何处理?
3. 甲醛法测定酱油中的氨基酸为何滴定终点不明显?
4. 酚酞的变色点与麝香草酚蓝很相近,为何不直接用酚酞作指示剂滴定氨基酸?
5. 若铵盐中含有游离酸,滴定终点的颜色应如何判断?

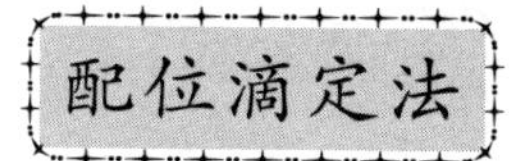

实验5.9　配位滴定法测定钙、镁

实验目的

1. 掌握EDTA的配制和使用方法。
2. 掌握配位滴定测定钙和镁的基本原理。
3. 了解EBT和钙指示剂的特点。

方法原理

EDTA滴定Ca^{2+}、Mg^{2+}的方法较多,通常根据被测物质复杂程度的不同而采用不同的分析方法。本实验采用直接滴定法。

调节试液的pH≈10,用EDTA滴定Ca^{2+}、Mg^{2+}总量,此时Ca^{2+}、Mg^{2+}均与EDTA形成1∶1配合物。

$$H_2Y^{2-}+Ca^{2+} \rightleftharpoons CaY^{2-}+2H^+$$
$$H_2Y^{2-}+Mg^{2+} \rightleftharpoons MgY^{2-}+2H^+$$

滴定时以铬黑T为指示剂,在pH≈10的缓冲溶液中,指示剂与Mg^{2+}生成紫红色配合物,当用EDTA滴定到化学计量点时,游离出指示剂溶液显蓝色。

另取一份试液,调节pH≈12,此时Mg^{2+}生成$Mg(OH)_2$沉淀,故可以用EDTA单独滴定Ca^{2+}。当试液中Mg^{2+}的含量较高时,形成大量的$Mg(OH)_2$沉淀吸附钙,从而使钙的结果偏低,镁的结果偏高,加入糊精可基本消除吸附现象。

滴定时溶液中Fe^{3+}、Al^{3+}等干扰测定,可用三乙醇胺掩蔽。Cu^{2+}、Zn^{2+}、Pb^{2+}等的干扰可用Na_2S掩蔽。

试剂与仪器

1. 主要试剂:

① EDTA溶液:0.02 mol·L^{-1}。

称取EDTA二钠盐($Na_2H_2Y \cdot 2H_2O$) 4 g于250 mL烧杯中,用50 mL水微热溶解后稀释至500 mL。如溶液需久置,最好将溶液存于聚乙烯瓶中。

② 氨-氯化铵缓冲溶液:称取固体氯化铵67 g,溶于少量水中,加浓氨水570 mL,用水稀释至1 L。

③ HCl溶液:1∶1。

④ NaOH溶液:20%。

⑤ 铬黑T指示剂:0.5 g铬黑T和50 g氯化钠研细混匀。

⑥ 钙指示剂:0.5 g钙指示剂和50 g氯化钠研细混匀。

2. 主要仪器:

① 滴定管:1支。

② 移液管:25 mL 2支。

③ 锥形瓶:250 mL 3个。

④ 烧杯:250 mL 3个。

⑤ 量筒:100 mL、25 mL、10 mL各1个。

⑥ 试剂瓶:500 mL塑料瓶1个。

⑦ 表面皿:3块。

⑧ 容量瓶:250 mL 1个。

实验步骤

1. 0.02 mol·L^{-1}EDTA溶液的标定。

标定EDTA溶液的基准物质很多,为了减少方法误差,故选用基准$CaCO_3$进行标定,其方法如下:

准确称取基准$CaCO_3$(110 ℃烘2 h)0.5~0.6 g(准确到0.1 mg)于250 mL烧杯中,用

少量水润湿，盖上表面皿，由烧杯口慢慢加入 10 mL 1∶1 盐酸溶液，溶解后，将溶液定量转入 250 mL 容量瓶中，用水稀至刻度，摇匀。

移取 25.00 mL 上述溶液于 250 mL 锥形瓶中，加入 70～80 mL 水，加 20%的 NaOH 溶液 5 mL，加少量钙指示剂，用 0.02 $mol \cdot L^{-1}$ EDTA 标准溶液滴定至溶液由紫红色变为纯蓝色即为终点。平行标定三份，计算出 EDTA 溶液的浓度。

2. 白云石中钙、镁的分析。

称取 0.5～0.6 g 白云石(视试样中钙、镁含量多少而定)试样于 250 mL 烧杯中，用 1∶1 HCl 10～20 mL 加热溶解至只剩下白色硅渣，冷却后定量转移至 250 mL 容量瓶中，用水稀释至刻度，摇匀，备用。

取上述样品溶液 25.00 mL 于 250 mL 锥形瓶中，加入 70～80 mL 水，摇匀，加入 pH＝10 的碱性缓冲溶液 10 mL，少量铬黑 T 指示剂，用 EDTA 标准溶液滴定至纯蓝色为终点。平行滴定三份，计算钙、镁、总量。另取上述溶液 25.00 mL，加入 70～80 mL 水，20% NaOH 5 mL及少量钙指示剂，用 EDTA 标准溶液滴定至纯蓝色为终点。平行测三份，计算钙的含量，依此结果计算镁的量。若白云石中含有铁、铝，需先在酸性时加入 5 mL 1∶2 三乙醇胺，再按分析步骤分别滴定 Ca^{2+}、Mg^{2+} 的总含量及 Ca^{2+} 的含量。

若试样中镁的含量较高，在滴定 Ca^{2+} 时先加入 10～15 mL 5%糊精溶液，再调节酸度至 pH≈12，最后按其分析步骤进行滴定。

注意事项

1. 加入指示剂的量要适宜，过多或过少都不易辨认终点。
2. 用铬黑 T、钙指示剂、EDTA 作滴定剂时，终点颜色均是由红色到蓝色，但从蓝紫色到蓝有时难以辨别，容易滴定过量。
3. 滴 Ca^{2+} 时接近终点要缓慢，并充分摇动溶液，避免 $Mg(OH)_2$ 沉淀吸附 Ca^{2+} 而引起钙结果偏低。

思考题

1. 标定 EDTA 时，加 NaOH 起什么作用?
2. 本实验中，可否有其他缓冲液能替代氨-氯化铵缓冲溶液?
3. 本实验中，终点颜色变化不是很敏锐，你认为可解决的办法是什么?
4. 本实验中，采用的都是固体指示剂，可否将铬黑 T 配制成溶液使用?
5. 你可否利用络合滴定法设计一种新的测定钙和镁的方法?

实验 5.10　铋、铅混合液中 Bi^{3+}、Pb^{2+} 的连续滴定

实验目的

1. 掌握利用控制 pH 选择性滴定的原理。
2. 掌握配位滴定连续测定金属离子的方法。

3. 了解高价金属离子水解对滴定的影响。

方法原理

Bi^{3+}和Pb^{2+}均能与EDTA形成稳定的1∶1配合物，lg K 分别为27.94和18.04。根据混合离子分步滴定的条件：当$c_{M_1}=c_{M_2}$时，TE为±0.1%，ΔpM为±0.2时，则需$\Delta \lg K_{MY} \geqslant 6$。而BiY与PbY两者的稳定常数相差很大，故可利用控制pH分别进行滴定。通常在pH≈1时滴定Bi^{3+}，pH在5～6时滴定Pb^{2+}。

在pH≈1时，以二甲酚橙作指示剂，Bi^{3+}与二甲酚橙形成紫红色配合物（Pb^{2+}在此条件下不与指示剂作用），用EDTA滴定至溶液突变为亮黄色即为Bi^{3+}的终点。在此溶液中加入六亚甲基四胺，调节溶液的pH为5～6，此时Pb^{2+}与二甲酚橙形成紫红色配合物，用EDTA滴定至溶液再变为亮黄色即为Pb^{2+}的终点。

试剂与仪器

1. 主要试剂：

① EDTA溶液：0.02 mol・L^{-1}。

称取EDTA二钠盐（$Na_2H_2Y \cdot 2H_2O$）4 g于250 mL烧杯中，用50 mL水微热溶解后稀释至500 mL。如溶液需久置，最好将溶液存于聚乙烯瓶中。

② 铅标准溶液：0.02 mol・L^{-1}。

准确称取干燥的分析纯$Pb(NO_3)_2$ 1.6～1.9 g置于100 mL烧杯中，加入1∶3 HNO_3 1滴，加水溶解后，定量转移至250 mL容量瓶中，用水稀释至刻度，计算铅标准溶液的浓度（mol・L^{-1}）。

③ 二甲酚橙：0.2%水溶液。

④ 六亚甲基四胺：20%水溶液。

⑤ HNO_3：1∶3。

2. 主要仪器：

① 滴定管：1支。

② 移液管：25 mL 2支。

③ 锥形瓶：250 mL 3个。

④ 烧杯：250 mL 2个、100 mL 1个。

⑤ 量筒：100 mL、25 mL、10 mL各1个。

⑥ 容量瓶：250 mL 1个。

实验步骤

1. EDTA溶液的标定：

移取25.00 mL铅标准溶液于250 mL锥形瓶中，加入0.2%二甲酚橙指示剂2滴，加入20%六亚甲基四胺溶液调至溶液呈现稳定的紫红色后，再过量5 mL，用EDTA标准溶液滴定至溶液由紫红色变为亮黄色即为终点。根据滴定所用去的EDTA毫升数和铅标准溶液的浓度计算 EDTA 的浓度($mol \cdot L^{-1}$)。

2. 铋、铅的连续滴定：

移取试液 25.00 mL 于 250 mL 锥形瓶中，加入水 25 mL、0.2%二甲酚橙指示剂 1 滴，用 EDTA 标准溶液滴定至溶液由紫红色变为亮黄色即为测定 Bi^{3+} 的终点。根据所耗 EDTA 的毫升数及 EDTA 的浓度计算试液中 Bi^{3+} 的含量($mg \cdot mL^{-1}$)。

在滴定 Bi^{3+} 后的溶液中，补加二甲酚橙指示剂 1 滴，用 20%六亚甲基四胺溶液调至溶液呈现稳定的紫红色后，再过量 5 mL，此时溶液的 pH 为 5～6，再用 EDTA 滴定至溶液由紫红色变为亮黄色，即为测定的终点。根据所耗 EDTA 溶液的毫升数及 EDTA 的浓度计算试液中 Pb^{2+} 的含量($mg \cdot mL^{-1}$)。

注意事项

1. 滴定 Bi^{3+} 时，若酸度过低，Bi^{3+} 将水解，产生白色浑浊。
2. 滴定至近终点时，滴定速度要慢，并充分摇动溶液，以免滴过终点。
3. 铋、铅混合液配在 0.3 $mol \cdot L^{-1}$ 硝酸介质中，若酸浓度小，铋容易水解。

思考题

1. 滴定 Pb^{2+} 以前为何要调节 pH 为 5～6？为什么要用六亚甲基四胺($K_b = 1.4 \times 10^{-9}$)而不用氨或碱来中和溶液里的酸？
2. 若用氨或碱来中和溶液里的酸，然后再用醋酸-醋酸钠做缓冲液控制 pH 是否可以？
3. 标定时，可否采用铅标准溶液滴定 EDTA？
4. 配制 Bi^{3+} 溶液时，为了避免其水解，应该如何处理？
5. Bi^{3+} 很容易水解，即使在 pH 较小的盐酸或硝酸介质中，如何解决 Bi^{3+} 水解对滴定结果带来的影响？

实验 5.11　返滴定法测定铝

实验目的

1. 掌握络合滴定中返滴定法的基本原理。
2. 了解基准物质在定量分析中的作用及使用方法。
3. 了解利用指示剂控制 pH 调节的方法。

方法原理

试样用水溶解后，加入过量的 EDTA 标准溶液，在 pH 近 3.5 时煮沸，使 Al^{3+} 与 EDTA 配位完全，再调节溶液的 pH 至 5～6，以二甲酚橙作指示剂，用 Zn^{2+} 标准溶液滴定过量的 EDTA。根据两标准溶液所耗体积可求得铝的含量。

试剂与仪器

1. 主要试剂:

① HNO_3:1∶1。

② 氨水:1∶1。

③ 六亚甲基四胺:20%水溶液。

④ 二甲酚橙:0.2%水溶液。

⑤ EDTA 溶液:0.02 mol·L^{-1}。

称取 EDTA 二钠盐($Na_2H_2Y \cdot 2H_2O$) 4 g 于 250 mL 烧杯中,用 50 mL 水微热溶解后稀释至 500 mL。如溶液需久置,最好将溶液存于聚乙烯瓶中。

⑥ 锌标准溶液:0.02 mol·L^{-1}。

准确称取干燥的锌粒(≤20 目,纯度≥99.8%)0.30~0.35 g 置于 100 mL 小烧杯中,加入 3 mL 1∶1 HCl 溶解,定量转移至 250 mL 容量瓶中,用水稀释至刻度,计算锌标准溶液的浓度(mol·L^{-1})。

2. 主要仪器:

① 滴定管:1 支。

② 移液管:50 mL、25 mL 各 1 支。

③ 锥形瓶:250 mL 3 个。

④ 烧杯:500 mL、100 mL 各 1 个。

⑤ 量筒:100 mL、50 mL、10 mL 各 1 个。

⑥ 试剂瓶:500 mL 塑料瓶 1 个。

⑦ 容量瓶:250 mL 1 个。

实验步骤

1. EDTA 溶液的标定:

移取 25.00 mL EDTA 溶液于 250 mL 锥形瓶中,加水 50 mL,加入 2 滴二甲酚橙、5 mL 20% 六亚甲基四胺,用 1∶1 HNO_3 调至刚变亮黄,用锌标准溶液滴定至红紫色。平行标定三份。求出 EDTA 溶液的浓度(mol·L^{-1})。

2. 试样分析:

准确称取 0.24~0.26 g 试样三份(其中由老师称两份),分别置于 250 mL 锥形瓶中,加水 25 mL 溶解,再加入 EDTA 标准溶液 50.00 mL、二甲酚橙 1 滴,摇匀,用 1∶1 氨水调至溶液显紫红色,再用 1∶1 HNO_3 调至刚变亮黄,并过量 2 滴。煮沸 5 min。冷却后补加二甲酚橙 1 滴、六亚甲基四胺 5 mL,再用 1∶1 HNO_3 调至刚变亮黄,用锌标准溶液滴定至红紫色即为终点。计算试样中铝的质量百分数。

注意事项

1. 滴定前需用 1∶1 HNO_3 调节酸度至溶液刚变亮黄,此时 HNO_3 不能加入过多,否则溶液酸度过高,将没有终点出现。

2. 试样分析时，加入 EDTA 和二甲酚橙后，都要充分摇动溶液，使溶液混匀，否则加氨水调 pH 时，会有铝-二甲酚橙络合物形成。

3. 二甲酚橙变色敏锐，但使用时一定要注意 pH 的控制。

思考题

1. 采用本方法时，加热煮沸的目的是什么？
2. 标定时，可否用 EDTA 来滴定硝酸锌标准溶液？
3. 铝与 EDTA 反应速度慢的原因是什么？
4. 可否用酸碱滴定法测定明矾中的铝？为什么？
5. 若测定铝合金中的铝可否用返滴定法？

实验 5.12　铜合金中铜的配位置换滴定法

实验目的

1. 掌握络合滴定中置换滴定法的基本原理。
2. 了解络合滴定中提高选择性的基本方法。
3. 进一步理解软硬酸规则中反应控制的作用。

方法原理

先将 Cu^{2+} 在 pH＝5～6 的介质中与过量的 EDTA 反应，未反应的 EDTA 用 Zn^{2+} 滴定完全。再用 H_2SO_4 调至 pH＝1～2，加一定量的抗坏血酸和硫脲破坏 Cu-EDTA 螯合物，再调 pH＝5～6，用 Zn^{2+} 标准溶液滴定释放出来的 EDTA 到紫红色即为终点。

$$Cu^{2+} + H_2Y^{2-}(\text{过量}) \longrightarrow CuY^{2-} + 2H^+ + H_2Y^{2-}(\text{剩余})$$

$$Zn^{2+} + H_2Y^{2-}(\text{剩余}) \longrightarrow ZnY^{2-} + 2H^+$$

$$\underset{}{Zn^{2+}} + \underset{\text{黄色}}{XO^{4-}} \longrightarrow \underset{\text{红色}}{ZnXO^{2-}}$$

$$CuY^{2-} + SC(NH_2)_2 + C_6H_8O_6 + 2H^+ \longrightarrow 2Cu[SC(NH_2)_2]_3^+ + C_6H_6O_6 + H_2Y^{2-}$$

$$Zn^{2+} + H_2Y^{2-}(\text{置换的}) \longrightarrow ZnY^{2-} + 2H^+$$

$$Zn^{2+} + \underset{\text{黄色}}{XO^{4-}} \longrightarrow \underset{\text{红色}}{ZnXO^{2-}}$$

试剂与仪器

1. 主要试剂：

① EDTA 溶液：0.02 mol・L^{-1}。

称取 EDTA 二钠盐（$Na_2H_2Y \cdot 2H_2O$）4 g 于 500 mL 烧杯中，用 50 mL 水微热溶解后

稀释至 500 mL。如溶液需久置，最好将溶液存于聚乙烯瓶中。

② 六亚甲基四胺：20%水溶液。

③ 二甲酚橙(XO)：0.2%水溶液。

④ Zn^{2+} 标准溶液：0.02 mol·L^{-1}(见实验 5.11)。

⑤ 硫脲：4%水溶液。

⑥ 抗坏血酸：AR。

⑦ H_2SO_4：1∶2。

⑧ HNO_3：1∶3。

⑨ HCl：1∶1。

2. 主要仪器：

① 滴定管：1 支。

② 移液管：25 mL、10 mL 各 1 支。

③ 锥形瓶：250 mL 3 个。

④ 烧杯：500 mL、100 mL 各 1 个。

⑤ 量筒：100 mL、25 mL、10 mL 各 1 个。

⑥ 试剂瓶：500 mL 塑料瓶 1 个。

⑦ 容量瓶：250 mL、50 mL 各 1 个。

实验步骤

称取铜合金 0.24～0.26 g 于 250 mL 锥形杯中，加 1∶3 HNO_3 10 mL，加热溶解并蒸至小体积(1～2 mL)，用少量水冲洗杯壁，定量转移到 50 mL 容量瓶中，用水稀至刻度，摇匀。取此样品溶液10.00 mL，加 0.02 mol·L^{-1} EDTA 45 mL、水 25 mL、20%六亚甲基四胺 5 mL、0.2% XO 2 滴，用 Zn^{2+} 标液滴定到突变为蓝紫色[①]。用 1∶2 H_2SO_4(30 滴左右)调至 pH=1～2，加0.5 g抗坏血酸、4%硫脲 25 mL，放置 10 min，加 20%六亚甲基四胺 25 mL，用 Zn^{2+} 标准溶液滴到突变为紫红色为终点，并由此计算铜合金中铜的质量百分数。

注意事项

1. 若锌粒溶解速度慢，可小火加热，加速溶解。
2. 溶解铜合金时，最后残留的硝酸一定要控制在小体积(1～2 mL)。
3. 铜-EDTA 络合物的置换反应一定要完全，否则测定误差较大。

思考题

1. 用硝酸溶解试样时，为何溶解完后要蒸至小体积？
2. 第一个颜色突变时的体积是否对最后结果有影响？
3. 为何在加抗坏血酸和硫脲之前要加 1∶2 H_2SO_4 调 pH 在 1～2 之间？

---

① $Zn(NO_3)_2$标准溶液的配制见实验 5.11。

4. 在本实验中，加入抗坏血酸和硫脲的作用是什么？
5. 在络合滴定中，置换法的作用是什么？

实验 5.13　Zn^{2+}、Pb^{2+}、Ca^{2+}、Mg^{2+} 的连续滴定

实验目的

1. 了解多元络合物的变色原理。
2. 了解混合掩蔽剂在滴定分析中的应用。
3. 了解表面活性剂对络合物反应的影响。

方法原理

先取一份试液，调 pH＝5～6，用二甲酚橙（XO）作指示剂，用 EDTA 滴到黄色（Zn^{2+}、Pb^{2+} 总量）加 2 mL 1% 溴化十六烷基三甲铵（CTMAB），待黄色褪去至近无色，再调 pH≈10，溶液又变为红色，用 EDTA 滴定至近无色（Ca^{2+}、Mg^{2+} 总量）。

另取一份试液，加入邻菲啰啉乙醇溶液，调 pH＝5.5～6.0，用 XO 作指示剂，用 EDTA 滴到刚变黄色（Pb^{2+} 量），加 1% CTMAB 2 mL，黄色褪去至近无色，再调 pH≈10，溶液又变为红色，用乙酰丙酮等混合掩蔽，用 EDTA 滴定近无色（Ca^{2+} 量）。

由此两份溶液的滴定体积，即可分别求出 Zn^{2+}、Pb^{2+}、Ca^{2+}、Mg^{2+} 各自的含量。

试剂与仪器

1. 主要试剂：

① EDTA 溶液：0.02 $mol \cdot L^{-1}$。

称取 EDTA 二钠盐（$Na_2H_2Y \cdot 2H_2O$）4 g 于 500 mL 烧杯中，用 50 mL 水微热溶解后稀释至 500 mL。如溶液需久置，最好将溶液存于聚乙烯瓶中。

② $CaCO_3$ 标准溶液：准确称取基准 $CaCO_3$（110 ℃烘 2 h）0.5～0.6 g（准确到 0.1 mg）于 250 mL 烧杯中，用少量水润湿，盖上表面皿，由烧杯口慢慢加入 10 mL 1∶1 盐酸溶液溶解后，将溶液定量转入 250 mL 容量瓶中，用水稀至刻度，摇匀。

③ NH_3-NH_4Cl 缓冲溶液：pH＝10.0。

称取固体氯化铵 67 g，溶于少量水中，加浓氨水 570 mL，用水稀释至 1 L。

④ 二甲酚橙：0.2%水溶液或 0.5 g XO 和 50 g KCl 研细磨均的固体指示剂。

⑤ CTMAB：称 1.0 g CTMAB 溶于乙醇中，用水稀至 100 mL。

⑥ 六亚甲基四胺：20%水溶液。

⑦ 乙酰丙酮：1∶1。

⑧ 酒石酸钾钠：5%水溶液。

⑨ 三乙醇胺：1∶2。

⑩ 邻菲啰啉：2%、4%乙醇溶液。

2. 主要仪器：

① 滴定管：1 支。

② 移液管：25 mL 1 支。

③ 锥形瓶：250 mL 3 个。

④ 烧杯：1 L、500 mL、100 mL 各 1 个。

⑤ 量筒：100 mL、10 mL 各 1 个。

⑥ 试剂瓶：500 mL 塑料瓶 1 个。

⑦ 容量瓶：250 mL 1 个。

实验步骤

1. 0.02 mol·L^{-1} EDTA 溶液标定：

移取 25.00 mL $CaCO_3$ 标准溶液于 250 mL 锥形瓶中，加入 70～80 mL 水，加 20%的 NaOH 溶液 5 mL，加少量钙指示剂，用 0.02 mol·L^{-1} EDTA 标准溶液滴定至溶液由紫红色变为纯蓝色即为终点。平行标定三份，计算出 EDTA 溶液的浓度。

2. 试液分析：

移取试液 25.00 mL 于 250 mL 锥形瓶中，加水 70～80 mL，摇匀，加 0.2% XO 两滴，用六亚甲基四胺调到紫红色，并过量 5 mL，用 EDTA 滴定到黄色(第一终点)，再加 pH=10 的 NH_3-NH_4Cl 缓冲液 10 mL，溶液又变为紫红色，用 0.02 mol·L^{-1}EDTA 滴定至近无色(第二终点)。再重复滴定两份。由此分别计算 Zn^{2+}、Pb^{2+}和 Ca^{2+}、Mg^{2+}两组的总量。

另取一份试液 25.00 mL，于 250 mL 锥形瓶中，加 60 mL 水，加 2%邻菲啰啉乙醇溶液 5 mL，摇匀，加 0.2% XO 两滴，用六亚甲基四胺调到紫红色，并过量 5 mL，用 EDTA 滴定到黄色(第一终点)。加 1% CTMAB 2 mL，黄色褪去至近无色，加 5%酒石酸钾钠 2 mL、4 mL 三乙醇胺(1∶2)、2 mL 乙酰丙酮(1∶1)，补加 1 滴 1% XO 指示剂，加 pH=10.0 NH_3-NH_4Cl 缓冲液 10 mL，溶液又变为紫红色，用 EDTA 滴定至近无色(第二终点)。

注意事项

1. 终点颜色从紫红色到无色，容易出现判断失误，最好有对照溶液。
2. 若测定的试样中含有铁，注意需事先掩蔽或分离，否则影响终点观察。
3. 常温下，溴化十六烷基三甲铵的溶解度不大，易析出，使用过程中要注意。
4. 终点观察时，若颜色变化有拖尾现象，可以颜色变化较大的那一点为准。

思考题

1. 能否在一份试液中实现 Ca^{2+}、Mg^{2+}的分别滴定？
2. 如果试样中含有其他有色物质，终点该如何判定？
3. 在本实验中，加入邻菲啰啉起什么作用？
4. 在本实验中，加入 CTMAB 的目的何在？

5. 从本实验中CTMAB的应用，你能得到什么启示？

实验5.14　胃舒平药片中铝和镁的测定

实验目的

1. 学习药剂测定的前处理方法。
2. 熟练沉淀分离的操作方法。
3. 了解定量分析中混合掩蔽的作用。

方法原理

胃病患者常服用的胃舒平药片主要成分为氢氧化铝、三硅酸镁及少量颠茄流浸膏，在制成片剂时还加入了大量糊精等以使药片成形。药片中铝和镁的含量可用EDTA络合滴定法测定。方法是：先溶解样品，分离去除水不溶物质；然后取试液加入过量EDTA溶液，调节pH至4左右，煮沸使EDTA与铝络合；再以二甲酚橙为指示剂，用标准锌溶液回滴过量的EDTA，测出铝含量。另取试液调节pH，将铝沉淀分离后，于pH=10的条件下以铬黑T为指示剂，用EDTA溶液滴定滤液中的镁。

试剂与仪器

1. 主要试剂：

① EDTA溶液：0.02 mol·L^{-1}。

称取EDTA二钠盐($Na_2H_2Y \cdot 2H_2O$) 4 g于500 mL烧杯中，用50 mL水微热溶解后稀释至500 mL。如溶液需久置，最好将溶液存于聚乙烯瓶中。

② 锌标准溶液：0.02 mol·L^{-1}(见实验5.11)。

③ 六亚甲基四胺：20%水溶液。

④ 氨水：1∶1。

⑤ HCl：1∶1。

⑥ 三乙醇胺：1∶1。

⑦ 氨-氯化铵缓冲溶液：pH=10。

⑧ 二甲酚橙指示剂：0.2%水溶液。

⑨ 甲基红指示剂：0.2%乙醇溶液。

⑩ 铬黑T指示剂。

⑪ NH_4Cl：AR。

2. 主要仪器：

① 滴定管：1支。

② 移液管：25 mL、5 mL各1支。

③ 锥形瓶:250 mL 3 个。

④ 烧杯:500 mL、250 mL 各 1 个。

⑤ 量筒:100 mL、50 mL、25 mL、10 mL 各 1 个。

⑥ 试剂瓶:500 mL 塑料瓶 1 个。

⑦ 容量瓶:250 mL 1 个。

⑧ 玻璃研钵:1 副。

实验步骤

1. 样品处理:

称取胃舒平药片 10 粒,研细后,从中称出药粉 2 g 左右于 250 mL 烧杯中,加入 1∶1 HCl 20 mL,加蒸馏水至 100 mL,煮沸。冷却后过滤,并以水洗涤沉淀。收集滤液及洗涤液于 250 mL 容量瓶中,稀释至刻度,摇匀。

2. 铝的测定:

用 5 mL 移液管准确吸取上述试液 5.00 mL 于 250 mL 锥形瓶中,加水至 25 mL 左右。滴加 1∶1 氨水至刚出现浑浊,再加 1∶1 HCl 至沉淀恰好溶解。加入 0.02 $mol \cdot L^{-1}$ EDTA 溶液 25.00 mL 左右,再加入 20%六亚甲基四胺溶液 10 mL,煮沸 10 min 并冷却后,加入二甲酚橙指示剂 2~3 滴,以标准锌溶液滴定至溶液由黄色转变为红色。根据 EDTA 加入量与锌标准溶液滴定体积,计算每粒药片中 $Al(OH)_3$ 的含量。

3. 镁的测定:

吸取试液 25.00 mL,滴加 1∶1 氨水至刚出现沉淀,再加入 1∶1 HCl 至沉淀恰好溶解。加入固体 NH_4Cl 2 g,滴加 20%六亚甲基四胺溶液至沉淀出现并过量 15 mL。加热至80 ℃,维持 10~15 min。冷却后过滤,以少量蒸馏水洗涤沉淀数次。收集滤液与洗涤液于 250 mL 锥形瓶中,加入三乙醇胺 10 mL,NH_3-NH_4Cl 缓冲溶液 10 mL 及甲基红指示剂1 滴,铬黑 T 指示剂少许。用 EDTA 溶液滴定至试液由暗红色转变为蓝绿色,计算每粒药片中镁的含量(以 MgO 表示)。

注意事项

1. 胃舒平药片试样中铝、镁含量可能不均匀,为使测定结果具有代表性,本实验取较多样品,研细后再取部分进行分析。

2. 试验结果表明,用六亚甲基四胺溶液调节 pH 分离 $Al(OH)_3$,结果比用氨水好,可以减少 $Al(OH)_3$沉淀时 Mg^{2+} 的吸附。

3. 如果试液处理后不是很澄清(并不影响测定),就不容易看到加氨水后生成的浑浊,容易导致滴入氨水过多。

4. 测定镁时,加入甲基红 1 滴,能使终点更为明显。

思考题

1. 能否在一份溶液中实现铝和镁的分别滴定?

2. 本实验中，为何加入甲基红指示剂会改善终点敏锐性？
3. 测定镁时，加入固体 NH_4Cl 有何作用？
4. 本实验中，测定铝的实验条件与实验 5.11 中的不同，你认为哪一种更合理？
5. 可否采用酸碱滴定法来测定胃舒平中的铝的含量？为什么？

氧化还原滴定法

实验 5.15 无汞盐法测定铁矿石中的全铁

实验目的

1. 了解无汞盐法测定全铁的基本原理，掌握其方法的特点。
2. 了解预处理对氧化还原滴定的重要性。
3. 掌握利用不同指示剂对反应终点控制的方法。

方法原理

铁矿石的种类很多，用来炼铁的铁矿石主要有磁铁矿（Fe_3O_4）、赤铁矿（Fe_2O_3）和菱铁矿（$FeCO_3$）等。铁矿石经酸溶解后，首先用硅钼黄作指示剂，用二氯化锡还原三价铁为二价铁，当三价铁全部还原为二价铁后，稍微过量的二氯化锡将硅钼黄还原为硅钼蓝。再以二苯胺磺酸钠为指示剂，用重铬酸钾标准溶液滴定。本方法既保持了汞盐法快速、简便之特点，结果也与汞盐法一致，并且免除了汞对环境的污染。

试剂与仪器

1. 主要试剂：

① $K_2Cr_2O_7$ 标准溶液：准确称取在 150～180 ℃烘干 2 h 的 $K_2Cr_2O_7$ 0.28～0.32 g，置于 100 mL 烧杯中，加 50 mL 水搅拌至完全溶解，然后定量转移至 100 mL 容量瓶中，用水稀释至刻度，摇匀。

② 氯化亚锡溶液：在台秤上称取 15g $SnCl_2 \cdot 2H_2O$ 于 250 mL 较干的烧杯内，加入浓盐酸 50 mL，加热溶解后，边搅拌边慢慢加水稀释成质量百分数为 15%的溶液，并放入锡粒，这样可保存几天。2%的溶液则在用前把 15%的溶液用 1∶1 HCl 溶液稀释即可。

③ 硅钼黄指示剂：称取硅酸钠（$Na_2SiO_3 \cdot 9H_2O$）1.35 g 于 100 mL 烧杯中，加入 10 mL 水中，加 5 mL HCl 混匀后，加入 5%钼酸胺溶液 25 mL，用水稀释至 100 mL，放置 3 天后使用。

④ 二苯胺磺酸钠指示剂：0.5%水溶液。

⑤ 硫磷混酸：用 150 mL 浓硫酸加入至 700 mL 水中，冷却后，再加入 150 mL 磷酸，

混匀。

⑥ HCl:1∶1。

⑦ $KMnO_4$:2%水溶液。

2. 主要仪器:

① 滴定管:1支。

② 移液管:25 mL 1支。

③ 锥形瓶:250 mL 3个。

④ 烧杯:100 mL 2个。

⑤ 量筒:100 mL、25 mL 各1个。

⑥ 试剂瓶:500 mL 塑料瓶1个。

⑦ 容量瓶:100 mL 1个。

实验步骤

准确称取0.11~0.13 g 干燥的赤铁矿粉末试样三份(其中老师称量两份),分别置于250 mL 锥形瓶中。加少量水使试样湿润,然后加入20 mL 1∶1 HCl,于电热板上温热至试样分解完全,这时锥形瓶底部应仅留下白色氧化硅残渣。若溶样过程中盐酸蒸发过多,应适当补加,用水吹洗瓶壁,此时溶液的体积应保持在25~50 mL之间。将溶液加热至近沸,趁热滴加15%氯化亚锡至溶液由棕红色变为浅黄色,加入3滴硅钼黄指示剂,这时溶液应呈黄绿色,滴加2%氯化亚锡至溶液由蓝绿色变为纯蓝色,立即加入100 mL 蒸馏水,置锥形瓶于冷水中迅速冷却至室温。然后加入15 mL 硫-磷混酸、4滴0.5%二苯胺磺酸钠指示剂,立即用 $K_2Cr_2O_7$ 标准溶液滴定至溶液呈亮绿色,再慢慢滴加 $K_2Cr_2O_7$ 标准溶液至溶液呈紫红色,即为终点。计算赤铁矿中铁的质量百分数。

注意事项

1. 以硅钼黄作指示剂,用氯化亚锡还原三价铁时,氯化亚锡要一滴一滴地加入,并充分摇动,以防止氯化亚锡过量,否则使结果偏高。如氯化亚锡已过量,可滴加2% $KMnO_4$ 至溶液再呈亮绿色,继续用氯化亚锡调节。

2. 还原高价铁时,试液体积控制也比较重要,太小和太大都对还原有影响。

3. 铁还原完全后,溶液要立即冷却,及时滴定,久置会使 Fe^{2+} 被空气中的氧氧化。

4. 滴定接近终点时,$K_2Cr_2O_7$ 要慢慢地加入,过量的 $K_2Cr_2O_7$ 会破坏指示剂的氧化型。

5. 试样若不能被盐酸完全分解,则可用硫-磷混酸分解,溶样时需加热至水分完全蒸发出现三氧化硫白烟,白烟脱离液面3~4 cm。但应注意加热时间不能过长,以防止生成焦磷酸盐。

思考题

1. 重铬酸钾法测定铁时,滴定前为什么要加入磷酸?

2. 今有一试样溶液,含亚铁、高铁,你如何分别测定其中的亚铁、高铁及全铁?

3. 还原高价铁时，试液体积控制也比较重要，为什么？
4. 还原高价铁时，为何要控制一定的酸度？
5. 若改用高锰酸钾标准溶液滴定，其优势在于什么？

实验5.16　碘量法测定铜

实验目的

1. 了解直接碘量法和间接碘量法的相同点和不同点。
2. 掌握碘量法的基本原理和指示剂的使用方法。
3. 了解利用沉淀控制 pH 调节的方法。

方法原理

在弱酸性溶液中，Cu^{2+} 可被 KI 还原为 CuI，$2Cu^{2+} + 4I^{-} \rightleftharpoons 2CuI + I_2$。这是一个可逆反应，由于 CuI 溶解度比较小，在有过量的 KI 存在时，反应定量地向右进行。析出的 I_2 用 $Na_2S_2O_3$ 标准溶液滴定，以淀粉为指示剂，可间接测得铜的含量。反应方程式如下：

$$I_2 + 2S_2O_3^{2-} \longrightarrow 2I^{-} + S_4O_6^{2-}$$

由于 CuI 沉淀表面会吸附一些 I_2 使滴定终点不明显，并影响准确度。故在接近化学计量点时，加入少量 KSCN，使 CuI 沉淀转变成 CuSCN，因 CuSCN 的溶解度比 CuI 小得多（$K_{sp,CuI} = 1.1 \times 10^{-10}$，$K_{sp,CuSCN} = 1.1 \times 10^{-14}$），能使被吸附的 I_2 从沉淀表面置换出来，即

$$CuI + SCN^{-} \longrightarrow CuSCN + I^{-}$$

该反应使终点更为明显，提高了测定结果的准确度。且此反应产生的 I^{-} 离子可继续与 Cu^{2+} 作用，节省了价格较贵的 KI。

试剂与仪器

1. 主要试剂：

① 重铬酸钾标准溶液：0.01 mol · L^{-1}。

用差减法准确称取干燥的分析纯 $K_2Cr_2O_7$ 固体（180 ℃烘 2 h）0.28～0.32 g 于 100 mL 烧杯中，加 50 mL 水使其溶解之，定量转入 100 mL 容量瓶中，用水稀释至刻度，摇匀。

② 硫代硫酸钠溶液：0.05 mol · L^{-1}。

在台秤上称取 6.5 g 硫代硫酸钠溶液，溶于 500 mL 蒸馏水中，转移到 500 mL 试剂瓶中，摇匀后备用。

③ Na_2SO_4：30%水溶液。

④ 碘化钾：AR。

⑤ 硫氰酸钾溶液：20%。

⑥ 淀粉溶液：0.5%。

称取 0.5 g 可溶性淀粉，用少量水调成糊状，慢慢加入到沸腾的 100 mL 蒸馏水中，继续煮沸至溶液透明为止。

⑦ HCl:3 mol·L^{-1}。

⑧ 硝酸:1∶3。

⑨ 氢氧化铵溶液:1∶1。

⑩ 醋酸:6 mol·L^{-1}。

⑪ HAc-NaAc 缓冲溶液:pH=3.5。

2. 主要仪器:

① 滴定管:1 支。

② 移液管:25 mL 1 支。

③ 锥形瓶:250 mL 3 个。

④ 烧杯:500 mL、100 mL 各 1 个。

⑤ 玻璃试剂瓶:500 mL 1 个。

⑥ 量筒:100 mL、25 mL、10 mL 1 个。

⑦ 容量瓶 100 mL 1 个。

实验步骤

1. 硫代硫酸钠溶液的标定:

用移液管移取 25.00 mL $K_2Cr_2O_7$ 溶液置于 250 mL 锥形瓶中,加入 3 mol·L^{-1} HCl 5 mL、1 g 碘化钾,摇匀后放置暗处 5 min。待反应完全后,用蒸馏水稀释至 50 mL。用硫代硫酸钠溶液滴定至草绿色。加入 2 mL 淀粉溶液,继续滴定至溶液自蓝色变为浅绿色,即为终点。平行标定三份,计算 $Na_2S_2O_3$溶液的量浓度。

2. 铜合金中铜的测定:

准确称取 0.12 g 左右的铜合金三份(其中老师称一份),分别置于 250 mL 锥形瓶中,加入 1∶3 HNO_3 5 mL,在通风橱中小火加热,至不再有棕色烟产生,继续慢慢加热至合金溶解完全。蒸发溶液至约 2 mL 体积。取下,冷却后,用少量水吹洗瓶壁,继用 25 mL 蒸馏水稀释,并煮沸使可溶盐溶解。趁热逐滴加入 1∶1 氨水,至刚有白色沉淀出现。再逐滴加入 6 mol·L^{-1} HAc,摇匀至沉淀完全溶解后,过量 1~2 滴。加 pH=3.5 的 HAc-NaAc 缓冲溶液 5 mL,冷却至室温,加入 1 g 碘化钾,摇匀。立即用 $Na_2S_2O_3$ 溶液滴至浅黄色,加入 20% KSCN 溶液 3 mL,再滴至黄色几乎消失。然后加 0.5%淀粉溶液 3 mL,继续滴至蓝色刚刚消失,即为终点。由消耗 $Na_2S_2O_3$溶液的体积,计算铜合金中铜的质量百分数。

注意事项

1. 试样溶解完全后,应尽量赶走多余的 HNO_3,但不能出现黑色 CuO 沉淀。

2. 尿素加入后,出现深蓝色不能再滴加氨水,直接用 HAc 调至 Cu^{2+} 的纯蓝色。

3. 淀粉溶液必须在接近终点时加入,否则会吸附 I_2分子,影响测定。但是试样中 Pb 存在会影响观察终点,要在加入 KSCN 后滴定到黄色稍浅一点,就加入指示剂。否则淀粉加进去后没有蓝色出现,已过终点。

思考题

1. 用 $K_2Cr_2O_7$ 标定 $Na_2S_2O_3$ 时，滴定前为何要稀释？
2. 碘量法测铜时为何 pH 必须维持在 3～4 之间，过低或过高有什么影响？
3. KSCN 和淀粉为什么都不能过早加？过早加会对结果产生什么影响？
4. 对含铅的铜样，如何处理才能准确测定铜？
5. 有人用聚乙烯醇替代淀粉作指示剂，有何优势？

实验 5.17　白云石中钙的测定（高锰酸钾法）

实验目的

1. 掌握氧化还原滴定法间接测定目标物质的基本原理。
2. 掌握高锰酸钾的配制方法。掌握沉淀、过滤、洗涤的基本操作。
3. 通过制备纯净的沉淀，进一步了解沉淀条件对沉淀颗粒大小的影响。

方法原理

白云石是一种碳酸盐岩石，主要成分为碳酸钙镁 $CaMg(CO_3)_2$，并含有少量铁、铝、硅、铬等杂质。

试样经盐酸溶解后，加入过量的草酸铵，然后用稀氨水中和至甲基橙显黄色，此时 Ca^{2+} 与 $C_2O_4^{2-}$ 生成微溶性草酸钙沉淀，而铁、铝与 $C_2O_4^{2-}$ 生成可溶性络合物，和 Mg^{2+} 一起留在溶液里。组成为 1∶1 的沉淀，经过滤、洗涤后，溶于热的稀硫酸中，用 $KMnO_4$ 标准溶液滴定试液中的 $C_2O_4^{2-}$，根据 $KMnO_4$ 标准溶液的浓度和滴定所消耗的毫升数，即可计算出白云石中钙的含量。

试剂与仪器

1. 主要试剂：

① $KMnO_4$ 标准溶液：于台秤上称取约 1.6 g $KMnO_4$，溶于 500 mL 水中，盖上表面皿，加热煮沸 1 h，静置 7～10 天后，用玻璃砂芯漏斗抽滤，滤液贮于棕色玻璃瓶中待标定。

② $Na_2C_2O_4$ 基准试剂：105～110 ℃烘 2 h。

③ HCl：1∶1。

④ H_2SO_4：1∶2。

⑤ $(NH_4)_2C_2O_4$ 溶液：4%、0.1%。

⑥ 氨水：1∶1。

⑦ 甲基橙指示剂：0.1%水溶液。

2. 主要仪器：

① 滴定管：1 支。

② 烧杯：500 mL、100 mL 各 3 个。

③ 量筒:100 mL、25 mL、10 mL 各 1 个。

④ 表面皿:3 块。

⑤ 玻璃棒:3 根。

⑥ 长颈三角漏斗:3 个。

⑦ 致密滤纸若干。

实验步骤

1. $KMnO_4$ 标准溶液的标定:

准确称取 0.15～0.2 g 干燥过的基准 $Na_2C_2O_4$ 三份,分别置于 250 mL 烧杯中,加入 150 mL 水溶解,加热近沸,加入 1∶2 H_2SO_4 10 mL,此时溶液温度应在 70～85 ℃之间,立即用 $KMnO_4$ 标准溶液滴定。开始时,$KMnO_4$ 溶液加入后褪色很慢,必须等前一滴溶液褪色后再加第二滴。当接近终点时,反应亦较慢,必须保持温度不低于 60 ℃,并小心逐滴加入,直到溶液出现粉红色 30 s 不褪即为终点。记下所耗 $KMnO_4$ 溶液体积,并计算其浓度。

2. 白云石中钙的测定:

准确称取于 105～110 ℃干燥 2 h 的样品 0.2～0.25 g 三份(其中老师称两份),分别置于 300～400 mL 烧杯中,加入少量水湿润,盖上表面皿,由烧杯嘴小心加入 1∶1 HCl 15 mL,加热溶解,并煮沸除去 CO_2。然后用水吹洗表面皿及杯壁,加入水 150 mL,4%$(NH_4)_2C_2O_4$ 30 mL。加热溶液至近沸,加 0.1%甲基橙指示剂 2 滴,在不断搅拌下逐滴加入 1∶1 氨水至溶液由红色变为黄色(pH>4)。放置半小时。用致密滤纸以倾注法过滤,并用 0.1% $(NH_4)_2C_2O_4$ 溶液洗涤烧杯及沉淀各 5～6 次,最后用冷蒸馏水洗涤烧杯及沉淀各三次。将滤纸取下,摊开贴于烧杯壁上,用 150 mL 沸水将沉淀洗入烧杯,并加入 1∶2 H_2SO_4 10 mL,此时溶液温度应在 70～85 ℃之间。用 $KMnO_4$ 标准溶液滴定至出现稳定的粉红色,再用玻璃棒将滤纸移入溶液,继续用 $KMnO_4$ 溶液滴定至微红色 30 s 不褪即为终点。由所消耗的 $KMnO_4$ 溶液的毫升数及其浓度,计算白云石中 CaO 的质量百分数。

注意事项

1. 如试样中含有大量镁,则需进行重沉淀。或用草酸二甲酯均匀沉淀法来减少镁的共沉淀。

2. 如试样用酸溶解不完全,则残渣可用 Na_2CO_3 熔融,再用酸浸取,浸取液与试液合并后进行测定。

思考题

1. 为什么要先用 0.1%$(NH_4)_2C_2O_4$ 溶液洗涤沉淀,而一开始不用水洗涤?

2. 在滴定至红色出现后,尚须将滤纸移入溶液内再继续滴定至红色,为什么不把滤纸在开始滴定时就浸入溶液中滴定?

3. 滴定时应控制溶液的温度在 60～90 ℃之间,这是为什么?

4. 沉淀草酸钙时,若先调 pH,再加沉淀剂,其结果如何?

5. 采用倾注法过滤的目的是什么?

实验5.18 耗氧量(COD)的测定

实验目的

1. 掌握化学耗氧量COD的测定方法。
2. 了解环境保护过程中COD的测定意义。
3. 了解取样对定量分析的重要性。

方法原理

一般常用于测定清洁水中耗氧量的高锰酸钾法比较简便、快速。但用这个方法测定污水或工业废水时不能令人满意,因为这些水中含有许多复杂的有机物质,用高锰酸钾很难氧化,不易控制操作条件。因此测定污染严重的水时、高锰酸钾法不如重铬酸钾法好。重铬酸钾能将大部分有机物质氧化,适合用于污水和工业废水分析。

一定量的重铬酸钾在强酸性溶液中将还原性物质(有机的和无机的)氧化,过量的重铬酸钾,以试亚铁灵作指示剂,用硫酸亚铁铵回滴;由消耗的重铬酸钾量即可计算出水样中有机物质被氧化所消耗的氧的量($mg \cdot L^{-1}$)。

本方法可将大部分的有机物质氧化,但直链烃、芳香烃、苯等化合物仍不能被氧化;若加硫酸银作催化剂时,直链化合物可被氧化,但芳香烃类不能。

氯化物在此条件下也能被重铬酸钾氧化生成氯气,消耗一定量重铬酸钾,因而干扰测定。所以水样中氯化物高于30 $mg \cdot L^{-1}$时,须加硫酸汞消除干扰。

试剂与仪器

1. 主要试剂:

① 重铬酸钾标准溶液:0.04 $mol \cdot L^{-1}$。

准确称取150~180 ℃烘干2 h的重铬酸钾5.9~6.1 g,置于250 mL烧杯中,加100 mL水搅拌至完全溶解,然后定量转移至500 mL容量瓶中,用水稀释至刻度,摇匀。

② 试亚铁灵指示剂。

称取1.485 g化学纯邻菲啰啉($C_{12}H_8N_2 \cdot H_2O$)与0.695 g化学纯硫酸亚铁溶于蒸馏水,稀释至100 mL。

③ 硫酸亚铁铵标准溶液:0.25 $mol \cdot L^{-1}$。

称取98 g分析纯硫酸亚铁铵,溶于蒸馏水中,加20 mL浓硫酸,冷却后,稀释至1000 mL,使用时每日用重铬酸钾标定。

④ 浓硫酸。

⑤ 硫酸银。

⑥ 硫酸汞。

2. 主要仪器:

① 磨口三角(或圆底)烧瓶回流冷凝管:250 mL。

② 滴定管：1支。

③ 移液管：50 mL、25mL 各1支。

④ 锥形瓶：500 mL 3个。

⑤ 烧杯：250 mL 5个。

⑥ 量筒：100 mL、25 mL、10 mL 各1个。

⑦ 试剂瓶：500 mL 塑料瓶1个。

⑧ 容量瓶：1000 mL、500 mL 各1个。

实验步骤

1. 硫酸亚铁铵溶液的标定方法：

移取25.00 mL重铬酸钾标准溶液，稀释至250 mL，加20 mL浓硫酸，冷却后加2～3滴试亚铁灵指示剂，用硫酸亚铁铵溶液滴定至溶液由绿蓝色刚好变成红蓝色即为终点，平行标定三份，计算硫酸亚铁铵溶液的浓度。

2. COD测定：

① 移取50.00 mL水样（或适量水样稀释至50 mL）于250 mL磨口三角（或圆底）烧杯中，加入25.00 mL重铬酸钾标准溶液，慢慢地加入75 mL浓硫酸，随加随摇动，若用硫酸银作催化剂，此时需加1 g硫酸银。再加数粒玻璃珠，加热回流2 h。比较清洁的水样加热回流的时间可以短一些。

② 若水样含有较多氯化物，则取50.00 mL水样，加硫酸汞1 g、浓硫酸5 mL，待硫酸汞溶解后，再加重铬酸钾溶液25.00 mL、浓硫酸70 mL、硫酸银1 g，加热回流。

③ 冷却后先用约25 mL蒸馏水沿冷凝管冲洗，然后取下烧瓶将溶液移入500 mL锥形瓶中，冲洗烧瓶4～5次，再用蒸馏水稀释溶液至约350 mL。溶液体积不得大于350 mL，否则，酸度太低，终点不明显。

④ 冷却后加入2～3滴试亚铁灵指示剂，用硫酸亚铁铵标准溶液滴定至溶液由黄色到绿蓝色变成红蓝色。记录消耗硫酸亚铁铵标准溶液的体积（V_1）。

⑤ 同时要做空白实验，即以50.00 mL蒸馏水代替水样，其他步骤同样品操作。记录消耗的硫酸亚铁铵标准溶液的体积（V_0）。

注意事项

1. 取水样时，要注意所取水所在的位置和深度等，以确保水样有代表性。
2. 滴加浓硫酸时，要注意慢慢滴加，并充分摇动溶液。
3. 滴定后，废液（沉淀物）要专门处理，不要倒入水池。

$$耗氧量(O_2)=\frac{(V_0-V_1)\times c\times M(O_2)\times 100}{V_2}\quad (mg\cdot L^{-1})$$

式中，c 为硫酸亚铁铵标准溶液的浓度（$mol\cdot L^{-1}$）；V_0 为空白消耗硫酸亚铁铵标准溶液的体积（mL）；V_1 为水样消耗硫酸亚铁铵标准溶液的体积（mL）；V_2 为水样体积（mL）。

思考题

1. 测定水样的耗氧量时，是否一定要加入硫酸银？加入硫酸银的作用是什么？
2. 什么样的情况下，才加入硫酸汞？

3. 加热回流温度偏高或偏低对结果有什么影响？
4. 对重铬酸钾法测定 COD 而言，你认为有哪些方法可有效减少测定成本？
5. 重铬酸钾法准确度较高，但耗时长，如何能减少测定时间？

实验 5.19　葡萄糖含量的测定(碘量法)

实验目的

1. 掌握碘量法测定葡萄糖含量的方法。
2. 掌握碘的配制和保存方法。
3. 进一步了解碘和碘化物在酸或碱性介质中的反应特点。

方法原理

碘与 NaOH 作用可生成次碘酸钠(NaIO)，葡萄糖($C_6H_{12}O_6$)能定量地被次碘酸钠(NaIO)氧化成葡萄糖酸($C_6H_{12}O_7$)。在酸性条件下，未与葡萄糖作用的次碘酸钠可转变成碘(I_2)析出，因此只要用 $Na_2S_2O_3$ 标准溶液滴定析出的 I_2，便可计算出 $C_6H_{12}O_6$ 的含量。其反应如下：

① I_2 与 NaOH 作用

$$I_2 + 2NaOH = NaIO + NaI + H_2O$$

② $C_6H_{12}O_6$ 和 NaIO 定量作用

$$C_6H_{12}O_6 + NaIO = C_6H_{12}O_7 + NaI$$

③ 总反应式为

$$I_2 + C_6H_{12}O_6 + 2NaOH = C_6H_{12}O_7 + 2NaI + H_2O$$

④ $C_6H_{12}O_6$ 作用完后，剩下未作用的 NaIO 在碱性条件下发生歧化反应

$$3NaIO = NaIO_3 + 2NaI$$

⑤ 在酸性条件下

$$NaIO_3 + 5NaI + 6HCl = 3I_2 + 6NaCl + 3H_2O$$

⑥ 析出过量的 I_2 可用标准 $Na_2S_2O_3$ 溶液滴定

$$I_2 + 2Na_2S_2O_3 = Na_2S_4O_6 + 2NaI$$

由以上反应可以看出一分子葡萄糖与一分子 NaIO 作用，而一分子 I_2 产生一分子 NaIO，也就是一分子葡萄糖与一分子 I_2 相当。本方法可作为葡萄糖注射液葡萄糖含量测定的方法。

试剂与仪器

1. 主要试剂：

① HCl 溶液：2 $mol \cdot L^{-1}$。

② NaOH 溶液：0.2 $mol \cdot L^{-1}$。

③ $Na_2S_2O_3$ 标准溶液：0.05 $mol \cdot L^{-1}$。

称取 3 g $Na_2S_2O_3$ 溶于 250 mL 水，具体标定与配制方法(实验 5.16)。

④ I_2 溶液：0.05 mol·L^{-1}。

称取 3.2 g I_2 于小烧杯中，加 6 g KI，先用约 30 mL 水溶解，待 I_2 完全溶解后，稀释至 250 mL，摇匀。贮于棕色瓶中，放置暗处。

⑤ 淀粉：0.5%水溶液。

⑥ KI：AR。

2. 主要仪器：

① 滴定管：1 支。

② 移液管：25 mL 2 支。

③ 锥形瓶：250 mL 3 个。

④ 烧杯：100 mL 1 个。

⑤ 量筒：100 mL、25 mL、10 mL 各 1 个。

⑥ 试剂瓶：250 mL 棕色 1 个。

⑦ 表面皿：2 块。

实验步骤

1. I_2 溶液的标定：

移取 25.00 mL I_2 溶液于 250 mL 锥形瓶中，加 100 mL 蒸馏水稀释，用已标定好的 $Na_2S_2O_3$ 标准溶液滴定至草黄色，加入 2 mL 淀粉溶液，继续滴定至蓝色刚好消失，即为终点。计算出 I_2 溶液的浓度。

2. 葡萄糖含量测定：

取 5%葡萄糖注射液准确稀释 100 倍，摇匀后移取 25.00 mL 于锥形瓶中，准确加入 I_2 标准溶液 25.00 mL，慢慢滴加 0.2 mol·L^{-1} NaOH，边加边摇，直至溶液呈淡黄色。加碱的速度不能过快，否则生成的 NaIO 来不及氧化 $C_6H_{12}O_6$，使测定结果偏低。在锥形瓶口盖好表面皿，放置 10～15 min，加 2 mol·L^{-1} HCl 6 mL 使溶液成酸性，立即用 $Na_2S_2O_3$ 溶液滴定，至溶液呈浅黄色时，加入淀粉指示剂 3 mL，继续滴至蓝色消失，即为终点。记下滴定读数。由下式计算葡萄糖的含量：

$$W_{C_6H_{12}O_6}(m/V)=\frac{(2c_{I_2}\cdot V_{I_2}-c_{Na_2S_2O_3}\cdot V_{Na_2S_2O_3})\times M_{C_6H_{12}O_6}}{2000\times 25.00}\times 100\%$$

注意事项

1. I_2 标准溶液要注意保存，不用时要盖好。
2. 在标定和滴定时，在加入淀粉前，尽可能将溶液滴定到浅黄色。
3. 滴加碱时，速度不能太快，同时摇动溶液时也要注意控制力道。

思考题

1. 配制 I_2 溶液时为何要加入 KI？为何要先用少量水溶解后再稀释至所需体积？

2. 碘量法主要误差有哪些？如何避免？
3. 反应液放置 10～15 min 是否意味着反应和温度有关？

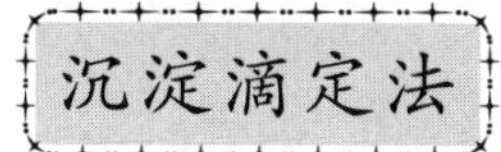

沉淀滴定法

实验 5.20　酱油中氯化钠的测定

实验目的

1. 了解佛尔哈德法测定氯化物的基本原理。
2. 比较几种不同沉淀滴定法的差别。
3. 了解有色样品溶液的处理方法。

方法原理

在含有一定量 NaCl 的酱油中，加入过量的 $AgNO_3$，这时试液中有白色的氯化银沉淀生成和未反应掉的 $AgNO_3$。用硫酸铁铵作指示剂，用硫氰酸钠标准溶液滴定到刚有血红色出现，即为滴定终点。反应式如下：

$$NaCl+2AgNO_3 \xlongequal{} AgCl\downarrow+NaNO_3+AgNO_3(\text{剩余})$$

$$AgNO_3(\text{剩余})+NH_4SCN \xlongequal{} AgSCN\downarrow+NH_4NO_3$$

$$3NH_4SCN+FeNH_4(SO_4)_2 \xlongequal{} Fe(SCN)_3+2(NH_4)_2SO_4$$

试剂与仪器

1. 主要试剂：

① NaCl 基准试剂：在 500～600 ℃灼烧 30 min 后，放置干燥器冷却。也可将 NaCl 置于带盖的瓷坩埚中，加热，并不断搅拌，待爆炸声停止后，将坩埚放入干燥器中冷却后使用。

② $AgNO_3$ 溶液：0.1 $mol \cdot L^{-1}$。

溶解 8.5 g $AgNO_3$ 于 500 mL 不含 Cl^- 的蒸馏水中，将溶液转入棕色试剂瓶中，置暗处保存，以防见光分解。

③ NH_4SCN 溶液：0.1 $mol \cdot L^{-1}$。

称取 1.9 g AR 的 NH_4SCN，用水溶解后，稀释至 500 mL，于试剂瓶待用。

④ $FeNH_4(SO_4)_2$：10%水溶液（100 mL 内含 6 $mol \cdot L^{-1}$ HNO_3 25 mL）。

⑤ K_2CrO_4：5%水溶液。

⑥ 硝基苯：AR。

⑦ HNO_3：1∶1。若含有氮的氧化物而呈黄色，应煮沸驱除氮化合物。

2. 主要仪器：

① 带盖瓷坩埚：1 个。

② 试剂瓶:500 mL 棕色 1 个。
③ 烧杯:500 mL、250 mL 各 1 个。
④ 容量瓶:250 mL、100 mL 各 1 个。
⑤ 移液管:25 mL 2 支、10 mL 1 支。
⑥ 吸量管:5 mL 1 支、1 mL 2 支。
⑦ 量杯:50 mL、25 mL 各 1 个。
⑧ 具塞锥形瓶:250 mL 3 个。

实验步骤

1. $AgNO_3$ 溶液的标定:

准确称取 1.4621 g 基准 NaCl 置于小烧杯中,用蒸馏水溶解后,定量转入 250 mL 容量瓶中,稀释至刻度,摇匀。用移液管移取 NaCl 溶液 25.00 mL 于 250 mL 锥形瓶中,加入 25 mL 水,用 1 mL 吸量管加入 1.00 mL 5%K_2CrO_4 溶液。在不断摇动下,用 $AgNO_3$滴定至呈现砖红色,即为终点。再重复滴定两份,根据所消耗的 $AgNO_3$的体积和 NaCl 标准溶液浓度计算 $AgNO_3$的浓度。

2. NH_4SCN 溶液的标定:

用移液管移取 $AgNO_3$标准溶液 25.00 mL 于 250 mL 锥形瓶中,加 1∶1 HNO_3 5 mL,用 1 mL吸量管加入铁铵矾指示剂 1.00 mL,用 NH_4SCN 溶液滴定。滴定时,激烈振荡溶液,当滴至溶液颜色为淡红色稳定不变时,即为终点。再重复滴定两份,计算 NH_4SCN 溶液的浓度。

3. 试样分析:

移取酱油 5.00 mL 于 100 mL 容量瓶中,加水至刻度摇匀,吸取酱油稀释液 10.00 mL 于具塞锥形瓶中,加水 50 mL,混匀。加入 HNO_3 5 mL,0.1 mol・L^{-1} $AgNO_3$ 标准溶液 25.00 mL和 5 mL,摇匀。加入 $FeNH_4(SO_4)_2$ 5 mL,用 0.1 mol・L^{-1} NH_4SCN 标准溶液滴定至刚有血红色,即为终点。由此计算酱油中氯化钠含量。

注意事项

1. 若样品颜色过深,则需要做脱色处理,以确保终点观察。
2. 加入硝基苯后,要用力摇动溶液,以使硝基苯能充分覆盖在沉淀表面。

思考题

1. 在标定 $AgNO_3$时,滴定前为何要加水?
2. 在试样分析时,可否用 HCl 或 H_2SO_4 调节酸度?
3. 本方法与莫尔法相比,各有什么优缺点?
4. 若酱油颜色深,应如何脱色?

5.2 重 量 法

实验 5.21 钢铁中镍的测定(丁二酮肟镍重量法)

实验目的

1. 掌握重量法的基本操作。
2. 了解丁二酮肟法测定镍的特点。
3. 了解溶剂在重量分析中的作用。

方法原理

在氨性溶液中,Ni^{2+}与丁二酮肟生成鲜红色沉淀,沉淀组成恒定,经过滤、洗涤烘干后,即可称重。

丁二酮肟是一种选择性比较高的试剂,只与 Ni^{2+}、Pd^{2+}、Fe^{2+}生成沉淀。此外,丁二酮肟还能与 Cu^{2+}、Co^{2+}、Fe^{3+}生成水溶性配合物。

$$H_2D \overset{H^+}{\rightleftharpoons} HD^- \overset{OH^-}{\rightleftharpoons} D^{2-}$$

其中只有 HD^-与 Ni^{2+}反应生成沉淀。通常在 pH 为 8～9 的氨性溶液中进行沉淀。但氨的浓度不能过高,否则 Ni^{2+}生成氨配合物,也会使沉淀的溶解度加大。

丁二酮肟在水中的溶解度较小,所以容易引起试剂本身的共沉淀。加入适量的乙醇,增大试剂的溶解度,可减少试剂的共沉淀。一般溶液中乙醇的浓度以 30%～35%为宜。在热溶液中进行沉淀,并趁热过滤,用热水洗涤。

由于 Fe^{3+}、Al^{3+}、Cr^{3+}、Ti^{4+}等在氨性溶液中生成氢氧化物沉淀,干扰测定,故在溶液调至氨性前,要加入柠檬酸或酒石酸等配位试剂,使其生成水溶性配合物。

Co^{2+}、Cu^{2+}与丁二酮肟生成水溶性配合物,消耗试剂,而且严重沾污沉淀。加大沉淀剂的用量,增加溶液体积,在一定程度上可减少其干扰。但当 Co^{2+}、Cu^{2+}的含量较高时,最好进行二次沉淀。

试剂与仪器

1. 主要试剂:

① 丁二酮肟:1%乙醇溶液。

② 酒石酸:固体 AR。

③ HCl:1∶1。

④ HNO_3:1∶1。

⑤ 氨水:浓氨水。

⑥ 玻璃砂芯坩埚:3 号或 4 号。

先用热的 1∶1 HCl 和热水反复抽滤洗涤,最后用水抽滤洗涤至无氯离子,置于烘箱中于 110～120 ℃烘干至恒重。

2. 主要仪器:

① 玻璃沙芯坩埚:3 个。

② 烧杯:250 mL、400 mL 各 3 个。

③ 量杯:100 mL、50 mL、25 mL 各 1 个。

④ 表面皿:3 块。

⑤ 玻璃棒:3 根。

⑥ 快速滤纸若干。

实验步骤

准确称取三份镍合金钢试样 0.18～0.2 g 于 250 mL 烧杯中,盖上表面皿,沿杯嘴加入 1∶1 HCl 20 mL、1∶1 HNO_3 10 mL,摇匀后于电热板上加热溶解。待试样溶解后,煮沸除去氮的氧化物,加入 100 mL 蒸馏水,加热煮沸使可溶盐完全溶解。稍冷后,加入 2 g 酒石酸,搅拌使其完全溶解,用浓氨水中和至溶液 pH 为 8～9,用快速滤纸过滤以除去不溶的残渣等,用热水洗涤烧杯及滤纸 5～8 次,滤液及洗涤液承接于另一洁净的 400 mL(总体积约 200 mL)烧杯中。用 1∶1 HCl 中和至 pH 为 2,并将溶液加热至 70～80 ℃,加入 1%丁二酮肟乙醇溶液 20～40 mL,在剧烈搅拌下滴加氨水(1∶1)至溶液呈弱碱性(用 pH 试纸实验,控制在 pH 为 8～9 之间)。沉淀于 60 ℃温度下放置 1 h,过滤于已恒重的玻璃砂芯坩埚中,用热水洗涤烧杯及坩埚 8～10 次。沉淀于 110～120 ℃烘箱中干燥至恒重。计算合金钢中镍的质量百分数。

注意事项

1. 称取试样若大于 0.2 g,必须增加沉淀剂和酒石酸的用量,每增加 0.1 g 试样需多加 10 mL 沉淀剂及 1 g 酒石酸。如果沉淀剂用量过多,则乙醇浓度也过大,将增加沉淀的溶解度。

2. 以玻璃砂芯坩埚抽滤时,如欲停止抽滤,应先拔开橡皮管,再关水门,否则会引起自来水反吸入抽滤瓶中。

3. 实验完毕后,玻璃砂芯坩埚中的沉淀先用自来水冲洗掉,再用热的 1∶1 HCl 把红色沉淀全部溶解掉,再用蒸馏水抽滤洗涤 10 次左右。

4. 若试样中镍含量太低,试样称量则应适当增加,酒石酸加入量也应增加。

思考题

1. 在溶解试样时,为什么要加硝酸?

2. 在丁二酮肟沉淀镍之前,为什么铁应先氧化成三价铁?

3. 在丁二酮肟沉淀镍之前,溶液要预先过滤,其目的是什么?

4. 若样品中含有较高量的铜离子,如何消除其影响?

实验 5.22　$BaSO_4$ 均相沉淀历程探究

实验目的

1. 了解均匀沉淀法在重量分析中的应用。
2. 掌握均匀沉淀法的基本原理。
3. 通过探究实验模式了解科研的基本思路。

方法原理

在 EDTA 存在的条件下，用过硫酸铵作沉淀剂，用均匀沉淀法来测定试液中的钡离子。但关于反应的机理有不同的说法，一是过硫酸铵在加热时发生水解，产生的 H^+ 与 BaY^{2-} 作用，并形成硫酸钡沉淀；二是过硫酸铵是一种氧化剂，BaY^{2-} 中的螯合剂可被氧化破坏，将 Ba^{2+} 释放出来，形成硫酸钡沉淀。本实验通过均匀沉淀法进行反应，将反应得到的 $BaSO_4$ 沉淀滤去，检查滤液中 EDTA 的存在量，从而来研究 $BaSO_4$ 均匀沉淀法的原理。

试剂与仪器

1. 主要试剂：

① 锌标准溶液：0.012～0.013 $mol \cdot L^{-1}$ 水溶液。

② EDTA：0.010 $mol \cdot L^{-1}$ 水溶液。

③ 氨-氯化铵缓冲溶液：pH＝10。

④ 过硫酸铵：0.010 $mol \cdot L^{-1}$ 水溶液。

⑤ $BaCl_2$：0.010 $mol \cdot L^{-1}$ 水溶液。

⑥ 铬黑 T：固体指示剂（$W_{铬黑T} : W_{氯化钠} = 1 : 100$）。

2. 主要仪器：

① 锥形瓶：250 mL 3 个。

② 烧杯：250 mL 3 个。

③ 量杯：100 mL、50 mL、25 mL 各 1 个。

④ 移液管：25 mL 1 个、10 mL 1 个。

⑤ 容量瓶：100 mL、250 mL 各 1 个。

⑥ 试剂瓶：玻璃瓶 500 mL、塑料瓶 500 mL 各 1 个。

⑦ 玻璃棒：3 根。

实验内容

1. EDTA 和锌溶液的体积关系：

吸取标准锌溶液（0.01216 $mol \cdot L^{-1}$）25.00 mL，置于 250 mL 锥形瓶中。滴加 1∶1 的氨水至开始出现白色 $Zn(OH)_2$ 沉淀，加入 pH＝10 的氨性缓冲溶液 10 mL，加水稀释至 100 mL，再加少量铬黑 T 指示剂。用 EDTA 溶液滴定，由酒红色变为纯蓝色即达终点。测出25.00 mL锌溶液相当于多少毫升EDTA溶液。

2. EDTA的热稳定性。

吸取EDTA溶液10.00 mL,置于250 mL锥形瓶中。加水20 mL,加热煮沸10 min,放冷后,按步骤1的内容进行,测得用去EDTA溶液的体积。

3. EDTA与$(NH_4)_2S_2O_8$的作用。

吸取EDTA溶液10.0 mL,置于250 mL锥形瓶中,加水10 mL,再加入0.01 mol·L^{-1}的$(NH_4)_2S_2O_8$溶液10 mL,加热煮沸10 min,放冷后,按步骤1的内容进行,测得用去EDTA溶液的体积。

4. 均匀沉淀$BaSO_4$过程中,EDTA与$(NH_4)_2S_2O_8$的作用。

量取0.01 mol·L^{-1}的$BaCl_2$溶液10 mL,置于250 mL锥形瓶中,用移液管加入EDTA溶液10.00 mL,再加入0.01 mol·L^{-1}的$(NH_4)_2S_2O_8$溶液10 mL,加热煮沸10 min,放冷后,过滤。滤液按步骤1内容进行,测得用去EDTA溶液的体积。

上述的实验内容供参考。若你认为有其他可行的方法能证实反应机理,和主讲老师讨论后,也可实施。

通过上述几组实验,根据得到的实验结果进行讨论,并由此阐明你的结论。

5.3 光度法

实验5.23 5-Br-PADAP分光光度法测定微量钴

实验目的

1. 了解分光光度法测定金属离子的基本原理。
2. 学习光度法的比色条件的选择。
3. 掌握分光光度的使用方法。

方法原理

2-(5-溴-2-吡啶偶氮)-5-二乙胺基酚简称5-Br-PADAP,是测定钴的高灵敏度显色剂之一。在弱酸性介质中,钴与5-Br-PADAP生成1∶2的蓝紫色配合物。最大吸收波长位于595 nm处,显色后用盐酸酸化至2 mol·L^{-1},钴的配合物稳定不变,而其他金属配合物均已分解,极大地提高了方法的选择性。方法具有灵敏、选择性好、操作简便、重现性良好等优点。

试剂与仪器

1. 主要试剂:

① 钴标准溶液:准确称取光谱级纯氧化钴(Co_2O_3) 0.3519 g,溶于热硝酸中,蒸至2 mL,加

少量水，定量转移至250 mL容量瓶中，稀释至刻度，摇匀。此溶液每毫升含1.000 mg钴。用时再以水稀释为含钴10.00 μg·mL^{-1}的操作液和4.00×10^{-4} mol·L^{-1}的钴标准溶液。

② 5-Br-PADAP：0.05%乙醇溶液和4.0×10^{-4} mol·L^{-1}乙醇溶液(北京化工厂出品)。

③ 醋酸-醋酸钠缓冲溶液：pH分别为2.0、2.5、3.0、3.5、4.0、4.5、5.0、5.5、6.0。首先配制1 mol·L^{-1} NaAc溶液，然后在酸度计下分别用盐酸和冰醋酸调节pH至各所需要值。

④ HCl：浓HCl、6 mol·L^{-1}HCl。

⑤ 无水乙醇。

2. 主要仪器：

① 分光光度计：722型。

② 酸度计：pHS-3C型。

③ 烧杯：250 mL 10个。

④ 容量瓶：250 mL 1个。

⑤ 比色管：9支。

⑥ 吸量管：1 mL 2支、2 mL 11支、5 mL 1支、10 mL 1支。

实验步骤

1. 实验方法：

取标准钴10.00 μg于25 mL比色管中，加入pH为3.5的HAc-NaAc缓冲溶液、无水乙醇、0.05% 5-Br-PADAP乙醇溶液各2.00 mL，显色10 min后，加水至15 mL。加入6 mol·L^{-1} HCl 8.5 mL，用水稀释至刻度，摇匀。用1 cm液池于波长595 nm处对试剂空白测量吸光度。

2. 条件实验：

(1) 吸收曲线的制作：

用吸量管准确移取4.00×10^{-4} mol·L^{-1}标准溶液1.00 mL置于25 mL比色管中，加入pH=3.5的HAc-NaAc缓冲溶液和无水乙醇各2.0 mL及4.0×10^{-4} mol·L^{-1} 5-Br-PADAP乙醇溶液1.00 mL，其他同一般实验方法，采用无水乙醇为参比，用1 cm液池在420～540 nm每间隔20 nm测定一次吸光度，540～720 nm每间隔10 nm测定一次吸光度，以波长为横坐标，吸光度为纵坐标绘制吸收曲线，从而选择测定钴的适宜波长。

(2) 显色时溶液酸度的影响：

在9支25 mL比色管中，首先加入标准钴10.00 μg，再分别加入2.0 mL pH为2.0、2.5、3.0、3.5、4.0、4.5、5.0、5.5和6.0的HAc-NaAc缓冲溶液，以下步骤同一般实验方法，以各自相应的试剂溶液为参比测定其吸光度。以pH为横坐标，溶液相应的吸光度为纵坐标，绘出吸光度-pH曲线，找出进行测定的适宜pH区间。

(3) 显色剂5-Br-PADAP用量的影响：

在9支25 mL比色管中，加入标准钴10.00 μg，pH=3.5 HAc-NaAc缓冲溶液2.0 mL，再分别加入0.05%的5-Br-PADA乙醇溶液0.1 mL、0.2 mL、0.5 mL、1.0 mL、1.5 mL、2.0 mL、3.0 mL、4.0 mL、5.0 mL，以下步骤同一般实验方法，以各自相应的试剂溶液为参比测定其吸光度。以显色剂的毫升数为横坐标，相应的吸光度为纵坐标绘制吸光度-显色剂曲线，从而确定5-Br-PADAP应加入的毫升数。

（4）配合物组成的测定——等摩尔连续变化法：

取10支25 mL比色管，分别加入4.00×10^{-4} mol·L^{-1}标准钴溶液0、0.2 mL、0.4 mL、0.6 mL、0.8 mL、1.0 mL、1.2 mL、1.4 mL、1.6 mL、1.8 mL，加入pH=3.5的HAc-NaAc缓冲溶液和无水乙醇各2.0 mL，然后再加入4.0×10^{-4} mol·L^{-1} 5-Br-PADAP乙醇溶液各2.0 mL、1.8 mL、1.6 mL、1.4 mL、1.2 mL、1.0 mL、0.8 mL、0.6 mL、0.4 mL、0.2 mL，以下步骤同一般实验方法，以水为参比测定各溶液的吸光度。以吸光度对V_{Co}和相应的V_R作图。根据曲线交点或延长线的交点位置确定络合物的组成比。

（5）标准曲线的绘制：

取6支25 mL比色管，分别加入0、4 μg、8 μg、12 μg、16 μg、20 μg标准钴溶液，以下步骤同一般实验方法。以钴的微克数为横坐标，吸光度为纵坐标，绘制标准曲线。

3. 未知液中钴的测定。

用吸量管准确移取2～5 mL试液（含钴约10 μg）置于25 mL比色管中，以下步骤同一般实验方法。从工作曲线上查出钴的微克数。计算未知液中钴的含量（μg·mL^{-1}）。

注意事项

1. 配制缓冲溶液时，尽可能估算好。若需要调节，每次都要充分润洗电极。
2. 等摩尔连续变化法适合摩尔比较小的组成测定，否则可用其他方法。
3. 分光光度计在使用前，需预热30 min左右。

思考题

1. 用5-Br-PADAP测定钴时，为什么要加入无水乙醇？显色后为什么加入HCl？
2. 根据本实验结果，计算5-Br-PADAP-Co配合物的摩尔吸光系数和桑德尔灵敏度。
3. 光度法与化学分析的定量方式不同，为什么？

参考文献

[1] 武汉大学.分析化学实验[M].2版.北京：高等教育出版社，1985.

[2] 陈永兆.络合滴定[M].北京：科学出版社，1986.

[3] 王明德，赵清泉，刘廉泉.分析化学实验[M].北京：高等教育出版社，1986.

[4] 大连理工大学《分析化学实验》编写组.分析化学实验[M].大连：大连理工大学出版社，1989.

[5] 李雄志，杨仁柱.分析化学实验[M].北京：北京师范大学出版社，1990.

[6] 吉林大学化学系分析化学教研室.分析化学实验[M].长春：吉林大学出版社，1992.

[7] 北京大学化学分析化学教研室.基础分析化学实验[M].北京：北京大学出版社，1993.

[8] 柴华丽，马林，徐华华，等.定量分析化学实验教程[M].上海：复旦大学出版社，1993.

[9] 金谷，江万权，周俊英.定量化学分析实验[M].合肥：中国科学技术大学出版社，2005.

[10] 南京大学《无机及分析化学实验》编写组.无机及分析化学实验[M].北京：高等教育出版社，1998.

[11] 苗凤琴，于世林.分析化学实验[M].北京：化学工业出版社，1998.

[12] 阮湘元，苏亚玲.分析化学实验[M].广州：广东高等教育出版社，1998.

[13] 吴泳.大学化学新体系实验[M].北京：科学出版社，1999.

[14]　张广强，黄世德. 分析化学实验[M]. 北京：学苑出版社，2001.
[15]　谢国梅. 分析化学实验[M]. 2 版. 杭州：浙江大学出版社，2001.
[16]　王彤，姜言权. 分析化学实验[M]. 北京：高等教育出版社，2002.
[17]　邓珍灵. 现代分析化学实验[M]. 长沙：中南大学出版社，2002.
[18]　武汉大学化学与分子科学学院实验中心. 分析化学实验[M]. 武汉：武汉大学出版社，2003.
[19]　北京大学化学分析化学教研室. 基础分析化学实验[M]. 2 版. 北京：北京大学出版社，2003.
[20]　陈焕光. 分析化学实验[M]. 广州：中山大学出版社，2006.
[21]　刘俊来，杨向萍，吴伶伶，等. 基础分析化学实验. 1[M]. 北京：科学出版社，2008.
[22]　杨纯章，罗兴贤，杨希. 磷的常规分析[J]. 贵州大学学报(自然科学版)，1996，13(4)：233～239.
[23]　彭国信. 磷酸氢钙中含钙量的络合滴定[J]. 化工商品科技情报，1991(4)：29.
[24]　程绍华. 容量法测磷的方法改进[J]. 理化检验-化学分册，1998，34(5)：221.
[25]　闫桂甫，徐慧琴. 复方阿司匹林中乙酰水杨酸含量的测定[J]. 河北化工，2010，33(9)：64-65.
[26]　翁水旺，薛菡，郑丽清. 直接滴定法测定乙酰水杨酸肠溶片的含量均匀度[J]. 海峡药学，1999，11(2)：25-26.
[27]　孟哲，张冬亭，王力川. 返滴定阿司匹林片剂中乙酰水杨酸含量韵实验改进[J]. 邢台学院学报，2006，21(4)：110-111.
[28]　耿畯，周志华. 微型滴定法测定胃舒平中氢氧化铝的含量[J]. 化学教育，2000(5)：26-27.
[29]　加建斌. 胃舒平片剂中铝含量测定方法研究[J]. 安徽农业科学，2007，35(24)：7388-7390.
[30]　孔玲，张艳，吴乾环. "胃舒平中 Al_2O_3 含量的测定"的 3 种实验设计方案比较[J]. 西南师范大学学报，2011，36(2)：186-189.
[31]　许文菊，袁亚利，易雪华. $CuSO_4$ 返滴定测定胃舒平药片中铝含量的实验条件探究[J]. 西南师范大学学报，2013，38(1)：147-150.
[32]　陈晓红. 碘量法测定葡萄糖含量微型实验研究[J]. 光谱实验室，2006，23(6)：1265-1266.
[33]　孔玲，代婷，杜礼霞. 碘量法测定葡萄糖含量的影响因素研究[J]. 西南师范大学学报，2013，38(7)：163-166.
[34]　周娟，陈滋青，胡军. 葡萄糖测定方法的比较研究[J]. 工业微生物，1999，29(4)：34-36.
[35]　庄炳游. Pb(Ⅱ)-XO-CTMAB 光度法测定树叶上附着的铅量[J]. 理化检验(化学分册)，2001，37(9)：413-414.
[36]　崔丽，钱丽琳. 快速测定 COD_{Cr} 的研究[J]. 理化检验(化学分册)，1997，33(11)：491-493.
[37]　黄林生. 重铬酸钾法测定 COD_{Cr} 时用空白滴定值代替标准滴定值的可行性研究[J]. 化学工程与装备，2009(7)：223-224.
[38]　梁燕，陈晓慧. 废水中 COD 测定的影响因素探讨[J]. 化学工程与装备，2014(2)：192-193.
[39]　方成圆，胥吉萍，李佳. 化学耗氧量测定过程中常见问题探析[J]. 科技创新导报，2014(22)：215-216.
[40]　胡小超，何珍. 水中 COD 测定方法改进研究[J]. 环境与生活，2014(73)：150-151.
[41]　陈桂芳. 黄酒中总酸、氨基酸态氮的滴定测定法[J]. 职业与健康，2003，19(3)：42-43.
[42]　王林芳，齐淑娴，张渔夫. 均匀沉淀 $BaSO_4$ 的过程中 $(NH_4)_2S_2O_8$ 与 EDTA 反应机理的探讨[J]. 陕西师大学报，1986(4)：79-81.
[43]　张明，李新海，胡启阳. EDTA 络合法合成硫酸钡微粒[J]. 中国有色金属学报，2009，19(8)：1511-1516.
[44]　林晓，李宁，周湘君. 络合法制备纳米硫酸钡及影响因素的分析[J]. 广东微量元素科学，2010，17(4)：25-32.
[45]　马丽君，邵纯红. 重量法测定金属镍的改进[J]. 化学工程师，2002(4)：66-67.
[46]　刘惠婉，袁竹青，乔桂芳. 重量法测定氧化镍中的镍含量[J]. 河南化工，2013，30(1)：59-60.
[47]　龚华华，杨紫寒，李会娟. 酱油中食盐含量测定方法的比较和改进[J]. 中国调味品，2012，13(3)：

72-75.

[48] 尚正文. 5-Br-PADAP 光度法测定锰矿中微量钴[J]. 理化检验-化学分册,2002,38(2):92.

[49] 斯钦,贾长宽,赛音娜. Tween80-5-Br-PADAP 光度法同时测定微量铁和钴[J]. 光谱学与光谱分析,2000,20(5):747-748.

[50] 张文治,任桂玲. 5-Br-PADAP 与金属离子显色反应最佳 pH 值的计算[J]. 齐齐哈尔大学学报,2006,22(5):38-42.

第6章　综合实验

实验6.1　甲基橙的合成、pH变色域确定及离解常数的测定

甲基橙的合成[1~4]

实验目的

1. 掌握偶氮化反应的实验条件和操作方法。
2. 掌握常温下合成甲基橙的原理。
3. 掌握重结晶的方法。

方法原理

传统的逆加法重氮化必须在低温、强酸性环境中进行；改良法突破了低温反应条件的限制，充分利用对氨基苯磺酸本身的酸性来完成重氮化，反应如下：

$$H_2N-C_6H_4-SO_3H + NaNO_2 \longrightarrow H_2N-C_6H_4-SO_3Na + HNO_2$$

$$H_2N-C_6H_4-SO_3Na + HNO_2 \longrightarrow NaO_3S-C_6H_4-N=N-OH + H_2O$$

$$NaO_3S-C_6H_4-N=N-OH + C_6H_5-N(CH_3)_2 \longrightarrow$$

$$NaO_3S-C_6H_4-N=N-C_6H_4-N(CH_3)_2 + H_2O$$

试剂与仪器

1. 主要试剂：

① 对氨基苯磺酸、亚硝酸钠、N,N-二甲基苯胺、氢氧化钠、浓盐酸、冰醋酸、乙醇，均为分析纯。

② 淀粉-碘化钾试纸。

③ 三口烧瓶、分液漏斗、回流冷凝管。

2. 主要仪器：

磁力搅拌器、循环水泵、TU-1901双光束分光光度计。

实验步骤

在100 mL三口烧瓶中加入2.1 g对氨基苯磺酸、0.8 g亚硝酸钠和30 mL水，三口烧瓶的中口装电动搅拌器，两侧口装滴液漏斗和回流冷凝管，开动搅拌器搅拌至固体完全溶解。

用量筒量取 1.3 mL N,N -二甲基苯胺,并用两倍体积乙醇洗涤量筒后一并加入滴液漏斗。边搅拌边慢慢滴加 N,N-二甲基苯胺。滴加完毕继续搅拌 20 min,再滴入 3 mL 1.0 mol·L^{-1} NaOH 溶液,搅拌 5 min。将该混合物加热溶解,静置冷却,待生成片状晶体后抽滤得粗产物。粗产物用水重结晶后抽滤,并用 10 mL 乙醇洗涤产物,以促其快干,得橙红色片状晶体。干燥,称重得产品 5.3 g,收率 85%。

在常温条件下,二甲基苯胺以游离形式存在,由于$—N(CH_3)_2^+$ 的强供电子共轭效应,二甲基苯胺中苯环上的电子云密度增加,有利于重氮离子对其进行亲电取代反应。因此,重氮离子一旦生成,就立即与二甲基苯胺发生偶联而生成产物。

注意事项

1. 对氨基苯磺酸是两性化合物,酸性比碱性强,以酸性内盐存在,所以它能与碱作用成盐而不能与酸作用成盐。

2. 若反应物中含有未作用的 N,N-二甲基苯胺磺酸盐,在加入氢氧化钠后,就会有难溶于水的 N,N-二甲基苯胺析出,影响产物的纯度。湿的甲基橙在空气中受光的照射后,颜色很快变深,所以一般得紫红色粗产物。

3. 重结晶操作应迅速,否则由于产物呈碱性,在温度高时易使产物变质,颜色变深。用乙醇、乙醚洗涤的目的是使其迅速干燥。

思考题

1. 什么叫偶联反应?试结合本实验讨论一下偶联反应的条件。
2. 制备重氮盐时为什么要把对氨基苯磺酸变成钠盐?

pH 变色域的测定[5]

实验目的

1. 通过对指示剂变色域的测定以及对指示剂在整个变色区域内颜色变化过程的观察,使学生在酸碱滴定实验中对如何判断终点颜色有一个准确的认识。
2. 了解常用缓冲溶液的制备方法。
3. 了解溶液颜色变化的影响因素。

方法原理

酸碱指示剂的 pH 变色域是指其色泽因溶液 pH 的改变所引起的有明显变化的范围。指示剂颜色在 pH 变色域内是逐渐变化的,呈混合色。pH 变色域有两个端点变色点,其中一个变色点呈酸式色,另一个变色点呈碱式色,此两个端点,均为颜色不变点。在酸碱滴定中,我们目视的终点通常是变色域的一个端点,或中间点。

本实验是根据酸碱指示剂在不同 pH 的缓冲溶液中颜色变化特性,来确定不同酸碱指示剂的 pH 变色域的。

试剂与仪器

1. 主要试剂：

① 邻苯二甲酸氢钾溶液：0.2000 mol·L^{-1}。

准确称取 10.2110 g 在 105±2 ℃干燥至恒重的邻苯二甲酸氢钾，用水溶解后转移至 250 mL 容量瓶，稀至刻度后摇匀。

② NaOH 溶液：0.1 mol·L^{-1}。

称取 NaOH 2.0 g 溶解在水中，稀释至 500 mL。然后用邻苯二甲酸氢钾标定其浓度（可另称三份 0.4～0.6 g 用于标定 NaOH，见实验 5.4。也可用 0.2000 mol·L^{-1}邻苯二甲酸氢钾直接标定）。

③ HCl 溶液：0.1 mol·L^{-1}。

量取浓盐酸 4.0 mL，加水稀释至 500 mL，用上述标定好的 NaOH 标准溶液标定其浓度。

④ 甲基橙：0.1%水溶液。

称取 0.10 g 甲基橙，加水溶解并稀释至 100 mL。

2. 主要仪器：

① 比色管：25 mL，6 支。吸量管：5 mL，4 支；1 mL，4 支。

② pHS-3C 型酸度计。

实验步骤

甲基橙 pH 变色域的测定[参考值：pH 3.1（红）～pH 4.4（黄）]。

按表 6.1，在 6 支比色管中加入各种试剂，配成 pH 为 2.8～4.6 的缓冲溶液，然后各加入 0.10 mL 甲基橙溶液，用水稀释至 25 mL 标线，摇匀。进行目视比色，确定两端变色点和中间变色点。

表 6.1　pH 为 2.8～4.6 的缓冲溶液配制方案

pH	2.8	3.0	3.2	3.4	3.6	3.8	4.0	4.2	4.4	4.6
HCl(mL)	7.23	5.58	4.50	3.27	2.29	1.55	1.02			
NaOH(mL)							0.75	1.44	1.68	
$C_8H_5O_4K$(mL)	6.25	6.25	6.25	6.25	6.25	6.25	6.25	6.25	6.25	6.25

注：本表格中体积是按浓度为 0.1 mol·L^{-1}HCl 和 NaOH 及浓度为 0.2 mol·L^{-1}邻苯二甲酸氢钾溶液计算得到的。

注意事项

1. 上述体积数是按照 0.1 mol·L^{-1} HCl 溶液 和 0.1 mol·L^{-1} NaOH 溶液计算得到的，所以要么配制 0.100 mol·L^{-1} HCl 和 NaOH 溶液，要么配制 0.1 mol·L^{-1} HCl 和 NaOH 溶液再根据具体的浓度值进行换算。比如实测 0.1 mol·L^{-1} HCl 浓度为 0.0958 mol·L^{-1}，故 pH=2.8 时，应加的 HCl 体积为 7.55 mL，而不是 7.23 mL。以此类推。

2. 邻苯二甲酸氢钾溶液、HCl 或 NaOH 溶液需要准确加入。若在两个点之间有颜色变化，则需在两点之间加一个点。比如 pH=3.0 时，溶液为红色；而 pH=3.2 时，溶液为橙色；

故需加 pH=3.1 这个点。

思考题

1. 实验中为什么要用不含 CO_2 的水？
2. 如何得到标准缓冲溶液？
3. 随着 pH 变化，甲基橙为什么会发生颜色变化？

光度法测定甲基橙的离解常数[6~7]

实验目的

1. 通过测量甲基橙在不同酸度条件下的吸光度，求出甲基橙的离解常数。
2. 了解光度法在研究离子平衡中的应用。
3. 掌握光度法测定原理，学会分光光度计的操作。

方法原理

甲基橙的酸式和碱式具有不同的吸收光谱。甲基橙溶液的颜色取决于其酸式和碱式的比例，可选择两者有最大吸收差值的波长(520 nm)进行测量。

甲基橙的变色范围：pH>4.4 呈黄色，pH<3.1 呈红色。当甲基橙溶液 pH 在 3.1～4.4 范围内时，有下列平衡关系式：

$$\underset{\text{酸式(红色)}}{HIn} + H_2O \rightleftharpoons H_3O^+ + \underset{\text{碱式(黄色)}}{In^-}$$

$$K = \frac{[H_3O^+][In^-]}{[HIn]}$$

实验时，配制甲基橙浓度相同，但 pH 不同的三种溶液。在 pH>4.4 的溶液中，主要以其碱式 In^- 形式存在，设在波长为 520 nm 处的吸光度为 A_1；在 pH<3.1 的溶液中，主要以其酸式 HIn 形式存在，设在波长为 520 nm 处的吸光度为 A_2；在已精确测知 pH(pH 在 3.1～4.4 范围内)的缓冲溶液中，甲基橙以 HIn、In^- 状态共存，设在波长为 520 nm 处的吸光度为 A_3；缓冲溶液的氢离子浓度为$[H_3O^+]$；以 HIn 状态存在的百分比为 y；以 In^- 状态存在的百分比为 $1-y$。则

$$A_3 = yA_2 + (1-y)A_1$$

$$K_{HIn} = \frac{[H_3O^+](1-y)}{y}$$

$$y = \frac{A_3 - A_1}{A_2 - A_1}, \quad 1-y = \frac{A_2 - A_3}{A_2 - A_1}$$

$$K_{HIn} = \frac{[H_3O^+](A_2 - A_3)}{A_3 - A_1}$$

在测量时，若以指示剂的碱式(In^-)溶液做参比溶液，则 $A_1=0$，则

$$K_{HIn} = \frac{[H_3O^+](A_2 - A_3)}{A_3}$$

由测定的吸光度值，可求得离解常数。

试剂与仪器

1. 主要试剂：
① 盐酸：1.00 mol・L^{-1}。
② 甲基橙(钠盐)溶液：1.25×10^{-4} mol・L^{-1}。
③ HAc-NaAc标准缓冲溶液：pH=4.003。
2. 主要仪器：
① 吸量管：1 mL、5 mL、10 mL各1个。
② 比色管：25 mL 3个。
③ 分光光度计：755B型。
④ pHS-3C型酸度计。

实验步骤

取3个比色管按下列方法配制溶液：
① 1.25×10^{-4} mol・L^{-1}甲基橙水溶液10.00 mL。
② 1.25×10^{-4} mol・L^{-1}甲基橙水溶液10.00 mL+1.00 mol・L^{-1}盐酸溶液1.00 mL。
③ 1.25×10^{-4} mol・L^{-1}甲基橙水溶液10.00 mL+pH≈4标准缓冲溶液10.00 mL。

将以上各溶液用水稀释到刻度，摇匀。以比色管①中的溶液为参比溶液，用1 cm液槽，在波长520 nm处，测量上述各溶液的吸光度，分别测得A_2、A_3。按上述方法，重新测定一次，若两者相差较大(指两次测量的A_2、A_3)，需找到原因。

注意事项

1. 测试前，分光光度计和酸度计需预热并调试好。
2. 甲基橙的变色范围在3.1～4.4范围内，故配制标准溶液时需控制pH在3.6～4.0，以减小测定误差。
3. 要准确配制pH≈4的标准缓冲溶液，其准确与否直接影响测定结果。

思考题

1. 改变温度、甲基橙浓度对测定结果有何影响？
2. 要想减小测定误差，需要注意的问题有哪些？
3. 除本法外，你认为还有哪些方法可用于测定甲基橙的离解常数？

实验6.2 Fe_3O_4磁性材料的制备及分析[8~13]

实验目的

1. 了解磁性材料的特性及应用。
2. 掌握共沉淀法制备纳米级磁性粒子。

3. 掌握磁性功能材料的分析方法。

方法原理

共沉淀法是在包含两种或两种以上金属离子的可溶性盐溶液中，加入适当的沉淀剂，使金属离子均匀沉淀或结晶出来，再将沉淀物脱水或热分解而制得纳米微粉。共沉淀法有两种：一种是 Massart 水解法，即将一定摩尔比的三价铁盐与二价铁盐混合液直接加入到强碱性水溶液中，铁盐在强碱性水溶液中瞬间水解结晶形成磁性铁氧体纳米粒子；另一种为滴定水解法，是将稀碱溶液滴加到一定摩尔比的三价铁盐与二价铁盐混合溶液中，使混合液的 pH 逐渐升高，当达到 6～7 时水解生成磁性 Fe_3O_4 纳米粒子。相关反应如下：

$$Fe^{2+} + Fe^{3+} + OH^- \longrightarrow Fe(OH)_2/Fe(OH)_3 \quad \text{（形成共沉淀）}$$

$$Fe(OH)_2 + Fe(OH)_3 \longrightarrow FeOOH + Fe_3O_4 \quad (pH<7.5)$$

$$FeOOH + Fe^{2+} \longrightarrow Fe_3O_4 + H^+ \quad (pH>9.2)$$

试剂与仪器

1. 主要试剂：

① $FeCl_3 \cdot 6H_2O$、$FeSO_4 \cdot 7H_2O$(固体)、油酸、1＋1 氨水、乙醇。

② 亚甲基蓝(MB)20 mg·L^{-1}水溶液，NaH_2PO_4-Na_2HPO_4(pH＝7.6)缓冲溶液。

2. 主要仪器：

① 恒温水浴槽、真空干燥箱、离心机、电热板。

② 分光光度计：755B 型（配 2 只 10 mm 吸收池）、pHS-3C 型酸度计。

③ 环型磁铁。

所用试剂均为分析纯，水为去离子水。测定铁所用试剂见实验 5.15。

实验步骤

1. 磁性颗粒制备：

称取 4.8 g $FeCl_3 \cdot 6H_2O$、2.50 g $FeSO_4 \cdot 7H_2O$、0.85 mL 油酸分别都加到一个盛有 30 mL 蒸馏水的烧杯中，剧烈搅拌并加热至 80 ℃，在不断搅拌下迅速加入 20 mL 氨水溶液中(14%，用浓氨水配制)，pH 约为 9，溶液变为黑色。将其放在电热板上加热，在 70～80 ℃下反应 2 h，移出冷却至室温。弃去上层清液(最好将磁铁置于烧杯底部，加快磁性物质沉降)，加入蒸馏水洗涤 3～4 次，少量乙醇洗涤 2 次至溶液为中性。沉淀在 60～80 ℃真空干燥，得到黑色Fe_3O_4固体粉末(此样品作为分析用铁样)。

2. 铁含量的测定：

见实验 5.15。

3. 吸附和分析：

取 1 mL MB 溶液(20 mg·L^{-1})，放入 100 mL 烧杯中，加入 pH＝7.6 的 NaH_2PO_4-Na_2HPO_4 的缓冲溶液 4 mL，放置 5 min，加入 20 mL 蒸馏水、0.5 g 油酸改性的 Fe_3O_4 磁性颗粒，震荡30 min，用滴管取出上层清液(若有漂浮物，则将混合液转移到离心管中进行离心分离，20 min)，倒入比色皿中，在 λ＝665 nm 处用分光光度法测定吸光度，并与标准曲线对比。同样做空白，由此计算 MB 含量。将固体吸附剂收集，在 100 ℃烘 1 h，称重，计算吸附量。

4. 标准曲线的绘制：

取一系列亚甲基蓝溶液，如 20 mg・L^{-1} 的 0 mL、0.2 mL、0.4 mL、0.6 mL、0.8 mL、1.0 mL，加入 pH=7.6 的 NaH_2PO_4-Na_2HPO_4 的缓冲溶液 4 mL，放置 5 min，并用水稀至 25 mL。用分光光度法在 λ=665 nm 处测定吸收值，制作相应的标准曲线。

注意事项

1. 油酸加入时间和加热温度对 Fe_3O_4 颗粒大小影响较大。
2. 亚甲基蓝是染料，实验后要及时清洗仪器，以防染色。

思考题

1. 在制备磁性颗粒时，可否用氢氧化钠溶液替代氨水？
2. 若在制备时出现了红棕色沉淀，说明什么？
3. 反应时，温度高低对 Fe_3O_4 粒径大小有何影响？
4. 本实验中，合成磁性 Fe_3O_4 纳米粒子时，加油酸起什么作用？
5. 油酸对 Fe_3O_4 纳米粒子的改性，对其吸附亚甲基蓝有什么影响？如何判别？

实验 6.3　SDS 在 Al_2O_3 表面的自组装及分离、富集铜离子[14~19]

实验目的

1. 了解无机氧化物和表面活性剂的性质及作用。
2. 了解自组装的概念及吸附胶团在分离富集中的作用。
3. 了解不同分离技术在分析中的应用。

方法原理

1. 氧化铝的表面改性：

氧化铝的等电点 pI 在 9 左右，控制 pH 使氧化铝带正电，十二烷基硫酸钠(SDS)通过库仑引力在 Al_2O_3 表面自组装，从而实现了对 Al_2O_3 的表面改性。

2. 重金属离子在氧化铝表面的吸附机理：

经改性后的氧化铝，表面呈疏水性，而铜离子与铜试剂能形成弱极性的络合物，故很容易吸附在氧化铝表面的 SDS 栅栏层中。

3. 重金属离子的分离机理：

铜离子能被吸附在氧化铝表面，是因为它能与铜试剂形成疏水性的络合物。由于不同金属离子与铜试剂形成络合物能力不同，通过酸度的控制，某些络合物可以被破坏，从而实现分离的目的。

4. 改性的氧化铝的应用及应用效果评价：

改性的 Al_2O_3 表面由于自组装作用可作为载体，用于分离、富集金属离子或有机污染物；也可用于处理废水中的这些物质。采用原子吸收或光度法测定上层清液中的未被吸附的目标物质或测定过滤后，用硝酸解吸附载体的溶液，可了解吸附效果。

试剂与仪器

1. 主要试剂：

① Al_2O_3（10～50 μm 微粒）：称取 5 g，在 5 mol・L^{-1} HNO_3溶液中超声清洗 3 min，然后用去离子水冲洗干净，备用。

② 十二烷基硫酸钠（SDS）：固体粉末。

③ 金属离子标准溶液：1.00 mg・mL^{-1}，用时稀释至 40 μg・mL^{-1}的工作液。

④ 二乙基氨基二硫代甲酸钠（铜试剂，0.1%，*m/V*）：溶解 0.1 g 铜试剂在 100 mL 2% TritonX-100 水溶液中。

⑤ HAc-NaAc 缓冲溶液：pH=4.0。

⑥ HNO_3溶液：4 mol・L^{-1}。

2. 主要仪器：

搅拌器、离心管。

实验步骤

1. SDS 涂层的 Al_2O_3 微粒制备：

取经过处理的 Al_2O_3 微粒（5 g）放入烧杯中，先加 0.4 g SDS，在搅拌下加少量水润湿，然后缓慢加入 150 mL 水，搅拌成悬浮液，再用 4 mol・L^{-1} HNO_3酸化，调至 pH=2，振荡 10 min后，去除上层清液，水洗 2～3 次。将 SDS 涂层的 Al_2O_3微粒转移进入一个微孔过滤器中进行过滤，以去除未吸附在 Al_2O_3微粒上的 SDS 和其他离子。这种多孔玻璃器内放有孔径为 0.45 μm 的聚碳酸酯膜，可防止 Al_2O_3渗漏。水洗后沉淀移至表面皿上，110 ℃烘干，备用。

2. 标准曲线绘制：

取一系列一定质量的金属离子，如 40 μg・mL^{-1}的铜离子 0 mL，0.2 mL、0.4 mL、0.6 mL、0.8 mL、1.0 mL，加 pH=4.0 HAc-NaAc 缓冲溶液 3.5 mL，加 0.1% 铜试剂溶液 1.0 mL，放置 5 min，并用水稀至 25 mL；用分光光度法测定吸收值，制作相应的标准曲线。

3. 水样中的重金属离子的吸附和分析：

取 0.5 mL 铜金属离子标准溶液（40.00 μg・mL^{-1}），放入 100 mL 烧杯中，加 pH=4.0 HAc-NaAc 缓冲溶液 3.5 mL，加 1.0 mL 铜试剂溶液，放置 5 min，加蒸馏水 20.00 mL，加入 2.0 g SDS 涂层的 Al_2O_3，震荡 30 min，将混合液转移到离心管中进行离心分离，20 min（2000 r・min^{-1}）后取出上层清液。同样方法做空白，然后将上清液倒入比色皿中，以空白为参比，在 $\lambda=420$ nm 处用分光光度法测定吸光度，并与标准曲线对比，计算去除率。

注意事项

1. SDS 涂层的 Al_2O_3微粒制备时，要注意将过量的 SDS 清洗干净，否则会影响后面的测定。

2. 作标准曲线时，要确保有良好的线性关系。若作出的校正曲线相关系数较小，需重新制作，以保证后期样品测定的可靠性。

3. 做样品分析时，离心后要确保液固分相明显，否则增加离心时间或离心速度。离心时，离心管中样品溶液量要大致相当，并对称放置。测定时要取上清液，若有漂浮物，要用滴管取。

思考题

1. 活性 Al_2O_3有什么特点？用其他氧化物替代它可否？
2. 改性的 Al_2O_3表面吸附铜离子的机理是什么？
3. TritonX-100 在本实验中起什么作用？
4. 测定水样时，如何做空白？
5. 为何未修饰的氧化铝吸附铜离子效果差？如何了解 SDS 在氧化铝表面的吸附情况？

实验 6.4 绿茶中茶多糖的提取和含量测定[20~22]

实验目的

1. 了解绿茶中生物活性物质的特性及作用。
2. 掌握生物活性物质的提取及其含量的测定方法。
3. 掌握一些特殊分离方法的基本原理和实验操作。

方法原理

茶多糖(TPS)是从茶叶中提取的活性多糖的总称，其中包括中性多糖和酸性多糖，它们往往是与蛋白质紧密结合的糖蛋白复合物。茶多糖粗品在 85～90 ℃热水中的溶解度为 76%，其水溶液呈浅褐色透明半稠状。茶多糖不溶于高浓度的乙醇、丙酮、乙酸乙酯、正丁醇等有机溶剂。故茶多糖用水提取后，可采用乙醇沉淀的方法将茶多糖从提取液中分离出来。

多糖含量测定方法国内多采用苯酚-硫酸法或蒽酮-硫酸法，其原理是多糖及其衍生物在硫酸作用下水解成单糖，单糖进一步脱水生成糖醛类化合物，与酚类、芳胺类等缩合形成有色化合物，再用比色法测定。

试剂与仪器

1. 主要试剂：

① 绿茶。

② 硫酸、盐酸、乙醇、碳酸钠、氢氧化钠、溴化十六烷基三甲基铵(CTMAB)。

③ 苯酚：5%水溶液。

④ 葡萄糖溶液：30.00 $\mu g \cdot mL^{-1}$。

2. 主要仪器：

UV2000 紫外可见分光光度计、集热式磁力搅拌器。

实验步骤

1. 茶多糖的提取：

将茶叶在 50 ℃烘干后，放入食品加工机中粉碎，然后过 60 目筛，放在干燥处密封保存，备用。

分别用分析天平准确称取适量绿茶茶末若干份，分别于 85 ℃的水中恒温加热 1 h，冷却至室温，过滤，在清液中加入 3 倍于其体积的无水乙醇，醇析 3 h 后将所得的沉淀用无水乙醇洗涤数次，抽滤，干燥即得粗茶多糖。也可将茶末分别置于最佳温度下的不同质量浓度的盐酸溶液、碳酸钠溶液或氢氧化钠溶液中，按前述方法提取茶多糖。此外，长链季铵盐能与酸性多糖成盐形成水不溶性化合物，故也可用于分离酸性及中性多糖。常用的季铵盐是十六烷基三甲基溴化铵(CTMAB)及其碱(CTAOH)和十六烷基吡啶(CPC)。实验时必须严格控制多糖混合物的 pH 小于 8 及无硼砂存在，否则中性多糖也会沉淀出来。

2. 多糖测定：

(1) 溶液配制

5%苯酚溶液：取 12.5 g 苯酚，置于 250 mL 容量瓶中，用水稀释至刻度，摇匀，避光，冷藏。

葡萄糖溶液：准确称取 105 ℃干燥恒重的葡萄糖 0.1000 g，置于 100 mL 容量瓶中，用水稀释至刻度，摇匀，配成 1.000 $mg \cdot L^{-1}$ 的标准溶液。用时配成 40.00 $\mu g \cdot mL^{-1}$ 的工作溶液。

(2) 标准曲线制作

移取不同量的葡萄糖溶液于 8 只试管中，分别配制成浓度相当于 0.008 mg/mL、0.012 mg/mL、0.016 mg/mL、0.020 mg/mL、0.024 mg/mL、0.028 mg/mL、0.032 mg/mL 和0.036 mg /mL 的葡萄糖标准溶液。然后在每只试管中加入 0.05 g/mL 的苯酚溶液 1.6 mL，摇匀，加入 5.0 mL 98%浓硫酸，静置 10 min 后摇匀，室温放置 20 min 后，以蒸馏水作空白参比液，用 755 型分光光度计在 490 nm 波长下，测定相应的吸光度数值，用 Origin 软件绘制标准曲线，得标准曲线方程：$y=17.25x+0.1068$，$R^2=0.9993$，式中，x 为葡萄糖浓度(mg/mL)，y 为吸光度。

文中涉及的茶多糖提取率(S)计算采用：S=(茶多糖质量/茶粉质量)×100%换算。

(3) 多糖测定

准确吸取 30.00 $\mu g \cdot mL^{-1}$ 的标准溶液 1 mL，加入 5%苯酚溶液 1.6 mL，浓硫酸 7 mL，室温放置 10 min，然后置 100 ℃恒温水浴加热 15 min，取出后立即放入冷水中冷却 15 min。以 1 mL 水、1.6 mL 5%苯酚溶液、7 mL 浓硫酸混合液做空白，在 490 nm 处测定吸收值。

样品中的多糖的测定方法同上。

注意事项

1. 不同方法提取物的组成和组分含量不同，因此，在选择提取方法时，要注意提取物的用途和选用的分析方法。

2. 重氮化-偶合反应时，一定要控制在适当的温度范围内，以保证反应顺利进行和减少副产物。

3. 茶多糖是由阿拉伯糖、核糖、木糖、甘露糖、岩藻糖、葡萄糖、半乳糖等组成的杂多糖，其具体的单糖组成与茶叶的品种有关。而不同的单糖与显色情况不同，也即不同单糖标准曲线的斜率不同，因而仅采用葡萄糖做标准的测定结果，会存在一定的误差。

思考题

1. 茶多糖提取采用水或极性有机溶剂各有什么利弊？对一种生物活性物质的提取应该注意哪些问题？

2. 本方法中茶多酚测定的原理是什么？你认为有无其他简单的方法？

3. 利用CTMAB法分离茶多糖和乙醇法有何区别？

4. 茶多糖中往往含有单糖和寡糖，如何消除它们的影响？

5. 茶多糖由多种单糖组成，测定时如何作标准曲线？

实验6.5 季铵盐改性土壤对水中苯酚的吸附及去除效果分析[23~28]

实验目的

1. 了解环境水样中有机污染物苯酚的特性及去除方法。

2. 掌握经表面活性剂改性的土壤对苯酚的吸附规律。

3. 掌握苯酚的测定方法。

方法原理

土壤的主要化学成分是含硅、铝的氧化物。pH为中性时，采用十六烷基三甲基溴化铵(CTMAB)可对土壤进行改性。改性后的土壤表面因两亲型表面活性剂的存在而大大提高了对水样中苯酚的吸附。而且在不同pH时，改性的土壤对苯酚的去除效果明显不同，这是由于在不同pH时，吸附机理不同所致。

苯酚的电离常数$K_a=10^{-9.98}$。当pH等于10时，水中分子态酚与离子态酚之比近似为0.9∶1。当pH小于10时，苯酚主要以分子形式被CTMAB-土壤吸附；当pH大于10时，苯酚则以阴离子形式吸附在CTMAB-土壤的内外表面。

试剂与仪器

1. 主要试剂：

① 土壤样品：可用标准土壤样品，也可取本地地表层的土壤(地表下方10 cm处)，经风干、粉碎、研磨后过100目筛。

② 十六烷基三甲基溴化铵(CTMAB)：1%水溶液，溶解1.0 g CTMAB在100 mL水中。

③ 苯酚：0.10 $g\cdot L^{-1}$水溶液，溶解0.0100 g苯酚在100 mL水中。

④ 4-氨基安替比林：2×10^{-3} $mol\cdot L^{-1}$水溶液。

⑤ 铁氰化钾溶液：0.16%水溶液。

⑥ 氨性缓冲溶液：pH=10.00。

2. 主要仪器：

① 调速多用振荡器：HY-2 型。

② 酸度计：pHS-3C 型。

③ 分光光度计：755B 型。

实验步骤

1. CTMAB 改性的土壤的制备：

称取一定量的土壤样品（20～30 g），置于烧杯中，向烧杯中加入 100 mL 1% CTMAB 溶液，在 50～55 ℃时，搅拌 2 h 后，冷却至常温过滤，用去离子水洗涤数次，再过滤后风干研碎，过 100 目筛备用。

2. 苯酚的吸附：

在 150 mL 碘量瓶中分别加入 0.5 g CTMAB-膨润土（或原土），25 mL 不同浓度的有机物溶液，盖紧后，固定在恒温振荡器中，在 25 ℃下以 120 $r \cdot min^{-1}$ 振荡 1 h，离心后取上清液，测定其中有机物的残留量（扣除挥发等），计算水中有机物的去除率及吸附量。

控制溶液 pH 分别为 6.0 和 12.0 按上面方法实验，进行苯酚的吸附和测定。

3. 苯酚的测定：

苯酚的测定可采用 4-氨基安替比林光度法，方法如下：

取 0.50 mL 苯酚的试液，用氨性缓冲溶液控制 pH 为 10 左右，加 10 mL 的铁氰化钾溶液和 0.50 mL 4-氨基安替比林水溶液，反应 10 min 后，用水稀释至 25.00 mL，在 505 nm 处测定吸收值。可用单标或标准曲线确定苯酚的含量。

4. 吸附等温线的绘制：

根据测定的苯酚的浓度和吸附量绘制吸附等温线，比较不同 pH 时，吸附等温线的特点，并给出相应的吸附等温方程，由此推断不同 pH 的吸附机理。此外，根据实验结果，判断该法用于环境水样中苯酚去除的可行性。

注意事项

1. 在用 CTMAB 改性土壤时，一定要注意把过量部分的 CTMAB 除去，以免影响后面的吸附和测定。

2. 测定苯酚时，若用单标法，要注意测定的样品的浓度和标准溶液的相近；若用标准溶液法，要注意测定的样品的浓度在工作曲线的线性范围内。

思考题

1. 用 CTMAB 可对土壤进行改性，可否用其他类型的表面活性剂？

2. 土壤的类型对实验结果有何影响？为什么？

3. CTMAB 改性土壤的目的何在？其改性的原理是什么？

4. CTMAB 改性过的土壤吸附苯酚的机理和什么有关？

5. 在此实验的基础上，你认为本实验有无可改进之处？若有如何实现。

实验 6.6 纳米碱式硫酸铜的氨水法制备及纯度分析[29~32]

实验目的

1. 了解什么是均匀沉淀制备方法。
2. 掌握氨水法制备纳米碱式硫酸铜的特点和区别。
3. 熟悉纳米材料中铜的测试技术。

方法原理

通过对常规碱式硫酸铜制备方法进行改良，如利用溶液浓度、蒸氨时间和对 pH 的控制、添分散剂等手段，可均匀沉淀出纳米碱式硫酸铜。通过配位置换滴定法测定碱式硫酸铜的纯度。

$CuSO_4$ 与氨水反应生成铜氨配合物时，开始生成的沉淀就是碱式硫酸铜：

$$CuSO_4 + 2NH_3 \cdot H_2O \longrightarrow Cu(OH)_2SO_4 \downarrow + (NH_4)_2SO_4$$

配位置换滴定法测定铜的原理见实验 5.12。

试剂与仪器

1. 主要试剂：

① 氧化铜、氨水、硫酸铵、碘化钾、尿素。

② 重铬酸钾标准溶液：0.01 $mol \cdot L^{-1}$。

用差减法准确称取干燥的(180 ℃烘 2 h)分析纯 $K_2Cr_2O_7$ 固体 0.7～0.8 g 于 100 mL 烧杯中，加 50 mL 水使其溶解之，定量转入 250 mL 容量瓶中，用水稀释至刻度，摇匀。

③ 硫代硫酸钠溶液：0.05 $mol \cdot L^{-1}$。

在台秤上称取 6.5 g 硫代硫酸钠，溶于 500 mL 蒸馏水中，转移到 500 mL 试剂瓶中，摇匀后备用。

④ Na_2SO_4：30%水溶液。

⑤ 硫氰酸钾溶液：20%。

⑥ 淀粉溶液：0.5%。

称取 0.5 g 可溶性淀粉，用少量水调成糊状，慢慢加入到沸腾的 100 mL 蒸馏水中，继续煮沸至溶液透明为止。

⑦ 盐酸：3 $mol \cdot L^{-1}$；硝酸：1∶3；氢氧化铵溶液：1∶1；醋酸：6 $mol \cdot L^{-1}$。

⑧ HAc-NaAc 缓冲溶液：pH＝3.5。

2. 主要仪器：

① 500 mL 圆底烧瓶。

② 集热式磁力搅拌器、球形冷凝管、JEM-100cxⅡ透射电镜(高压 100 kV)。

实验步骤

1. 纳米碱式硫酸铜的制备：

氨水法：称取氧化铜 8 g，在不断搅拌下逐滴加入 5 mol·L^{-1}氨和 2.5 mol·L^{-1}硫酸铵混合溶液 75 mL，常温下使其溶解，过滤杂质后加入适量分散剂聚乙烯吡咯烷酮，转入圆底烧瓶中，置于集热式磁力搅拌器上，强烈沸腾回流蒸氨，至 pH 降至 7.5～8.0 时，结束蒸氨，过滤并以水洗尽杂质后再用乙醇洗涤两遍，经 60 ℃干燥即得产品。然后用氧化还原滴定法测定纳米碱式硫酸铜的纯度。

2. 产物中铜含量测定：

硫代硫酸钠溶液的标定和产物中铜的测定见实验 5.12。

注意事项

1. 蒸氨速率的影响：

蒸氨时加热强度大，氨挥发速度快，则 pH 下降速率快，有利于微粒的细化。本实验将蒸氨时间控制在 90～120 min 内完成，可获得粒度均匀的纳米颗粒。

2. pH 的影响：

蒸氨作用是生成碱式硫酸铜，蒸氨时游离氨及铜氨离子中的配合氨受热挥发，溶液 pH 下降，pH 降至 8.5 时开始产生碱式硫酸铜沉淀，pH 降至 7.5～8.0 时，铜离子基本沉淀完毕。

思考题

1. 氨水法中可否用其他铜盐代替氧化铜？
2. 可否用其他缓冲溶液来控制 pH？如何判断 pH 降至 7.5～8.0？
3. 混合碱法制备碱式硫酸铜收率高，其原因是什么？
4. 与氨水法相比，混合碱法还有什么优势？
5. 制备时，将硫酸铜溶液加到碱液中或将碱液加到硫酸铜溶液中，这两者对反应的影响有何不同？

实验 6.7 超微粒子 $CuSO_4 \cdot 5H_2O$ 的制备及纯度分析[33]

实验目的

1. 了解利用表面活性剂形成的分子有序组合体的特点。
2. 掌握利用表面活性剂做模板制备水溶性超微粒子。
3. 掌握纳米材料纯度分析。

方法原理

水溶性超微粒子材料的制备一般较困难，利用液晶模板法制备可以很好地解决这个问题。因层状液晶结构中的溶剂层厚度很小，一般小于3 nm，如在含水量小于60%的TritonX-100/$C_{10}H_{21}OH/H_2O$层状液晶区域内，$CuSO_4$的溶解度小于1.0 g/100 g溶剂，而在纯水中则为20.7 g/100 g。显然层状液晶的存在使硫酸铜的溶解度降低了约20倍，其机理可能是在含$CuSO_4$的层状液晶中，$CuSO_4$存在于溶剂层内，溶剂向两亲双层大幅度渗透，使得溶剂层内$CuSO_4$过饱和而析出。由于溶剂层为纳米级，故制备出的$CuSO_4$也为纳米粒子。

图6.1是层状液晶的形态，由此可了解在层状液晶中纳米$CuSO_4$粒子的形成过程。

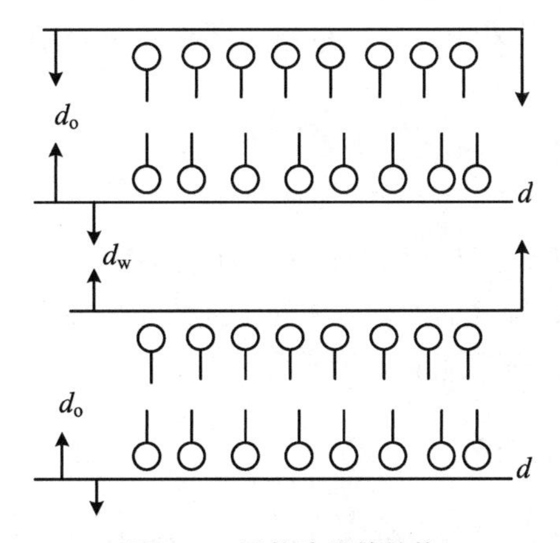

图6.1　层状液晶的结构

试剂与仪器

1. 主要试剂：

① $CuSO_4 \cdot 5H_2O$。

② TritonX-100。

③ 正癸醇、无水乙醇，均为分析纯。

实验所用水均为二次蒸馏水。

2. 主要仪器：

超声波清洗器、离心机、小角X射线仪、冷冻蚀刻电子显微镜。

实验步骤

1. 1.2% $CuSO_4$水溶液的制备：

称取1.2 g $CuSO_4 \cdot 5H_2O$溶于100 mL水中。

2. 层状液晶的制备：

称取35 g TritonX-100溶于55 g水中，加入10 g正癸醇，制备成层状液晶溶液。

3. $CuSO_4 \cdot 5H_2O$的制备：

以1.2%硫酸铜水溶液代替组分水制备层状液晶，即有$CuSO_4 \cdot 5H_2O$结晶析出。经高速离心分离、无水乙醇充分洗涤、振荡分散后，即可制成。

4. $CuSO_4 \cdot 5H_2O$ 超微粒子的表征：

用小角X射线测量层间距，由此算出溶剂层厚度。用冷冻蚀刻电子显微镜测定 $CuSO_4 \cdot 5H_2O$ 超微粒的粒径大小。

5. $CuSO_4 \cdot 5H_2O$ 的纯度分析：

超微粒子中 $CuSO_4 \cdot 5H_2O$ 的纯度可利用实验 5.12 或实验 5.16 测出。

注意事项

1. 制备液晶时，所需的表面活性剂浓度较大，溶解时，要充分搅拌以确保溶解和分散。

2. 要确定液晶的形成，除采用冷冻蚀刻电子显微镜外，也可通过测定黏度或折光率方法确定。

思考题

1. 能否用 TritonX-100/$C_{10}H_{21}OH/H_2O$ 作为介质制备 KCl 超微粒子？
2. 分析 $CuSO_4 \cdot 5H_2O$ 纯度的两种方法在上述体系中各有什么利弊？
3. 水溶性的纳米材料为何制备较为困难？

实验 6.8 类脂囊泡的制备及用于磺基水杨酸的包封[34~37]

实验目的

1. 了解囊泡的特性。
2. 了解囊泡作为药物载体的应用前景。
3. 掌握囊泡的制备方法和药物包封率的测定方法。

方法原理

囊泡具有与细胞膜非常相似的双分子层结构，具有良好的生物相容性，能够降低体内毒性，起到药物靶向作用，并能调节药物体内分布和释放，提高生物利用度。由非离子表面活性剂形成的囊泡(称为类脂囊泡)相比于脂质体，具有成分确定、结构稳定、易于保存、成本低、无毒性及不良反应等优点，作为脂质体的替代品，越来越广泛地成为新型药物传递系统研究的热点之一。

囊泡是由密闭双分子层所形成的球形或椭球形或扁球形的单间或多间小室结构。两亲分子在空间排列上是单层尾对尾地结合成密闭双分子层，壳(双分子层)外是亲水头处在水溶液环境，以及壳内则是包藏水的内层微相。

图 6.2 是囊泡存在的几种形态及包封(包容)目标物质的位置。由此可清楚地解释囊泡的形成过程和药物的包封。

多层大囊(MLV)直径在几个微米

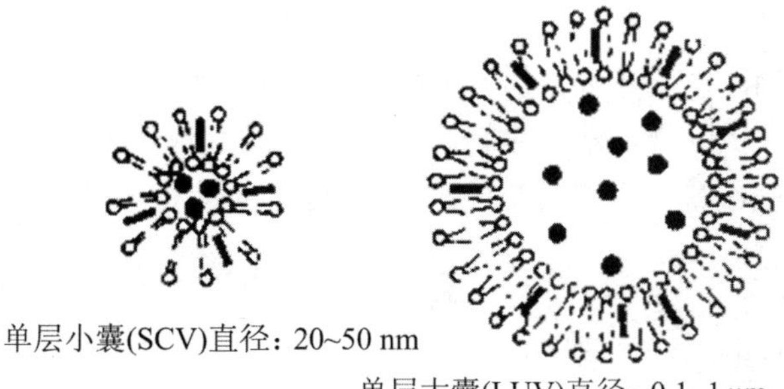

● 代表极性分子　　▬ 代表非极性分子

图 6.2　囊泡的几种类型

试剂与仪器

1. 主要试剂：

① 磷酸缓冲溶液(PBS)：在 800 mL 去离子水中溶解 8.0 g NaCl、0.20 g KCl、1.44 g Na_2HPO_4、0.42 g KH_2PO_4，用 0.1 mol・L^{-1}NaOH 或 HCl 调节 pH 至 7.4，再加水定容至 1000 mL。

② 磺基水杨酸水溶液：1.0 g・L^{-1}。

③ Span 80。

④ PEG 400。

⑤ 人工肠液：取 KH_2PO_4 6.8 g 加水 500 mL 溶解，用 0.4%(*m*/*m*)的 NaOH 回调 pH 至 6.8。每 100 mL 液体中加入 1 g 胰蛋白酶，混匀，用 0.2 μm 的无菌滤头过滤待用。

2. 主要仪器：

① 755B 型紫外可见分光光度计。

② pHS-3C 酸度计。

③ KS-3000 超声清洗仪。

④ 透析袋。

实验步骤

1. Span 80/PEG400 类非离子表面活性剂囊泡的制备：

将 Span 80、PEG400、1.0 g・L^{-1}的磺基水杨酸溶液或水溶液按照质量比 0.0030：0.9970：99.0 依次加入烧杯中，室温下超声 15 min，即制成含磺基水杨酸的囊泡溶液或空白囊泡溶液。

将按上述方法精密配制含药物溶液及空白囊溶液分别用 PBS 缓冲溶液(pH=7.41)稀释数倍后在紫外/可见分光光度计在 190～350 nm 间进行扫描，其目的是寻求磺基水杨酸的最大吸收峰，并了解空白囊泡是否对药物分子测定有干扰。结果表明，磺基水杨酸在 208 nm 处有最大吸收且空白囊泡不干扰，故选择 208 nm 为测定波长。

2. 磺基水杨酸标准曲线的建立：

精密配制浓度 ρ 分别为 0.4 mg・L^{-1}、0.7 mg・L^{-1}、1.0 mg・L^{-1}、2.0 mg・L^{-1}、3.0 mg・L^{-1}的磺基水杨酸标准曲线，在 208 nm 处测定吸光度 A。以 ρ 为横坐标，A 为纵坐标进行线性回归得标准曲线。

3. 包封率的测定：

囊泡包封率(EE)的测定采用的是通过透析分离出游离药物的方法。取 2 mL 囊泡溶液于透析袋中，在 100 mL PBS 缓冲溶液中透析 24 h，测定最大吸收波长处的吸光度，扣除空白囊泡的吸收，由工作曲线确定游离药物的浓度，根据下式计算包封率：

$$EE=\frac{c_{总}-c_{游离}}{c_{总}}\times 100\%$$

4. 囊泡中磺基水杨酸的释放研究：

采用透析法测定囊泡包封药物缓释率。取相应 10 mL 囊泡包封物于透析袋中，加入与袋外相同的模拟肠液以维持透析袋内外的离子强度相等。将透析袋放入盛有 100 mL 模拟肠液的广口瓶中，同时将瓶置于 37 ℃水浴中，保持袋外轻微搅拌。每隔一定时间，从袋外取一定量透析液在 208 nm 处测量吸光度，然后放回瓶中，直至吸光度不变为止，即视为达到平衡。此时，解开透析袋，将全部溶液倒入瓶中，测其不同时刻的吸光度。按同样方法，将同浓度下无囊泡的磺基水杨酸直接放入袋内，测其吸光度。测量结果代入上式计算出某一时刻释放药物的质量，再按下式计算缓释率。从而测量药物囊泡包封物以及无囊泡时纯的药物的释放情况。实验时以缓释时间 360 min 为准。

$$缓释率=\frac{t\text{ 时刻包封在囊泡中药物通过透析膜的量}}{t\text{ 时刻未包封药物通过透析膜的量}}\times 100\%$$

注意事项

1. 制备囊泡时，因要取的溶液质量比相差较大，故要注意选用适合的方法移取，以确保组成比准确。

2. 测定药物释放时，除了保证透析的时间相同外，测定所用的时间也要大致相同，以保证测定结果的可靠性。

3. 作标准曲线时，要确定所作的曲线满足一定的线性关系，若线性不好，说明操作过程中存在一定偏差，需重新制作。

思考题

1. Span 80/PEG 400 体系为什么可形成囊泡？说说这种类脂囊泡的结构是什么样的？

2. Span 80/PEG 400 形成的囊泡具有较好的稳定性，请解释其中的原因。

3. 透析法常用来分离大分子和小分子，透析法的缺点有哪些？

4. 本实验采用透析前后药物量之差来测定包封率和研究药物释放，你认为是否有其他方法可采用？

实验 6.9　MCM-41 型介孔分子筛的合成及其化学修饰[38~43]

实验目的

1. 了解新型 MCM-41 介孔(也称中孔)分子筛的特点，如孔径、比表面积(大于 1000 $m^2 \cdot g^{-1}$)、吸附容量(大于 0.7 $cm^3 \cdot g^{-1}$)的大小。

2. 掌握 MCM-41 介孔分子筛的合成方法及改性。

3. 了解分子筛在大分子的吸附、分离和催化转化，在降解有机废物、汽车尾气处理、水质净化等方面的应用。

方法原理

与传统微孔分子筛相比，介孔分子筛不仅具有一维有序六方孔道结构和可调变的孔径，而且具有较大的孔体积，较大的比表面积(700～1500 m^2/g)和可由温度、pH、硅与表面活性剂的配比等条件改变而调节的孔径。其中 MCM-41 是最具代表性的，因此该材料一经面世便受到广泛关注，在涉及大分子的催化、吸附、分离及其他如光电纳米器件等领域存在诱人的应用前景。目前，合成 MCM-41 方法较多，较为成熟的有液晶模板机理、电荷匹配机理和协同作用机理等，图 6.3 即为以液晶模板机理合成 MCM-41 介孔分子的路线示意图。

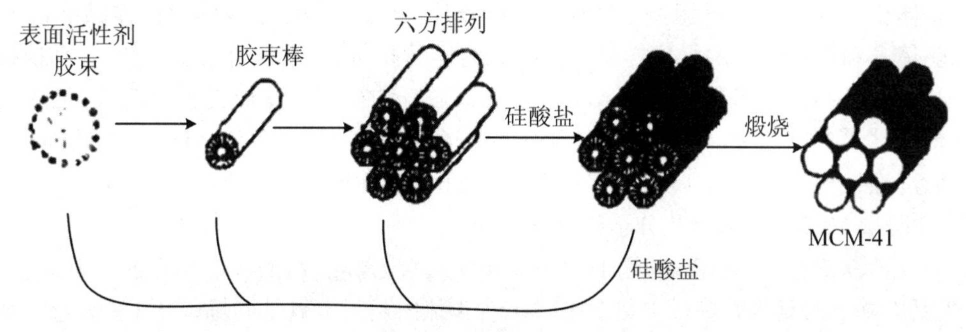

图 6.3　液晶的形成过程

在此模型中，人们认为具有双亲水基团的表面活性剂，如 C_nTMABr 在水中达到一定浓度时形成棒状胶束，并规则排列成所谓“液晶”结构，其憎水基向里，带电的亲水基头部伸向水中，当硅源物质加入时，通过静电作用，硅酸根离子可以和表面活性剂离子结合，并附着在有机表面活性剂胶束的表面，形成在有机圆柱体表面的无机墙，两者在溶液中同时沉淀下来，产物经水洗、干燥、煅烧，除去有机物质，只留下骨架状规则排列的硅酸盐网络，从而形成MCM-41介孔材料。

MCM-41的改性主要有三种途径：① 在合成中直接引入其他杂原子；② 通过离子交换在孔道内表面引入无机物；③ 孔道内表面有机修饰或功能化。中孔MCM-41分子筛相对较大的孔道结构，比其他微孔分子筛更适于有机大分子官能团和配体的固载。而通过有机官能团的立体结构和疏水作用，可调整表面活性中心的数量和可接近性，从而精细调变表面催化活性。

试剂与仪器

1. 主要试剂：

① 十六烷基三甲基溴化胺(CTMAB)、正硅酸乙酯(TEOS)。

② 乙醇、丙酮。

③ H_2SO_4：5 mol·L^{-1}；NaOH：2 mol·L^{-1}。

④ 3-氨丙基三乙氧基硅烷(APTES)、3-巯丙基三甲氧基硅烷(MPTMS)。

2. 主要仪器：

集热式磁力搅拌器、马弗炉、离心机、真空干燥箱。

实验步骤

1. MCM-41前驱体的合成：

前驱体反应物：CTMAB、TEOS、NaOH、H_2O的物质的量配比为1∶8.3∶2.6∶10000。

合成方法如下：

取一定量的NaOH、CTMAB溶解在蒸馏水中，在80 ℃下搅拌至完全溶解，剧烈搅拌下逐滴加入TEOS，5 min后停止反应，离心分离，分别取出上层清液和粉末作为MCM-41前驱体L和前驱体S备用。

2. MCM-41纳米粒子的合成：

分别将CTMAB、去离子水、氢氧化钠、自制的固/液体前驱体(所加前驱体的量占合成混合物总体积的0.2%)和硅源按上述比例进行反应，不加前驱体合成的对比样品标记为a，加入前驱体S和前驱体L的合成样品分别标记为样品b和c。具体合成步骤如下：在搅拌作用下，先将一定量的NaOH和CTMAB溶于80 ℃的蒸馏水中，搅拌成透明溶液，加入前驱体S或前驱体L继续搅拌，30 min后逐滴加入正硅酸乙酯，得到白色乳浊液，继续搅拌2 h后，分离、洗涤、干燥后，于550 ℃空气气氛中焙烧6 h脱除模板剂。

3. 硅源型MCM-41型介孔分子筛的化学修饰：

取3.0 g煅烧过的MCM-41置于含100 mL无水乙醇溶剂的250 mL三颈瓶中，加入3 mL 3-氨丙基三乙氧基硅烷(APTES)或3 mL 3-巯丙基三甲氧基硅烷(MPTMS)，在60 ℃下水浴中搅拌反应6 h后冷却，用无水乙醇洗涤，过滤，再置于100 ℃真空干燥箱中干燥，即得白色产物。

注意事项

1. 反应时间、pH和晶化条件对MCM-41中孔分子筛的合成影响很大，所以在实验过程要注意这些条件的控制。

2. 也可采用溶剂萃取方法除去模板：将1 g分子筛原粉分别悬浮于50 mL乙醇、丙酮或丙酮/水(1∶1 V/V)混合溶剂中，室温下搅拌1 h。过滤出分子筛，用50 mL萃取剂洗涤30 min，过滤后在空气中放置24 h。

思考题

1. 你认为在酸性或碱性以及不同硅源条件下制备出的MCM-41型介孔分子筛会有什么差别？

2. 合成产物通常需干燥后，再焙烧，为何不能直接焙烧？

3. MCM-41型介孔分子筛有何用途？

实验6.10 海藻酸盐微胶囊的制备、药物包封及缓控释分析[44~54]

实验目的

1. 了解高分子多糖的性质及特点。
2. 掌握海藻酸(ALG)微胶囊的制备方法。
3. 了解微胶囊作为药物载体在包埋细胞、酶、蛋白质、核酸及多糖等方面的应用。

方法原理

微胶囊是利用天然或合成高分子材料，将分散的物质包裹起来，形成具有特定几何结构的微型容器，直径一般为1～1000 μm。由于微胶囊化可以使芯材与外界隔离，保持物理性质(如颜色、溶解性等)，提高稳定性，具有物质控释性、释放靶向性、生物相容性及可降解性等特点，该技术的应用已经涵盖化工、食品、药物、生物制品、医学等诸多领域。

当ALG遇见二价阳离子或聚阳离子时，会发生离子转移，形成既具有强度性能又具有弹性的凝胶(一种介于固态和液态之间的状态，含95%～99%的水)，由此制得海藻酸盐微胶囊。

许多文献证实，海藻酸钠与二价离子的结合具有选择性：比如Ca^{2+}主要是与海藻酸钠中的古洛糖醛酸单元结合。一般一个Ca^{2+}同时与相邻的一对(或多个)海藻酸钠分子链的4个古洛糖醛酸单元上的10个氧原子配位，并形成蛋格(egg-box)结构(见图6.4)。

壳聚糖、海藻酸钠的成膜机理是聚电解质阴离子与阳离子间的库仑力的作用，形成不溶于水的聚电解质络合物膜(见图6.5)。此外，分子间的其他相互作用力(氢键、静电斥力等)也会对形成的络合物结构和构象有非常重要的影响。

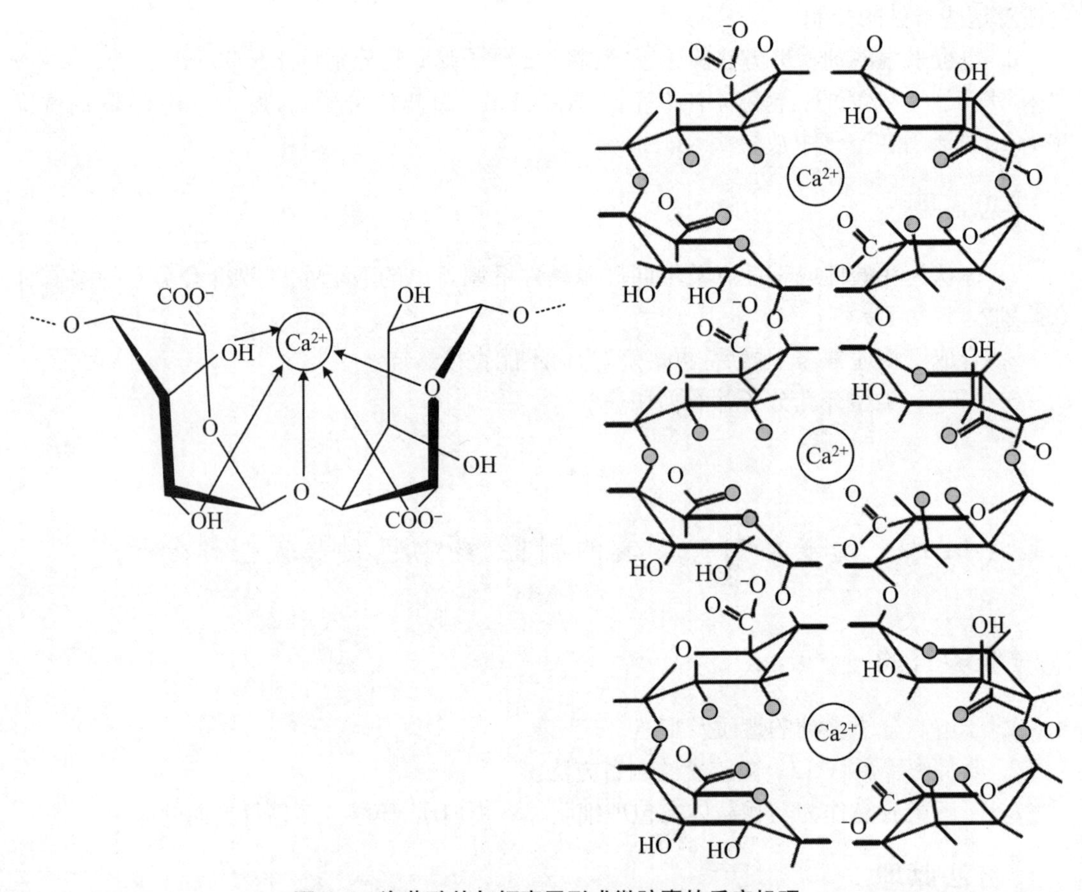

图 6.4　海藻酸盐与钙离子形成微胶囊的反应机理

$$\mathrm{CH1}-\left|\begin{array}{l}-\mathrm{NH_3^+}\\-\mathrm{NH_3^+}\\-\mathrm{NH_3^+}\end{array}\right. + \left.\begin{array}{l}{}^-\mathrm{OOC}-\\{}^-\mathrm{OOC}-\\{}^-\mathrm{OOC}-\end{array}\right|-\mathrm{ALG} \rightleftharpoons \mathrm{CHI}-\left|\begin{array}{l}-\mathrm{NH_3^+}\cdots\cdots{}^-\mathrm{OOC}-\\-\mathrm{NH_3^+}\cdots\cdots{}^-\mathrm{OOC}-\\-\mathrm{NH_3^+}\cdots\cdots{}^-\mathrm{OOC}-\end{array}\right|-\mathrm{ALG}$$

图 6.5　海藻酸盐与壳聚糖形成微胶囊的反应机理

在静电力作用下，海藻酸钠溶液通过注射剂挤出针尖，在针尖处形成球形液面，液面在注射器推动下增长，依次形成月牙形液面、倒锥形液面和细丝状液柱，在静电作用下崩解形成小液滴。当液柱的重力(F_g)、注射器推动力(F_p)和静电力(F_e)之和大于表面张力时，液柱崩解。海藻酸钠液柱崩解后在自身表面张力作用下变成直径为 d 的球形，进入含凝胶化盐氯化钙溶液中，生成海藻酸钙凝胶微球。

药物从微囊中溶出受 $CaCl_2$ 浓度和交联时间的影响，随着交联时间和浓度的增加，囊膜厚度增加，药物的溶出变慢。海藻酸钙凝胶微囊被认为是贮库式释药系统，药物溶出符合零级动力学，通过控制囊膜的厚度来调整制剂中药物的溶出速率。

试剂与仪器

1. 主要试剂：

① 海藻酸钠(Alg)、壳聚糖(CS)。

② 汽巴蓝(CB)、亚甲基蓝(MB)。

③ 乙酸、无水乙醇、氯化钙、盐酸。

④ Tris-HCl 缓冲液、磷酸缓冲液(pH=6.8)。

⑤ 空白海藻酸钙凝胶小球(自制)。

2. 主要仪器:

注射器、微量进样器、集热式磁力搅拌器、磁力搅拌器、pHS-3C 酸度计、755 分光光度计。

实验步骤

1. 微胶囊的制备:

① Alg-Ca^{2+} 微胶囊的制备:先采用注射器(内径为 0.5 mm)将一定浓度的海藻酸钠溶液(10 mL)注射到一定浓度的氯化钙溶液(10 mL)中,搅拌数分钟,使海藻酸钠液滴钙化成球。

② Alg-壳聚糖(CS)微胶囊的制备:同①,但将氯化钙换成 1% CS。

2. 条件实验:

① $CaCl_2$溶液浓度:建议的 $CaCl_2$浓度范围为 0~4%。

② 海藻酸钠浓度:建议的 Alg-Na 浓度范围为 0~2%。

③ 壳聚糖浓度的影响:建议的 CS 浓度范围为 0~2%。

④ 注射高度的影响:建议的注射高度为 5~12 cm。

⑤ 滴加速度和搅拌速度的影响:建议的搅拌速度为 0~500 r/mim。

⑥ 反应物加入顺序的影响。

3. 缓释实验:

选择亚甲基蓝模拟小分子药物(若用蛋白质药物缓释效果好,为什么?),作为缓释研究对象。实验时,将一定量亚甲基蓝加入海藻酸盐溶液中即可。其他同制备方法。

① Alg-Ca^{2+} 微胶囊做缓释研究:将 0.5 mL 0.005% CB 或 0.5 mg/mL MB 加到 10 mL 一定浓度的海藻酸钠溶液中,然后注射到一定浓度的氯化钙溶液(10mL)中,搅拌数分钟,使海藻酸钠液滴钙化成球。过滤,然后测定滤液中 CB 或 MB 的含量。再将等量的 Alg-Ca^{2+} 微胶囊放入一定体积的 Tris-HCl 缓冲溶液中,以后每隔 30 min 测定 CB 或 MB 的含量,作缓释曲线。

② Alg-壳聚糖(CS)微胶囊做缓释研究:同①,但将氯化钙换成 1% CS 或在①的基础上,再加入 CS。同样做缓释实验,作缓释曲线。并根据实验结果,评价不同药物载体的特点。

注意事项

1. 壳聚糖用 1%乙酸溶液溶解。

2. 配制的缓冲溶液不可用磷酸盐。

3. 亚甲基蓝浓度为 0.5 mg/mL,用量小于 0.5 mL。

4. 做每个项目时,需固定其他的条件。比如做 $CaCl_2$浓度影响时,其他条件均固定;假如实验结果表明 4% $CaCl_2$溶液做出的微粒或微囊形状最规则,颗粒大小最均匀,那么在做后面的条件实验时，就选 4% $CaCl_2$溶液；以此类推(见图 6.6)。

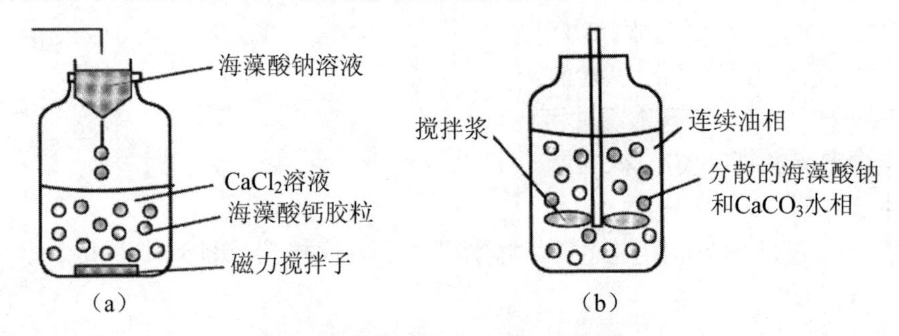

图 6.6 海藻酸微球的形成示意图

5. 制备时要选用一定型号的注射器，在滴加时，要保持离溶液表面适当的距离，同时也要控制适当的速度。

6. 海藻酸钠小球制备后，一定要充分冲洗，可通过检测冲洗后的溶液中药物的含量来判断是否冲洗干净。

思考题

1. 评价一下本实验中不同包封药物的方法的优缺点。
2. 若你测定的样品含量超出工作曲线的线性范围，你认为应该如何处置？
3. Alg-Ca^{2+} 和 Alg-CS 两种微胶囊体系缓释效果有何不同？为什么？

实验 6.11 聚乙烯醇(PVA)膜制备、改性及应用[58~63]

实验目的

1. 了解不同膜的特性及应用。
2. 掌握 PVA 膜、亲和膜和金属配位亲和膜的制备方法。
3. 了解表面活性剂在增溶增敏方面的作用。

方法原理

聚乙烯醇$\{CH_2—CH(OH)\}_n$分子链中含有大量醇羟基，为极性分子，可与水分子形成氢键，具有良好的水溶性，一般可完全溶解于 80～100 ℃水中，聚乙烯醇的溶解需要经过亲和润湿、溶胀、无限溶胀、溶解四个阶段。聚乙烯醇毒性很低，无刺激性，日本和美国等已批准用于医药和食品工业。

本实验采用对苯二甲醛作为交联剂制备 PVA 膜，并将汽巴蓝(CBF3GA)固定在 PVA 膜上，最后用于 Cu^{2+} 的吸附或者说是制备金属配位亲和膜。反应如下：

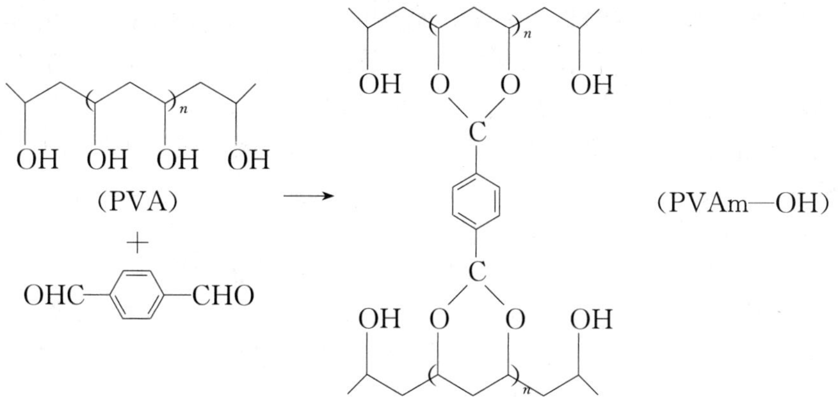

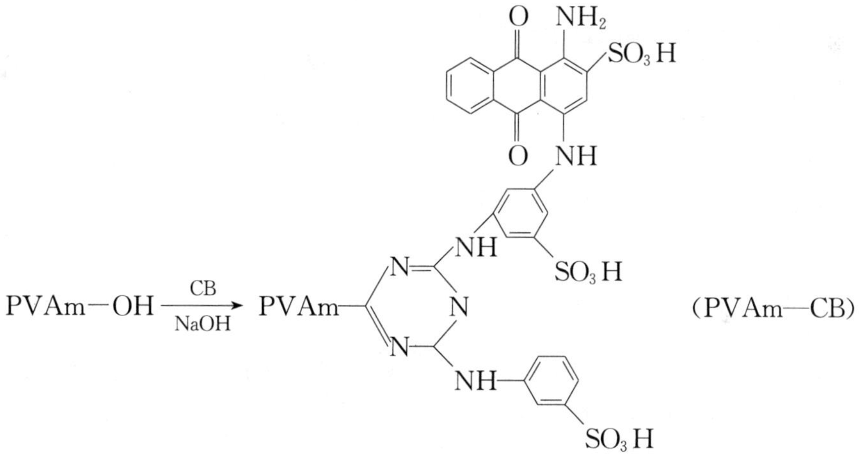

(PVA) + OHC—C₆H₄—CHO → (PVAm—OH)

PVAm—OH $\xrightarrow[NaOH]{CB}$ PVAm— (PVAm—CB)

试剂与仪器

1. 主要试剂：

① 聚乙烯醇(1750±50)：50 mg・mL^{-1}。

② 活性染料汽巴蓝 CBF3GA：5 mg・mL^{-1}。

③ 对苯二甲醛、NaOH、HCl、Na_2CO_3、NaCl。

④ 乙酸-乙酸钠缓冲溶液：pH=6.6。

⑤ 铜试剂水溶液：0.1%。

⑥ TritonX-100 水溶液：2%。

⑦ Cu^{2+}溶液标准溶液：40 μg・mL^{-1}。

2. 主要仪器：

① 比色管：25 mL。

② 集热式磁力搅拌器、多功能振荡器、755B 分光光度计。

实验步骤

1. PVA 膜的制备：

称取 10 g PVA，加入 200 mL 蒸馏水，95 ℃恒温水浴加热 0.5 h 以上，溶解后备用。

取 50 mg・mL^{-1} PVA 溶液 50 mL 加入到烧杯中，室温磁力搅拌 10 min。在上面的

PVA溶液中加入对苯二甲醛(0.2 g溶于15 mL水)经充分搅拌10 min中后加入HCl(5 mol·L^{-1})调pH=1左右,然后在80 ℃恒温水浴中加热2 h,取下,用牛角勺取2、4、6勺分别均匀铺在3个玻璃器皿上,室温下干燥(需两天以上)。

将玻璃器皿在65 ℃上加热10 min左右,倒掉热水,加入一定量冷蒸馏水,稍后小心取下PVA膜,备用。

2. 亲和PVA膜制备:

取0.05 g CBF3GA染料溶于10 mL蒸馏水中,置于恒温水浴锅中(45 ℃),恒温后将制备好的PVA膜放入其中,搅拌10 min,然后在上述溶液中加入0.2 g NaCl(溶于2 mL蒸馏水中)继续搅拌10 min;加入0.1 g Na_2CO_3(溶于5 mL蒸馏水中),再继续搅拌15 min;取出亲和PVA膜,依次用蒸馏水(洗至流出液无色为止)、NaCl溶液(1 mol·L^{-1})、NaOH溶液(0.25 mol·L^{-1})、蒸馏水冲洗,最后以在630 nm处无明显吸收值为准。

3. Cu^{2+}吸附或制备金属配位亲和膜:

在小烧杯中,加入1.0 mL pH=6.6 HAc-NaAc缓冲液,1.0 mL Cu^{2+}溶液(40 μg·mL^{-1}),加入亲和PVA膜,加入10 mL蒸馏水,搅拌后,在振荡器上振荡1 h,然后溶液转移25 mL比色管中,加入0.1%铜试剂溶液2.0 mL,2% TritonX-100 4.0 mL稀至刻度,摇匀。依此,同样制备空白和Cu^{2+}对照品。放置10 min后,在450 nm处测吸收值。依此计算Cu^{2+}吸附量。

注意事项

1. PVA是高分子,溶解较为困难,需要高温和一定时间才能溶解完全。
2. 取PVA膜时要小心,可先用薄刀片挑起,再用镊子小心剥下。
3. 制备亲和膜时,一定要冲洗干净,确保没有非化学键合的CB染料吸附在膜上。

思考题

1. 制备不同厚度的PVA膜有什么作用?
2. CB染料的负载量对制备金属配位亲和膜有什么影响?金属配位亲和膜与亲和膜在分离蛋白质等生物大分子时有何不同?
3. 你如何判断CB染料在PVA膜上是化学吸附还是物理吸附?
4. 请你分析亲和PVA膜吸附蛋白质的机理。
5. 本实验为何不用磷酸盐作缓冲溶液,而是采用醋酸-醋酸盐?
6. 如果要制备多孔PVA膜,可采用的方法有哪些?

实验6.12 纳米羟基磷灰石材料的制备及成分分析[64~76]

实验目的

1. 掌握纳米羟基磷灰石(Hydroxyapatite,HA)的制备方法。
2. 了解羟基磷灰石在生物和医学方面的应用。

3. 掌握复杂体系组成测定的方法。

方法原理

通过控制溶液的pH，使溶液保持能够生成HA的最佳环境，通过反应速率的控制来实现HA的生成，然后通过控制保温时间来实现晶体的晶化过程。

1. 共沉淀法：

以$Ca(NO_3)_2$和$(NH_4)_2HPO_4$为原料，控制反应条件如下：Ca、P的物质的量比为1.67；溶液pH用$NH_3 \cdot H_2O$调节；反应如下：

$$10Ca^{2+} + 6PO_4^{3-} + 2NH_3 \cdot H_2O = Ca_{10}(PO_4)_6(OH)_2 + 2NH_4^+$$

控制体系的pH为9，反应温度为室温，充分搅拌反应6 h，然后陈化，干燥即可。

2. 水热法：

以$Ca(NO_3)_2$和$(NH_4)_2HPO_4$为原料，控制反应条件如下：Ca、P的物质的量比为1.67；溶液pH为11.0。

反应如下：

$$HPO_4^{2-} + Ca^{2+} + 2H_2O = CaHPO_4 \cdot 2H_2O$$

$$10CaHPO_4 \cdot 2H_2O = Ca_{10}(PO_4)_6(OH)_2 + 4H_3PO_4 + 18H_2O$$

通过反应条件的控制可制备不同形貌的HA，如图6.7所示。

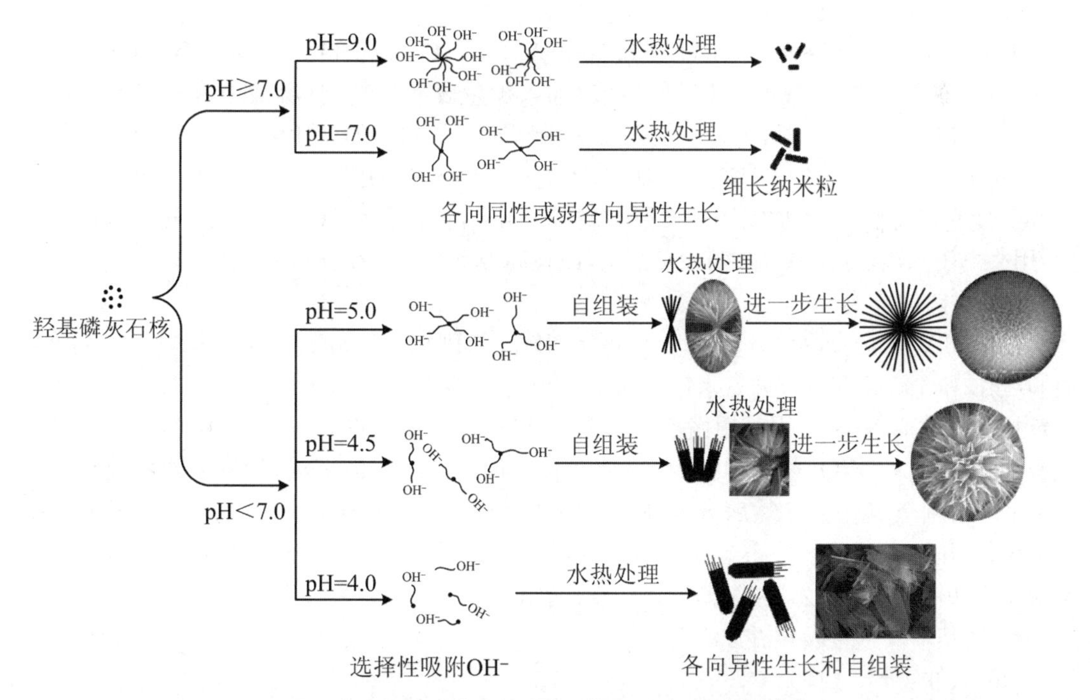

图6.7　不同反应条件制备不同形貌HA示意图[72]

试剂与仪器

1. 主要试剂：

① $Ca(NO_3)_2 \cdot 4H_2O$、$(NH_4)_2HPO_4 \cdot 3H_2O$。

② 无水乙醇、二甲基甲酰胺、氨水、硝酸、氢氧化钠、三乙醇胺。

③ 二甲酚橙：0.5%水溶液，孔雀绿：0.1%水溶液。

④ 钙指示剂(钙指示剂和氯化钠按 1∶100(m/m)比例研磨混匀)。

⑤ 磷酸二氢钾标准溶液：0.033 mol·L^{-1}。

准确称取一定量的磷酸二氢钾，溶于水后，准确稀释到 250 mL。

⑥ 硝酸钙标准溶液(配样品用)：浓度为 0.0500 mol·L^{-1}。

准确称取一定量的硝酸钙，溶于水后，准确稀释到 250 mL。

⑦ 碳酸钙标准溶液(标定用)：0.0200 mol·L^{-1}。

⑧ 铋标准溶液：浓度约 0.04 mol·L^{-1}；称取一定量 $Bi(NO_3)_3 \cdot 5H_2O$(99%)溶于 10 mL 1∶1 HNO_3 中，加水稀释至 250 mL。

⑨ EDTA 标准溶液。

称取 EDTA 二钠盐 2 g 溶于水中并稀释至 500 mL(浓度约 0.01 mol·L^{-1})，用 0.0200 mol·L^{-1}钙标准溶液标定。

2. 主要仪器：

离心机、电动搅拌器、干燥箱。

实验步骤

1. 羟基磷灰石合成方法：

(1) 共沉淀法合成

将 7.085 g $Ca(NO_3)_2 \cdot 4H_2O$ 和 2.38 g$(NH_4)_2HPO_4$ 分别溶于一定的溶剂(去离子水或无水乙醇)中配成 0.5 mol·L^{-1}的溶液，加入少量表面活性剂(溶液中聚乙二醇浓度为3%)，并同时用氨水调节溶液 pH 约为 9。控制 Ca、P 的物质的量比为 1.67，在剧烈搅拌条件下，向$Ca(NO_3)_2 \cdot 4H_2O$ 溶液中滴加$(NH_4)_2HPO_4$ 溶液，在反应的过程中，不断用氨水调节 pH，使它保持稳定，滴加完毕后，继续搅拌 30 min，得白色胶状沉淀，将该沉淀陈化 24 h后，用去离子水离心洗涤数遍，110 ℃干燥，或在高温下煅烧 2 h，最后研磨备用。

(2) 水热法合成

根据 HA 中 $n_{Ca}/n_P=10/6$，称取 2.38 g$(NH_4)_2HPO_4$和 7.085 g $Ca(NO_3)_2 \cdot 4H_2O$分别用 50 mL 和 40 mL 的 1.7%氨水(1 mol·L^{-1})溶解(将溶液的 pH 调至 10～11)，同时滴加一定量的分散剂 N,N-二甲基甲酰胺(DMF)。在磁力搅拌下将 $Ca(NO_3)_2$溶液以一定的速度滴加到$(NH_4)_2HPO_4$ 溶液中，两种溶液混合后形成凝胶状的沉淀，用浓氨水将反应混合物的 pH 值调至 10～11。然后放入高压釜中，密闭，在 180 ℃保温 24 h 后取出。冷却后取出反应物，用双重蒸馏水洗涤至滤液为中性，然后换用无水乙醇洗涤三次，过滤后放入恒温干燥箱中 40 ℃真空干燥，然后贮存于干燥器中待用。

2. 羟基磷灰石组成分析方法：

(1) 条件实验

取磷标准溶液 10.00 mL、钙(硝酸钙)标准溶液 10.00 mL 于小烧杯中混合，加入一定体积的 1 mol·L^{-1} HNO_3 0.5 mL，再加水至总体积约 60 mL。将溶液加热至沸，趁热缓慢加入20.00 mL 标准铋盐溶液，搅拌混匀，冷至室温后，用 1% HNO_3溶液转移入 100 mL 容量瓶中并稀释至刻度。干过滤，分取滤液测定磷和钙的含量。

磷的测定：取滤液 25.00 mL 于锥形瓶中，加水约 60 mL，二甲酚橙指示剂 4 滴，用EDTA滴定到黄色。

钙的测定：取滤液 25.00 mL 于锥形瓶中，加水约 60 mL，加孔雀绿指示剂 3 滴，加 10 mL 20%三乙醇胺，滴加 20% NaOH 至溶液无色后再过量 4 mL，加入适量钙指示剂，用 EDTA 滴定到纯蓝色。

(2) 样品测定

准确称取约 0.1 g 样品于烧杯中，加入 10 mL 1∶1 HNO_3，小心蒸发至近干。稍冷后，以少量水吹洗杯壁，加入 5 mL 1∶1 HNO_3，加水至总体积约 60 mL。以下操作同条件实验，唯在滴定磷和钙前可加入少许抗坏血酸以消除铁的干扰。

测定羟基含量时可加过量的盐酸，用 NaOH 滴定剩余的盐酸，再根据前面的测定结果，确定羟基的含量。由此，可确定羟基磷灰石的组成。

注意事项

1. EDTA 配制和标定：学生每人自配和自标。而且在配铋、磷和钙（测组成用）前先做好，否则，容量瓶可能不够用。EDTA 浓度约为 0.010 mol·L^{-1}。
2. 铋、磷和钙标准溶液浓度分别为 0.04 mol·L^{-1}、0.033 mol·L^{-1}和 0.05 mol·L^{-1}。每组配 250 mL。
3. 沉淀磷酸铋时，pH 控制在 1.0，需用 pH 试纸控制。
4. 制备时，除铋标准溶液 20.00 mL 外，其他标准溶液均取 10.00 mL；但在测定时，滤液均取25.00 mL。若取 20.00 mL，请用 10 mL 移液管或吸量管取 2 次即可。
5. 测磷时，pH 控制在 1；测钙时，pH 控制在 12～13。可用 pH 试纸控制。

思考题

1. 请你说出 EDTA 法测定磷的原理。
2. Bi^{3+} 易水解，应如何配制？
3. 过滤磷酸铋时，应干过滤，请你解释为何这么做。
4. 请你说出另一种测定磷的方法。
5. 测定钙时，加入孔雀绿的目的何在？加三乙醇胺起什么作用？

实验 6.13 乙二胺四乙酸铁钠的制备及组成测定[77～78]

实验目的

1. 掌握乙二胺四乙酸铁钠的制备方法。
2. 了解乙二胺四乙酸铁钠作为铁营养剂的特点。

方法原理

乙二胺四乙酸铁钠(NaFeY)是一种新的补铁剂，相比硫酸亚铁而言，它的性质稳定、对胃肠无刺激、在人体内吸收率高，还可促进内源性铁的吸收并具有排毒作用，因而收到广泛关注。

本实验利用乙二胺四乙酸二钠盐(Na_2H_2Y)和$FeCl_3$直接制备乙二胺四乙酸铁钠。反应如下:

$$Fe^{3+} + Na_2H_2Y \longrightarrow NaFeY + 2H^+ + Na^+$$

然后利用重铬酸钾法测定铁,利用络合滴定法测定 EDTA,利用挥发法测结晶水含量,最后利用差减法算出钠的含量。由此,可测出乙二胺四乙酸铁钠组成。

试剂与仪器

1. 主要试剂:

① $FeCl_3 \cdot 6H_2O$、$Na_2H_2Y \cdot 2H_2O$(乙二胺四乙酸二钠)、$NaHCO_3$、NaOH、HCl(1∶1)、HNO_3(1∶1)、氨水(1∶1)、无水乙醇。

② $KMnO_4$:2%水溶液。

③ $K_2Cr_2O_7$ 标准溶液:准确称取在 150~180 ℃烘干 2 h 的 $K_2Cr_2O_7$ 0.7~0.8 g,置于 100 mL 烧杯中,加 50 mL 水搅拌至完全溶解,然后定量转移至 250 mL 容量瓶中,用水稀释至刻度,摇匀。

④ 氯化亚锡溶液:15%和 2% 的 1∶1 HCl 溶液。

在台秤上称取 15 g $SnCl_2 \cdot 2H_2O$ 于 250 mL 较干的烧杯内,加入浓盐酸 50 mL,加热溶解后,边搅拌边慢慢加入水稀释成质量百分数为 15%的溶液,并放入锡粒,这样可保存几天,2%的溶液则在用前把 15%的溶液用 1∶1 HCl 溶液稀释。

⑤ 硅钼黄指示剂:称取硅酸钠($Na_2SiO_3 \cdot 9H_2O$)1.35 g 溶于 10 mL 水中,加 5 mL HCl 混匀后,加入 5%钼酸胺溶液 25 mL,用水稀释至 100 mL,放置 3 天后使用。

⑥ 二苯胺磺酸钠指示剂:0.5%水溶液。

⑦ 硫-磷混酸:用 150 mL 浓硫酸加入至 700 mL 水中,冷却后,再加入 150 mL 磷酸,混匀。

⑧ 六亚甲基四胺:20%水溶液。

⑨ 二甲酚橙:0.2%水溶液。

⑩ 锌标准溶液:0.02000 $mol \cdot L^{-1}$(见实验 5.11)。

2. 主要仪器:

锥形瓶、抽滤器、酸度计。

实验步骤

1. $NaFeY \cdot 3H_2O$ 的合成:

3.72 g(0.01 mol)$Na_2H_2Y \cdot 2H_2O$ 和 2.70 g(0.01 mol)$FeCl_3 \cdot 6H_2O$ 溶于 20 mL 水中,然后用碳酸氢钠调节 pH=5,反应 30 min。静置,抽滤,干燥后得到 $NaFeY \cdot 3H_2O$ 粉晶,产率 73.4%。

2. $NaFeY \cdot 3H_2O$ 组成测定:

(1) 铁含量测定

产物经盐酸溶解后,采用重铬酸钾法测定。

准确称取 0.50~0.65 g 干燥的产物三份(其中老师称量两份),分别置于 250 mL 锥形瓶中。其余步骤见实验 5.15。

(2) Y^{4-} 含量测定

准确称取 0.7～0.8 g 产物经盐酸溶解后，经过阴离子交换树脂，得到不含铁离子的溶液，然后经调 pH 后，稀释至 100 mL 容量瓶中，备用。

准确移取 25.00 mL 试样三份分别置于 250 mL 锥形瓶中，加入二甲酚橙 1 滴，摇匀，加入六亚甲基四胺 5 mL，再用 1∶1 HNO_3 调至刚变亮黄，用锌标准溶液滴定至红紫色即为终点。计算试样中 Y^{4-} 的质量百分数。

(3) 结晶水含量测定

利用挥发法测定产物中结晶水含量，由此可确定结晶水数目。

(4) 钠含量测定

铁、EDTA、结晶水含量确定后，钠含量可知。

注意事项

1. 以硅钼黄作指示剂，用氯化亚锡还原三价铁时，氯化亚锡要一滴一滴地加入，并充分摇动，以防止氯化亚锡过量，否则使结果偏高。如氯化亚锡已过量，可滴加 2% $KMnO_4$ 至溶液再呈亮绿色，之后再继续用氯化亚锡调节。

2. 铁还原完全后，溶液要立即冷却，及时滴定，久置会使 Fe^{2+} 被空气中的氧氧化。

3. 滴定接近终点时，$K_2Cr_2O_7$ 要慢慢地加入，过量的 $K_2Cr_2O_7$ 会使指示剂的氧化型破坏。

4. 试样若不能被盐酸分解完全，则可用硫-磷混酸分解，溶样时需加热至水分完全蒸发出现三氧化硫白烟，白烟脱离液面 3～4 cm。但应注意加热时间不能过长，以防止生成焦磷酸盐。

5. 合成时，利用乙二胺四乙酸二钠为原料较为方便，建议使用。

思考题

1. 合成 NaFeY 时，为何控制 pH 在 5 左右？
2. 测定样品中铁含量时，Y^{4-} 有无干扰？为什么？
3. 测定 Y^{4-} 有时，用的是阴离子交换树脂，可否用阳离子交换树脂？
4. 本实验中，你认为有其他方法测定 EDTA 含量吗？
5. 你能说出常量分析中测定钠含量的方法吗？

实验 6.14 聚乙二醇-硫酸铵-亚硝基 R 盐体系用于钴(Ⅱ)的分离[79～83]

实验目的

1. 了解水溶性高分子在水中分相的原理。
2. 掌握复杂体系中金属离子分离的原理。
3. 掌握非有机溶剂萃取的基本技术。

方法原理

在 pH 为 4.0～6.0 的 HAc－NaAc 缓冲溶液中，Co(Ⅱ)、Fe(Ⅱ)、Ni(Ⅱ)、Cu(Ⅱ)等金属离子与亚硝基 R 盐可形成稳定络合物。加入 HCl 适当提高溶液酸度(HCl 浓度在 0.3～0.5 $mol \cdot L^{-1}$)，用聚乙二醇 2000(PEG)-硫酸铵-亚硝基 R 盐体系萃取，Co(Ⅱ)可被 PEG 相几乎完全萃取，而 Fe(Ⅱ)、Ni(Ⅱ)、Cu(Ⅱ)基本上不被萃取。实现了混合离子合成样品和硅酸盐岩矿实际样品中 Co(Ⅱ)的分离和测定。

试剂与仪器

1. 主要试剂：

① PEG 溶液：30%(m/V)水溶液。

② 亚硝基 R 盐溶液：0.5%(m/V)水溶液。

③ 钴、镍金属离子标准溶液：配成 20 $\mu g \cdot L^{-1}$工作液。

④ 缓冲溶液：先配成 1 $mol \cdot L^{-1}$的 HAc 和 NaAc 溶液，然后按比例混合，配成 pH＝5.00 的缓冲液。

所有试剂为分析纯，实验用水为去离子水。

2. 主要仪器：

755 型分光光度计、pHS-3C 酸度计。

实验步骤

在 60 mL 分液漏斗中，依次加入 pH 缓冲溶液 5 mL、亚硝酸 R 盐溶液 1 mL、金属离子溶液 2 mL，加水至 10 mL，再加入 PEG 溶液 10 mL 及固体硫酸铵 4 g。振荡 3～4 min，静置，待分相清楚后，将下层水相放入 25 mL 比色管，用水稀释至刻度，摇匀，测定金属离子量，根据加入量即可计算萃取率(E)。保留上层 PEG 相，在 500 nm 处测定吸收值，计算萃取率。

1. 对照组。

为了解溶液中 Co 被萃取的量，需要做一个在相同条件下的测定钴量的标准，这个测试可在比色管中完成，并分别以空白、Co、Ni、Co＋Ni 组成四组，了解 Co、Ni 单独存在时，和 Co＋Ni 混合样中，MR 络合物体系的吸收情况。实验方法如下：

① pH＝5.0 缓冲溶液 5.0 mL＋R 1.0 mL＋PEG 10 mL 分别加入到一个 25 mL 比色管中，反应 10～15 min 后，稀释到 25 mL 后，摇匀，静置。

② pH＝5.0 缓冲溶液 5.0 mL＋R 1.0 mL＋Co 1.0 mL＋PEG 10 mL 后同上。

③ pH＝5.0 缓冲溶液 5.0 mL＋R 1.0 mL＋Ni 1.0 mL＋PEG 10 mL 后同上。

④ pH＝5.0 缓冲溶液 5.0 mL＋R 1.0 mL＋Co 1.0 mL＋Ni 1.0 mL＋PEG 10 mL 后同上。

然后，以①为空白，测定②、③、④组中络合物的吸收值，并以此作为一定量金属离子的标准值来测定分离后的表面活性剂相中的金属离子的量。

2. 分离组。

同对照组，也做四组，了解 Co、Ni 单独存在时，和 Co＋Ni 混合样时 Co 或 Ni 的萃取情况。实验方法如下：

⑤ pH＝5.0 缓冲溶液 5.0 mL＋R 1.0 mL 分别加入到一个 25 mL 比色管中，反应 10～15

min后，加入6 mol·L^{-1} HCl溶液0.5 mL，摇匀。放置5 min后，加入PEG 10 mL和4.0 g硫酸铵，振荡3～4 min，定量转移到60 mL分液漏斗中，静置分层。然后，将下层溶液从漏斗出口除去，上层溶液从漏斗上口倒入比色管中，用少量水洗漏斗，也转移到比色管中，补加pH=5.0缓冲液5.0 mL，稀释到25 mL，摇匀，静置。

⑥ pH=5.0缓冲溶液5.0 mL+R 1.0 mL+Co 1.0 mL分别加入到一个25 mL比色管中，后同。

⑦ pH=5.0缓冲溶液5.0 mL+R 1.0 mL+Ni 1.0 mL分别加入到一个25 mL比色管中，后同。

⑧ pH=5.0缓冲溶液5.0 mL+R 1.0 mL+Co 1.0 mL+Ni 1.0 mL分别加入到一个25 mL比色管中，后同。

然后，以⑤为空白，测定⑥、⑦、⑧组中络合物的吸收值(500 nm处)，并和②、③、④组中络合物的吸收值作比较，两者比值即为萃取率。其中⑥/②、⑦/③、⑧/④的比值分别为Co、Ni和混合样中的Co的萃取率。

注意事项

1. 萃取时，温度影响较大，若气温低时，可适当增加盐量，以满足分层要求。

2. 放下层水相时，尽可能将水相放干净，但又不能将表面活性剂相放掉。一般情况下，放到界面时，停一下，稍后再放一次。

思考题

1. 在硫酸铵存在的情况下，PEG水溶液为什么能分成两相？小分子表面活性剂同样条件下有无此现象？

2. 本方法与传统的溶剂萃取法相比，有什么特色？

实验6.15　从蛋壳中制备乳酸钙及其成分分析[84~86]

实验目的

1. 了解蛋壳成分及生物膜的处理方法。
2. 掌握制备乳酸钙的制备方法。
3. 了解以蛋壳为原料在工业上的再生利用。

方法原理

鸡蛋壳的主要成分为$CaCO_3$，蛋壳中含$CaCO_3$(93%)、$MgCO_3$(1.0%)、$Mg_3(PO_4)_2$(2.8%)、有机物(3.2%)，是一种天然的钙源。蛋壳分为三层，即内层的乳头层、中间的海绵层和外层的角质层。最内层的乳头层，约占蛋壳厚度的1/3，含有很多的钙状锥形体。锥形体之间有容纳空气的小空隙(气孔)。最外层为壳角质，薄而细致，但具有小孔。中间层为海绵状，由钙质纤维交织组成，其厚度约占蛋壳厚度的2/3。

蛋壳经过壳膜分离处理,壳与乳酸制得的乳酸钙不仅是一种临床治疗剂,而且可用作食品及饲料营养强化剂,膜可用于化妆品及溶菌酶的生产。

1. 壳膜分离:

蛋壳和蛋膜之间的结合实质是在石灰质和角蛋白之间。酸碱作用可使石灰质和角蛋白发生变化,降低其结合力,在机械搅拌的作用下,壳膜可得到较好的分离。

2. 乳酸钙制备:

乳酸钙可用碳酸钙直接与乳酸反应制备,也可用氧化钙与乳酸中和制备,蛋壳制备乳酸钙采用第二种方法较好。该法原理为

$$CaCO_3 \xlongequal{} CaO+CO_2$$

$$CaO+H_2O \xlongequal{} Ca(OH)_2$$

$$Ca(OH)_2+2CH_3CH(OH)COOH \xlongequal{} Ca(CH_3CH(OH)COO)_2+2H_2O$$

试剂与仪器

1. 主要试剂:

① 鸡蛋壳。

② 盐酸、乳酸、醋酸、氢氧化铵。

③ HCl 溶液:1∶1;NaOH 溶液:20%。

④ 钙指示剂:0.5 g 钙指示剂和 50 g 氯化钠研细混匀。

⑤ EDTA 溶液:0.02 mol·L^{-1}。

称取 EDTA 二钠盐($Na_2H_2Y \cdot 2H_2O$) 4 g 于 250 mL 烧杯中,用 50 mL 水微热溶解后稀释至 500 mL。如溶液需久置,最好将溶液存于聚乙烯瓶中。

2. 主要仪器:

马弗炉、电热恒温干燥箱、集热式磁力搅拌器。

实验步骤

1. 壳膜分离:

蛋壳用自来水清洗,去除泥土及黏附的杂质,烘干,备用。

称取一定量鸡蛋壳(50 g)放入烧杯中,加入一定温度(40 ℃)的 150 mL 热水,恒温缓慢滴加 12 mol·L^{-1}盐酸 20 mL,搅拌,搅拌下浸泡 60 min,加水洗涤 3 次,除去残留的酸、盐,回收水面漂浮的蛋壳膜,蛋壳经水洗晾干后在干燥箱中 110 ℃下烘干除水 1 h,经粉碎得蛋壳粉。

2. 煅烧分解:

称取一定量蛋壳粉置于马弗炉中,900 ℃下煅烧分解 2 h,得白色蛋壳粉(CaO)。

3. 中和法制备乳酸钙:

将白色蛋壳粉(1 g CaO)研细加入一定量的水,制成石灰乳(浓度为 0.595 mol·L^{-1}),然后在不断搅拌下,缓慢加入乳酸溶液(浓度为 8.37 mol·L^{-1},乳酸过量 0.005 mol),反应温度为 50 ℃。继续搅拌至溶液澄清即得乳酸钙溶液。将乳酸钙溶液过滤,除去不溶物,滤液移入蒸发皿中加热蒸发浓缩,然后在干燥箱中于 120 ℃下烘干脱水 2 h,得白色粉末状无水乳酸钙。

4. 乳酸钙纯度分析:

① 0.02 mol·L^{-1} EDTA 溶液的标定(见实验 5.9)。

② 乳酸钙纯度分析。

准确称取乳酸钙(110 ℃烘 2 h)1.5～1.8 g(准确到 0.1 mg)于 250 mL 烧杯中,用少量水润湿,盖上表面皿,由烧杯口慢慢加入 10 mL 1∶1 盐酸溶液溶解后,将溶液定量转入 250 mL 容量瓶中,用水稀至刻度,摇匀。

移取 25.00 mL 上述溶液于 250 mL 锥形瓶中,加入 70～80 mL 水,加 20%的 NaOH 溶液 5 mL,加少量钙指示剂,用 0.02 mol·L^{-1} EDTA 标准溶液滴定至溶液由紫红色变为纯蓝色即为终点。平行标定三份,计算出 EDTA 溶液的浓度。

注意事项

1. 灰化结束后,应该用盐酸检验一下是否灰化完全。
2. 因产品极易吸水,最好采用真空干燥,这样效果更好。

思考题

1. 用醋酸代替盐酸来实现壳膜分离会怎样?
2. 中和反应时,是否是乳酸过量较多为好? 为什么?
3. 如果用蛋壳中的碳酸钙直接制备乳酸钙,效果如何?

实验 6.16 微晶酚酞富集-分光光度法测定痕量 Zn(Ⅱ)[87～88]

实验目的

1. 了解什么是微晶,它有什么特性。
2. 掌握微晶作为吸附载体的特点。
3. 了解分离富集在定量分析中的应用。

方法原理

微晶是指每颗晶粒只由几千个或几万个晶胞并置而成的晶体,从一个晶轴的方向来说这种晶体只重复了约几十个周期。微晶的比表面大,表面吸附性能、表面活性等相当突出。本实验中,选择微晶酚酞作为吸附载体。

Zn(Ⅱ)在水相中与 SCN^- 和结晶紫(CV^+)形成不溶于水的三元离子缔合物吸附在微晶酚酞表面,从而使 Zn(Ⅱ)得到富集。由于金属离子与某一配体的反应具有专一性,因此该法选择性高,分离效果好;而微晶酚酞具有大的比表面积,使缔合物能与之充分接触,又大大提高了富集 Zn(Ⅱ)的行为。

试剂与仪器

1. 主要试剂:

① NH_4SCN 溶液:0.1 mol·L^{-1}。

② 结晶紫水溶液：1.0×10^{-3} mol·L^{-1}。

③ 2-吡啶偶氮-间苯二酚(PAR)乙醇溶液：1.0×10^{-3} mol·L^{-1}。

④ 酚酞乙醇溶液：15%。

⑤ 金属离子标准溶液：50 μg·mL^{-1}。

Zn^{2+}、Cu^{2+}、Fe^{3+}标准溶液分别用$ZnSO_4\cdot7H_2O$、$CuSO_4\cdot5H_2O$、$FeCl_3$配制。

⑥ 乙醇、盐酸、H_2O_2、NaAc、HAc、抗坏血酸。

2. 主要仪器：

① 755 型分光光度计、pHS-2 酸度计、G4 坩埚。

② 每组配移液管 1 mL(4 根)、2 mL(2 根)、5 mL(1 根)；每人配 5 mL 容量瓶一个、25 mL 比色管一套。

所用试剂均为分析纯，水为二次蒸馏水。

实验步骤

1. Zn(Ⅱ)的分离及测定：

于 25.00 mL 小烧杯中准确加入一定量的 Zn(Ⅱ)标准溶液和 1.5 mL NH_4SCN 溶液、2.0 mL CV^+ 溶液，用缓冲溶液调节至合适酸度后加水稀释到 10.00 mL，搅拌同时加入 0.3 mL酚酞乙醇溶液，继续搅拌 20 min 后，静置，取 1.00 mL 清液至 25.00 mL 容量瓶中，加入 1.00 mL PAR 乙醇溶液显色后调节酸度 pH=4.0，并加水稀释至刻度。以试剂为空白于 495 nm 处测定吸光度，计算 Zn(Ⅱ)的回收率(E)。

要求：(1) 确定实验条件：如 NH_4SCN、CV^+、酚酞、PAR、pH 等；

(2) 实验条件确定后，做工作曲线(做 5 个点)。

2. 样品中 Zn(Ⅱ)的富集：

在 1.0 L 水样中加入 1.2 g NH_4SCN、0.82 g 结晶紫(CV^+)和 1 g 抗坏血酸，用固体 NaAc 和浓 HAc 调节至 pH=4.0 左右；边搅拌边加入 5.00 mL 15%的酚酞乙醇溶液，搅拌 40 min 左右后静置，溶液经 G4 坩埚抽滤，滤完后将吸附有缔合物 $Zn(SCN)_4(CV)_2$的微晶酚酞沉淀，用少量乙醇溶解并转入 25.00 mL 小烧杯中加热蒸发至近干，再加入适量 0.10 mol·L^{-1}热盐酸和 1~2 滴 H_2O_2后加热至近干，用少量水浸取残渣，将溶液定容到 5.00 mL 容量瓶中，用上述实验方法测定 Zn(Ⅱ)含量，计算 Zn(Ⅱ)的回收率(E)。

注意事项

1. 取上清液时要小心，防止悬浮颗粒的混入。
2. 取水样时，要根据具体情况确定取样方式。

思考题

1. 本实验为什么选择微晶酚酞作为分离富集的载体？
2. 你认为用什么方法可研究微晶酚酞吸附锌化合物的机理？
3. Fe^{3+}和 Cu^{2+}也是常见的金属离子，如何消除它们的干扰？

实验6.17 实验室含铬废液回收、价态分析及评价[89~90]

实验目的

1. 了解铬回收的意义。
2. 掌握分光光度法测定铬的原理。
3. 掌握重结晶用于纯化的方法。

方法原理

通过查阅文献,确定亚硫酸氢钠可作为还原剂。将废液调至酸性(pH=2~3),加入理论用量1.5倍的亚硫酸氢钠还原剂,将废液中的六价铬充分还原为三价铬,再加入碱液调节pH=7.0~7.5,使三价铬达到最大沉淀量,以$Cr(OH)_3$形式沉淀,抽滤分离沉淀与滤液,其中滤液中铬量用DPCI分光光度法测定是否达到排放标准,沉淀则用过氧化氢充分氧化加入碱液调节pH=10,加热完全除尽过氧化氢,再加入盐酸溶液调节pH=1~2,此时Cr(Ⅵ)以$Cr_2O_7^{2-}$形式存在。加热蒸发浓缩即可得到重铬酸钾晶体。

试剂与仪器

1. 主要试剂:

① 含混合酸的DPCI丙酮溶液:2 g·L^{-1}。

准确称取0.2000 g二苯基碳酰二肼,溶于50 mL丙酮中,加去离子水稀释后转移至100 mL棕色容量瓶中,并向其中加入12.5 mL硫酸和12.5 mL磷酸,混匀定容置冰箱中备用。

② 铬标准储备溶液:1.0 g·L^{-1}。

准确称取预先在110 ℃烘干2 h时并在干燥器中冷却的$K_2Cr_2O_7$ 0.7072 g于100 mL烧杯中,用水溶解后定容于250 mL容量瓶中,摇匀备用。

③ 铬标准工作溶液:10.0 mg·L^{-1}。

准确移取上述1.0 mL铬标准储备溶液用去离子水稀释至100 mL容量瓶中。

④ HCl(6 mol·L^{-1})、H_2SO_4、H_3PO_4、KOH溶液(6 mol·L^{-1})、H_2O_2(30%)、亚硫酸氢钠。

2. 主要仪器:

722型分光光度计、电子分析天平、抽滤装置。

实验步骤

1. 含铬废液中铬的光度法测定:

取10.00 mL含铬废液于50 mL容量瓶中,加水稀释至约40 mL处,加4.50 mL含混合酸的显色剂,定容,摇匀。静置10 min,用1 cm的比色皿,以试剂空白作参比,于540 nm波长处测定吸光度。

2. 含铬废液中铬的回收：

将一定量的废液调至酸性(pH 值 2～3)，加入 1.5 倍理论用量的亚硫酸氢钠并不断搅拌，使废液中的 Cr(Ⅵ)充分还原为 Cr^{3+}；用 KOH 溶液调节 pH＝7.0～7.5，静置 24 h 使 Cr^{3+} 完全沉淀为 $Cr(OH)_3$；抽滤分离沉淀与滤液，按照实验步骤①快速测定滤液中铬含量；沉淀则加入 1.5 倍理论用量的过氧化氢使 Cr^{3+} 充分氧化为 Cr(Ⅵ)；再用 KOH 溶液调节 pH＝10，加热完全除尽过量的过氧化氢，玻璃砂芯漏斗过滤除去杂质。加入盐酸溶液调节 pH＝1～2，加热蒸发浓缩至有少量晶体析出，停止加热，趁热过滤，热水洗涤晶体，滤液冷却至室温后转至冰浴上即可得到重铬酸钾晶体。所得晶体重结晶后除去残留杂质，干燥称重。

3. 标准曲线的绘制：

准确移取 0、0.50 mL、1.00 mL、2.00 mL、3.00 mL、3.50 mL 的 10.0 mg·L^{-1} 铬标准工作溶液于 6 个 50 mL 容量瓶中，加水稀释至约 40 mL 处，加入 4.50 mL 含混合酸的显色剂，定容，摇匀。静置 10 min，用 1 cm 的比色皿，以试剂空白作参比，于 540 nm 波长处测定吸光度，绘制吸光度-浓度曲线。

注意事项

1. 实验前需对含铬废液做初步分析，防止有其他干扰成分影响。
2. 蒸发浓缩时一定要注意控制加热程度，防止样品四溅，造成安全隐患和样品损失。

思考题

1. 如何同时测定 Cr^{3+} 和 Cr(Ⅵ)？
2. 调节溶液 pH 值时，应选用什么酸或碱？

实验 6.18 碘与水溶性高分子显色体系探究[91～93]

实验目的

1. 了解超分子化学及相关特性。
2. 掌握光度法定量测定的方法。
3. 了解碘与水溶性高分子显色的原理。

方法原理

以测定样品中的碘离子为例，向用磷酸酸化的样液中加入过量的溴水，此时碘被氧化为碘酸根，剩余的溴用苯酚除去，加入过量的碘化钾，即可释放出原来样液中的碘：

$$IO_3^- + 5I^- + 6H^+ \longrightarrow 3I_2 + 3H_2O$$

加入淀粉，定量形成碘-淀粉配合物，比色测定。

试剂与仪器

1. 主要试剂：

① 2 g·L^{-1}淀粉标准溶液的配制：称取0.2000 g可溶性淀粉于500 mL干净烧杯中，用蒸馏水打湿，搅匀，加入25 mL沸腾的蒸馏水，搅拌均匀，在电炉上再保持沸腾5 min，拿下，再加入蒸馏水25 mL，搅拌冷却至室温后转移至100 mL无色容量瓶中，用蒸馏水定容，摇匀。

② 0.2% I_2-KI标准溶液的配制：称取0.2000 g碘和0.50 g碘化钾，放入50 mL烧杯中，加蒸馏水溶解，转移至100 mL棕色容量瓶中，用蒸馏水定容，摇匀。

③ 0.02% I_2-KI标准溶液的配制：移取上述标准溶液10.00 mL于100 mL棕色容量瓶中用蒸馏水定容，摇匀。

④ 草酸、硼酸、盐酸、氢氧化钠、壳聚糖、葡聚糖、海藻酸钠、PVA-124、PVA(n=1750±50)、PEG 1000、PEG 4000、糊精。

⑤各种pH缓冲溶液配制所需试剂：如HAc-NaAc、Na_2HPO_4-NaH_2PO_4、NH_3-NH_4Cl。

⑥ 棕色容量瓶100 mL、棕色比色管25 mL或50 mL。

2. 主要仪器：

分光光度计。

实验步骤

以碘与淀粉的体系为例。

1. 碘和淀粉显色反应的吸收光谱。

移取1.25 mL 0.02% I_2-KI标准溶液于25 mL棕色容量瓶中，加入1.25 mL 2 g·L^{-1}淀粉标准溶液，用蒸馏水定容，摇匀。用蒸馏水作参比溶液。

2. 其他条件实验。

3. 制作标准曲线。

4. 分析共存离子的影响。

注意事项

以碘与淀粉反应为例。

1. 碘和淀粉的显色反应非常复杂，没有固定的摩尔比，是一个可逆反应，当其中一个反应物的量一定时，随着另一个反应物量的增加，生成的复合物的量也在增加，溶液的颜色变深。

2. 对于稀溶液只在一定范围内符合朗伯-比尔定律，用此显色反应测定碘和淀粉的含量时，标准系列溶液配制应非常严格，外界因素对此反应的影响非常大。

3. 碘的挥发和碘离子的氧化也需考虑。

注：关于其他情况的说明：

以碘与淀粉反应为起点，了解其他水溶性高分子与碘反应的情况，并以此加深对超分子反应的了解。需要探究的体系和实验内容安排如下：

需探究的体系：I_2-淀粉体系、I_2-PVA体系、I_2-PEG体系、I_2-糊精体系、I_2-(壳聚糖、葡聚糖、海藻酸钠)体系等。

探究的目的：上述体系能否成为定量测定I_2、淀粉、PVA、PEG、糊精或其他物质的方法。

要求:若可以,完成定量测定 I_2、淀粉、PVA、PEG 糊精或其他物质的方法研究。

方法研究:包括测定原理的确定、实验条件的优化(如 pH、各种反应物的浓度、反应时间和温度、反应物加入顺序、测定波长、显色体系的稳定性等),工作曲线的制作、共存离子的干扰情况,方法可行性判断(误差分析)等。

思考题

1. 淀粉与碘的显色可作为碘量法的指示剂,那么是否可作为显色剂用分光光度法测定碘呢?
2. 淀粉与碘的反应与小分子之间的反应有何不同?
3. 从淀粉与碘的反应特点看,你认为这类反应有无可能用于定量测定?

实验 6.19 分散相微萃取分光光度法测定罗丹明 B[98]

实验目的

1. 了解分散相微萃取的特点。
2. 掌握分散相微萃取的原理。
3. 体会绿色化学实验设计的理念。

方法原理

关于罗丹明的检测大多用到高效液相色谱、超高效液相色谱法或联合质谱法等,这些方法虽然也都实现了罗丹明的检测,但是仪器昂贵、操作繁琐、耗时也较长,并不是一种适于推广的理想的检测方法。因此建立一种简便快捷、可用于基层部门快速检测的方法具有实际应用意义。

分散液液微萃取是近来科研人员在微萃取领域的一个重要贡献,相比其他萃取方法,它具有更多的优点。它使用升级的萃取剂,靠分散剂的作用将萃取剂快速地分散到水溶液中,使得萃取剂用量更少且与水相接触面积很大,可快速达到传质平衡,萃取几乎不受萃取时间的影响,富集倍数和萃取效率高,适用于水中痕量罗丹明 B 的测定;同时,它还具有操作简单、对环境污染小等优点,更符合基层部门的快速检测的要求,因此更加具有实际价值。

试剂与仪器

1. 主要试剂:

① 丙酮、乙腈、十二醇、二氯甲烷、三氯甲烷、盐酸、醋酸钠、无水乙醇(以上试剂均为分析纯)、超纯水。

② 罗丹明 B 标准储备液:

称取 100.0 mg 罗丹明 B 置于 200 mL 容量瓶中,加水溶解并稀释至刻度,配置成500 μg/mL 的储备液。

③ 罗丹明 B 工作液:

由 500 μg/mL 储备液加水稀释而成 10 μg/mL 罗丹明 B 工作液。

2. 主要仪器：

755B 型分光光度计、CP-224S 电子天平、pHS-3C 酸度计、电热恒温水浴锅、离心机。

实验步骤

1. 分别准确移取一定量的罗丹明 B 工作液到 10 mL 刻度离心管中，依次加入 pH=3 的醋酸-醋酸钠缓冲溶液 1.0 mL、1 $mol \cdot L^{-1}$ 的氯化钠溶液 0.5 mL，然后用微量进样器抽取 300 μL 二氯甲烷和 2.0 mL 乙醇溶液，快速注入到样品溶液中，摇匀，离心 4 min 后，用移液管（或吸管）取出上层水相。底层的有机相用乙醇溶液稀释到 0.5 mL 后转移至 1 cm 的微量比色皿中，用空白溶液调零，使用分光光度计于 555 nm 处测定吸光度。

2. 标准曲线制作：取 10 μg/mL 罗丹明 B 工作液 0.2 mL、0.4 mL、0.6 mL、0.8 mL、1.0 mL 置入 10 mL 比色管中，加乙醇稀释到刻度，摇匀。在 555 nm 出测定吸光度，制作工作曲线。

3. 数据处理：根据标准曲线，计算罗丹明 B（在工作液液中）的萃取率。

思考题

1. 本实验中，乙醇除了作助溶剂（分散剂）外，是否还要考虑它对光度测定的影响？
2. 离心的转速和时间的选择有关联吗？
3. 要测定具体样品中的罗丹明 B 的浓度，应如何做？

实验 6.20　明胶-海藻酸钙复合膜胶囊萃取 $Cr_2O_7^{2-}$[94]

实验目的

1. 了解高分子复合膜的制备方法。
2. 了解将胶囊用于萃取分离技术的特点。
3. 了解胶囊萃取分离的机理。

方法原理

含萃取剂的胶囊用于金属离子的萃取分离克服了液-液萃取中油水界面产生絮状物及萃取剂易损失的缺点，因而越来越显示出其独特的优越性。

明胶和海藻酸盐的混合溶液，在高速搅拌下滴加三辛胺可制成乳状液，然后利用 Ca^{2+} 固化，生成胶囊，再利用戊二醛二次固化，就形成了明胶-海藻酸钙复合膜胶囊。利用传质到胶囊界面的 $Cr_2O_7^{2-}$ 的相互作用可实现其提取。

胶囊壁为多孔性固体膜，孔内充满芯材 TOA，$Cr_2O_7^{2-}$ 可通过微孔进入胶囊内。萃取过程按下列步骤进行：

① 水相中 $Cr_2O_7^{2-}$ 与 H^+ 向胶囊壁表面扩散；

② $Cr_2O_7^{2-}$和H^+在胶囊表面与TOA反应，生成络合物反应方程式如下：

$$2TOA+2H^+ +Cr_2O_7^{2-} \longrightarrow (TOA)_2H_2Cr_2O_7$$

③ 络合物通过微孔向胶囊内扩散。

试剂与仪器

1. 主要试剂：

① 明胶（生化试剂）、海藻酸钠（CP）、TOA（工业萃取剂）、戊二醛、$CaCl_2$、盐酸（除特别注明外，其他试剂皆为分析纯）。

② 10 mg・mL^{-1}的$K_2Cr_2O_7$标准溶液（pH=1）：准确称取1.000 g $K_2Cr_2O_7$基准物质放于100 mL小烧杯中，加水溶解，定量转移到100 mL容量瓶中，稀释至刻度，摇匀，备用。

③ 0.1mg・mL^{-1}的$K_2Cr_2O_7$标准溶液（pH=1）：用10 mg・mL^{-1}的$K_2Cr_2O_7$标准溶液（pH=1）稀释（用pH=1的盐酸溶液稀释）。

2. 主要仪器：

755B型分光光度计、pHS-3C酸度计、磁力加热搅拌器。

实验步骤

1. 明胶-海藻酸钙复合膜胶囊的制备：将明胶和海藻酸钠配成一定浓度的混合水溶液，在温度为60 ℃时，取一定量的上述水溶液置于100 mL的烧杯中，高速搅拌下滴加三辛胺（TOA），制成O/W乳状液。将此乳状液通过磁力搅拌分散到质量浓度为6%的$CaCl_2$水溶液中，（一次固化）乳状液表面海藻酸钠中的钠离子迅速和钙交换，生成固相的海藻酸钙胶囊。把上述胶囊放入戊二醛中二次固化，形成明胶-海藻酸钙复合膜胶囊。

2. $Cr_2O_7^{2-}$的萃取：在烧杯中装入100 mL含铬为0.1 mg・mL^{-1}的$K_2Cr_2O_7$溶液（pH=1），电磁搅拌下加入一定量的胶囊，分别在时间为0 min、2 min、5 min、10 min、20 min、40 min、60 min、90 min时取样，用分光光度法测其浓度。

3. 标准曲线绘制。

4. 对明胶-海藻酸钙复合膜胶囊进行表征：形貌、大小。计算$Cr_2O_7^{2-}$的萃取率。

思考题

1. 制备微胶囊时，明胶的作用是什么？

2. 影响$Cr_2O_7^{2-}$的萃取的主要因素是什么？

实验6.21 三角形银纳米片制备及可视化检测微量碘离子[95]

实验目的

1. 了解纳米材料的基本特性。

2. 了解纳米材料用于比色传感分析的原理。

3. 了解金属纳米材料的反应特点。

方法原理

金属纳米材料的光学、物理和化学性能与其大小和形貌有很大关系，特别是银纳米粒子，其具有许多光学性能，最近已被广泛应用于比色传感分析。三角形银纳米片（TAg-NPs，蓝色），其三个角顶点上的银原子能量高、反应活性大，当其与 I^- 和 $Na_2S_2O_3$ 反应后，形貌发生了变化，转为圆盘形（黄色）。而在 TAg-NPs 中加入一定浓度的 $Na_2S_2O_3$ 和 I^- 混合液反应后，TAg-NPs 变为混合晶型，混合液的颜色、形貌随 I^- 浓度的不同的变化，且灵敏度更高（相比与单独存在 I^-），由此可使用该方法可视化测定微量碘离子。

试剂与仪器

1. 主要试剂：

① $AgNO_3$、柠檬酸三钠、$NaBH_4$、30%过氧化氢、聚乙烯吡咯烷酮（PVP：$M_t=58000$）、硫代硫酸钠、碘化钾。

② BR 缓冲溶液（pH=7.96）：在 100 mL 浓度均为 0.04 mol·L^{-1}的磷酸、硼酸和醋酸三种酸的混合液中，加入浓度为 0.2 mol·L^{-1}氢氧化钠溶液 60.0 mL，混匀。所有试剂均为分析纯，实验用水均为二次蒸馏水。

2. 主要仪器：

电子天平（赛多利斯 CPA224S）、分光光度计（755B 型）、石英比色皿（1×1 cm^2 规格）、KQ2200DE 型超声波清洗器、DF-101B 型集热式恒温加热磁力搅拌器。

实验步骤

1. 银纳米片的制备：

将 24.75 mL 二次蒸馏水加入锥形瓶中，放入磁石后将锥形瓶置于磁力搅拌器中，边搅拌边依次加入 50 μL 5.0×10^{-2} mol·L^{-1} $AgNO_3$、0.5 mL 7.5×10^{-2} mol·L^{-1}柠檬酸三钠、60 μL 30%过氧化氢、4 mL 0.5 mg·mL^{-1} PVP、0.25 mL 0.1mol·L^{-1}新制的 $NaBH_4$，此时混合溶液呈浅黄色。大约 40 min 后，由于反应生成小粒径的银纳米粒子溶液颜色变为深黄色。在接下来的几秒内，随着溶液颜色由深黄色变成红色、绿色并最终变成蓝色，纳米银的形貌也由球形变成片状。

2. 碘离子的检测：

（1）KI 标准溶液的配制和标准曲线制作

称取 0.0083 g 的 KI 固体，在干净的小烧杯中，转移至 50 mL 容量瓶中，用二次水定容，制得 1.0×10^{-3} mol·L^{-1}的碘标准溶液。以此为母液，分别稀释成浓度 1.0×10^{-9} mol·L^{-1}、1.0×10^{-8} mol·L^{-1}、5.0×10^{-8} mol·L^{-1}、1.0×10^{-7} mol·L^{-1}、2.5×10^{-7} mol·L^{-1}、5.0×10^{-7} mol·L^{-1}、7.5×10^{-7} mol·L^{-1}、1.0×10^{-6} mol·L^{-1}的碘标准溶液。

（2）碘离子的检测方法

将 100 μL pH 值为 7.96 的 BR 缓冲溶液加入 1.7 mL 纳米银片溶液中混匀，再加入 200 μL 不同浓度的碘标准溶液与 7.5×10^{-6} mol·L^{-1}硫代硫酸钠的混合溶液并混匀，在室温下反应 40 min 后检测。

3. 数据处理：

表征银纳米片，包括形貌、大小；分析银纳米片的形貌、大小和光学性能的关系。确定该方法用于测定碘离子的线性范围、准确度评价。

思考题

1.本项目给你的启示是什么？

2.该方法能否用于测定硫代硫酸钠？

实验 6.22 零价铁改性海藻酸盐微胶囊制备及用于吸附铅离子[96]

实验目的

1. 了解生物材料的基本特性。
2. 了解微胶囊的制备方法。
3. 了解金属纳米材料的反应特点。

方法原理

至今为止，在众多技术中，用零价铁(Fe^0)粒子去污似乎是最有前途的技术。为了提高依据 Fe^0粒子的去除效率，小尺寸的 Fe^0，即纳米 Fe^0粒子(NZVI)已经开发，是目前在线处理金属离子的理想选择。

海藻酸与金属离子的结合，可作为重金属吸附剂。因此，海藻酸是一种用于环境治理的理想聚合物。采用水/油(W/O)微乳液，可制备包含纳米 Fe^0粒子的微胶囊(M-NZVI)，利用这种微胶囊可实现对 Pb^{2+}的吸附。

核-壳结构的 M-NZVI 微胶囊对 Pb^{2+}的处理有两个吸附机制：核 Fe^0 为还原 Pb^{2+}的提供电子源(因为它的还原电势较低)；而海藻酸盐微胶囊的壳在溶液中其界面上存在众多的羟基可通过表面络合吸附 Pb^{2+}。涉及的化学反应如下：

$$2Fe^0+3Pb(C_2H_3O_2)_2+4\ H_2O \longrightarrow 3Pb^0+2\ FeOOH+6\ CH_3COOH$$

试剂与仪器

1. 主要试剂：

六水合三氯化铁($FeCl_3 \cdot 6H_2O$)、二氯化钙($CaCl_2$)、硼氢化钠($NaBH_4$，98%)、Span 85(亲水亲油平衡值 1.8)、醋酸铅($Pb(C_2H_3O_2)_2$)、海藻酸钠、无水乙醇、石油醚。所有的试剂至少是分析纯，所用水为去离子水。

2. 主要仪器：

① 超声波(40 kHz，100 W)、磁力搅拌器(IKA)、真空干燥箱、厌氧箱、冷冻干燥机、原子吸收光谱。

② 注射器(5 mL)、微孔过滤膜、聚四氟乙烯瓶(250 mL)。

实验步骤

1. M-NZVI和海藻酸钙微胶囊、NZVI纳米粒子的制备：

(1) M-NZVI的制备

① 称取0.6 g海藻酸钠溶解在20 mL脱氧去离子水(DDW)中，放置约30 min脱气。

② 将海藻酸盐溶液逐滴加入50 mL 2.0%(*V*/*V*)Span 85和油的混合液中，再用超声波(40 kHz，100 W)振荡5 min，搅拌20 min(750 $r \cdot min^{-1}$)。

③ 将上述微乳液滴加到0.3 $mol \cdot L^{-1}$的Ca^{2+}和0.15 $mol \cdot L^{-1}$ Fe^{3+}固化液中，搅拌，形成海藻酸盐微胶囊，并保留在固化液中约6 h，然后，离心分离，用DDW清洗几次。

④ 将海藻酸微胶囊重新分散在50 mL无水乙醇中，在搅拌的情况下，将50 mL 2.4 $mol \cdot L^{-1}$ $NaBH_4$滴加上述悬浮液中，微胶囊立即变黑，继续搅拌1 h。然后利用石油醚和无水乙醇清洗各三次，离心分离，冷冻干燥。所有的步骤都在室温下(22±2 ℃)完成。

(2) 海藻酸钙微胶囊的制备

海藻酸钙微胶囊参考上述M-NZVI的方法制备。混合和固化，并W/O微乳液体系通过0.3 $mol \cdot L^{-1}$的Ca^{2+}。离心分离制备的海藻酸钙微胶囊，并用DDW洗涤，冷冻干燥。

(3) NZVI粒子的制备

采用液相还原沉淀的方法制备NZVI粒子。首先，在N_2保护和激烈搅拌的情况下，30 $mmol \cdot L^{-1}$的$NaBH_4$滴加到等体积的10 $mmol \cdot L^{-1}$ $FeCl_3$溶液中。产生的黑色悬浮液继续搅拌15 min，离心分离获得产物。然后，无水乙醇和丙酮清洗纳米粒子。最后，获得的粒子真空干燥，并储存在充满纯N_2的厌氧箱备用。

2. 含Pb^{2+}水样的处理：

含Pb^{2+}水样的处理在常压和室温(22±2 ℃)下，在100 mL的聚四氟乙烯瓶中完成。在200 $r \cdot min^{-1}$旋转搅拌下，将100 mL Pb^{2+}溶液和0.05 g M-NZVI粒子混合。初始pH不需调节，也不需加入缓冲溶液。取样分别用5 mL注射器完成，通过一个0.45 μm微孔过滤器过滤，用AAS测定残留在溶液中的Pb^{2+}。相应地，用海藻酸钙微胶囊吸附时，也用相同的方法处理。

3. 数据处理：

分别计算NZVI、M-NZVI的产率。表征M-NZVI微胶囊，包括形貌、大小，并计算Fe^0的包封率。处理Pb^{2+}的结果评价：在一定量M-NZVI(如0.5 $g \cdot L^{-1}$)存在下，处理一定浓度Pb^{2+}(如300 $mg \cdot L^{-1}$)的效率。

思考题

1. 直接用NZVI处理处理Pb^{2+}会有什么结果？
2. 如何用海藻酸钙微胶囊处理Pb^{2+}？机理如何？

实验 6.23 基于 Cu^{2+} 催化和 K^+-四联体-Cu^{2+} 络合物诱导的信号放大的可视化比色[97]

实验目的

1. 了解金属离子催化的特点。
2. 了解金属酶催化与金属络合物催化的区别。
3. 掌握利用催化特性用于分析检测。

方法原理

本实验采用的一种新的比色法，无需对纳米材料进行任何的改性，可用于测定水溶液中的铜离子。一方面，高浓度的 Cu^{2+} 对 TMB-H_2O_2 反应具有催化能力，使反应液呈淡蓝色，检测限为 2.6 μm；另一方面，g-四联体 DNA 结合低浓度的 Cu^{2+} 能表现出更好的催化性能，可以催化 TMB-H_2O_2 反应，放大比色联体信号，检测限低至 0.07 μm。这个结果表明可用肉眼观察，若做定量，可利用光谱分析法。

较高浓度的 Cu^{2+}（>5 μmol·L^{-1}）具有一种过氧化酶模拟催化的特质，Cu^{2+} 可催化 TMB 形成一种发光衍生物，其吸收波长在 650 nm 左右，呈淡蓝色（颜色的变化程度与 Cu^{2+} 的浓度有关）。有趣的是，对高浓度的 Cu^{2+}，在没有 H_2O_2 时，则没有催化能力；而低浓度的 Cu^{2+}，则催化活性弱，也难以用于测定。

因此，利用 g-四联体-Cu^{2+} 金属酶扩增策略可检测较低浓度的 Cu^{2+}。研究表明，g-四联体-铜（Ⅱ）金属酶复合物具有良好的过氧化物酶活性，可以催化 TMB 和 H_2O_2 反应以及水中对映体选择性的弗里德-克拉夫反应。其中 K^+ 首先加入含有 g-四联体 DNA 链的 tris-HCl 缓冲液（pH=7.4）中形成 g-四联体 DNA。然后，Cu^{2+} 的加入导致 g-四联体-Cu^{2+} 金属酶复合物的形成（见图 6.8）。结果表明，g-四联体 DNA 与 Cu^{2+} 的结合能比 Cu^{2+} 更有效地提高催化活性。

试剂与仪器

1. 主要试剂：

KCl、3,3',5,5'-四甲基联苯胺（TMB）、K^+ 适配体（5'-GGTTGGTGTGGTTGG-3'）、H_2O_2、Cu^{2+} 标准溶液、短链 DNA（5'-AAAAAAAA AAAAAAA-3'）。所用试剂均为分析纯，所用水为 Milli-Q 水（18.2 MΩ·cm）。

3,3',5,5'-四甲基联苯胺（TMB），为白色结晶粉末，无嗅、无味，难溶于水，易溶于丙酮、乙醚、二甲亚砜、二甲基甲酰胺等有机溶剂，是一种新型安全的色原试剂。TMB 作为过氧化酶的新底物，在临床生化检验方面应用广泛。

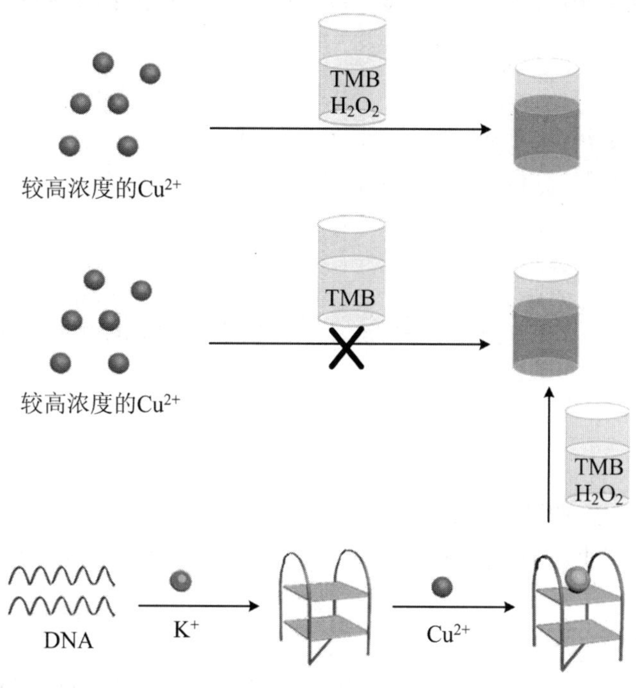

图 6.8 g-四联体 DNA 测

2. 主要仪器：

955B 分光光度计、pHS-3C 酸度计、磁力搅拌器。

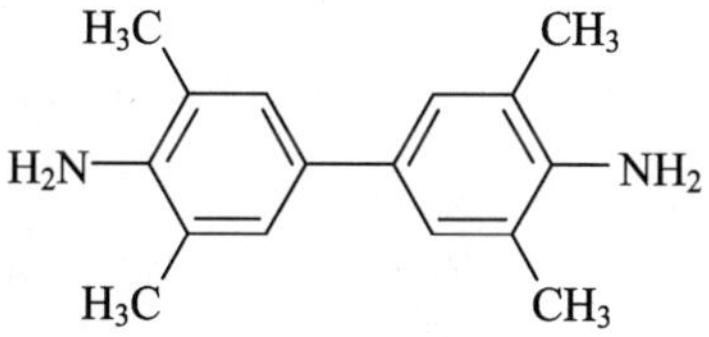

H3C CH3 H2N NH2 H3C CH3

图 6.9 g-四联体 DNA 测

实验步骤

1. 铜的检测：

首先，将 20 μL 10 μmol · L^{-1}KCl 加到 20 μL 1 μmol · L^{-1})DNA 溶液中，混合物在 37 ℃孵育 50 min，使其形成 g-四联体 DNA。然后，在激烈搅拌条件下，将 128 μL 不同浓度的 Cu^{2+} 加到上述混合液中，继续在 37 ℃孵育 90 min，使其形成 g-四联体-Cu^{2+} 金属酶。然后，加入 20 μL 1 mol · L^{-1} H_2O_2 和 12 μL 6.7 mmol · L^{-1} TMB，反应2 min 后用光度计检测，检测波长范围为 400～800 nm。

2. 铜测定的选择性：

为了研究提出的传感策略的特异性，分别测试了 10 种不同金属离子的水溶液。实验中，以 Mg^{2+}、Mn^{2+}、Co^{2+}、Ni^{2+}、Pb^{2+}、Cd^{2+}、Sr^{2+}、Sn^{2+}、Zn^{2+}、Cr^{3+} 和 Cu^{2+} 作为目标物质进行分析。

3. 数据处理：

根据实验方法，确定最佳实验条件，如最大吸收波长、pH、H_2O_2 和 TMB 用量、反应时间和温度等,最后确定线性范围和检测限。对共存离子的实验,确定方法的特异性。

思考题

1. 为什么 g-四联体-铜(Ⅱ)的催化活性比 Cu^{2+} 高?
2. 离子识别和常规的分析检测的主要区别是什么?

实验 6.24 电位滴定法测定水中氯离子的含量

实验目的

1. 学习电位滴定法的基本原理和操作技术。
2. 掌握方法氯离子的测定过程和现象。

方法原理

利用滴定分析中化学计量点附近的突跃,以一对适当的电极对监测滴定过程中的电位变化,从而确定滴定终点,并由此求得待测组分的含量的方法称为电位滴定法。

本实验中根据能斯特方程:$E=E^0-RT/(nF)\lg c_{Cl^-}$,滴定过程中,随着滴定剂 $AgNO_3$ 标准溶液的加入,氯离子浓度降低($Cl^-+Ag^+=AgCl$),电位发生变化。接近化学计量点时,氯离子发生突变,电位相应发生突变,而后继续加入滴定剂,溶液电位变化幅度减缓。以滴定时滴定剂的消耗体积(mL)和电位的变化关系来确定滴定终点。

试剂与仪器

1. 主要试剂:

NaCl 0.05 mol·L^{-1}、$AgNO_3$ 0.05 mol·L^{-1}、KNO_3 固体。所用试剂为分析纯,所用水为蒸馏水。

2. 主要仪器:

pHS-3C 酸度计、磁力搅拌器、KNO_3 甘汞参比电极、银电极、滴定管、烧杯(电解池)。

实验步骤

1. 0.05 mol·L^{-1} $AgNO_3$标准溶液的标定:

准确移取 0.05 mol·L^{-1}NaCl 标准溶液 10.00 mL 于烧杯中,加蒸馏水 20 mL、KNO_3 固体 2 g,搅拌均匀。

开启酸度计,开关调在 mV 位置,加入滴定剂,记录溶液电位随滴定剂的体积变化情况。随着 $AgNO_3$ 标准溶液的滴入,电位读数将不断变化,开始时读数间隔可先大些(1~2 mL),至一定量后,电位读数将变化较大,则预示临近终点,此时应逐滴加入 $AgNO_3$ 标准溶液(0.5~0.2 mL),并记录电位变化,直至继续加入 $AgNO_3$ 标准溶液后电位不再明显为止。

绘制 E(mV)-V(mL)曲线，求得终点时所消耗的 $AgNO_3$ 标准溶液的确切体积。

2. 水中氯离子含量的测定：

准确移取水样 10.00 mL 于烧杯中，加蒸馏水 20 mL、KNO_3 固体 2 g，搅拌均匀。加入滴定剂，记录溶液电位随滴定剂的体积变化情况。同标定的步骤，作 E(mV)-V(mL)曲线，求出与水样中氯离子反应至终点时所消耗的 $AgNO_3$ 标准溶液的确切体积。

3. 数据处理：

根据实验数据作 E(mV)-V(mL)曲线，从两个图中获得终点所消耗的 $AgNO_3$ 标准溶液的体积，从而根据物质反应平衡公式 $c_{Cl^-} V_{Cl^-} = c_{Ag^+} V_{Ag^+}$，计算求出水中氯离子的含量($mol \cdot L^{-1}$)。

思考题

1. 实验中 KNO_3 起什么作用？
2. 终点滴定剂体积的确定方法有哪几种？

参 考 文 献

[1] 何锡风，安红，谷振华. 常温合成甲基橙方法的研究[J]. 齐齐哈尔大学学报，2005，21(2)：16-18.

[2] 陈勇，周国平. 杨建男. 甲基橙合成实验的改进[J]. 实验室研究与探索，2002，21(3)：95-96.

[3] 杨丽君，高小茵，仲一卉. 甲基橙制备方法的改良[J]. 云南师范大学学报，2003，23(3)：57-58.

[4] 刘建国，孙笃周. 一步法常温合成甲基橙[J]. 化学试剂，1997，19(6)：374.

[5] 北京大学化学分析化学教研室. 基础分析化学实验[M]. 2 版. 北京：北京大学出版社，1997.

[6] 范晓燕，于媛，徐嫔. 酸碱指示剂离解常数的测定[J]. 实验室科学，2007(2)：89-90.

[7] 樊静，沈学静，王瑞勇，等. 光度法测定甲基橙和二甲基黄在甲醇-水混合溶剂中的离解常数[J]. 分析实验室，1998，17(4)：5-8.

[8] 李成魁，祁红璋，严彪. 磁性纳米四氧化三铁颗粒的化学制备及应用进展[J]. 上海金属，2009，31(4)：54-58.

[9] 李铁福，邓英杰，宋小平，等. 氧化铁纳米粒子的制备[J]. 沈阳药科大学学报，2003，20(5)：325-327.

[10] 吴明在，张启花，刘艳美，等. 水热法制备 Fe_3O_4 粒子及其形貌控制[J]. 安徽大学学报(自然科学版)，2009，33(3)：60-64.

[11] Chan H T, Do Y Y, Huang P L, et al. Preparation and properties of bio-compatible magnetic Fe_3O_4 nanoparticles[J]. Journal of Magnetism and Magnetic Materials, 2006(304): e415-e417.

[12] Cheng F Y, Su C H, Yang Y S, et al. Characterization of aqueous dispersions of Fe_3O_4 nanoparticles and their biomedical applications[J]. Biomaterials, 2005(26): 729-738.

[13] Shang H, Chang W S, Kan S, et al. Synthesis and characterization of paramagnetic miccroparticles through emulsion-templated free radical polymerization[J]. Langmuir, 2006(22): 2516.

[14] Hiraide M. Removal of metal ions from waste-water by SDS-modified alumina[J]. Anal. Sci., 1999(15): 1055-1062.

[15] Adak A, Pal A. Removal of phenol from aquatic environment by SDS-modified alumina: batch and fixed bed studies[J]. Separation and Purification Technology, 2006(50): 256-262.

[16] Ghaedi M, Niknam K, Shokrollahi A. Flame atomic absorption spectrometric determination of trace

amounts of heavy metal ions after solid phase extraction using modified sodium dodecyl sulfate coated on alumina[J]. Journal of Hazardous Materials,2008(155):121-127.

[17] Ghaedi M,Tavallali H, Shokrollahi A. Flame atomic absorption spectrometric determination of zinc, nickel,iron and lead in different matrixes after solid phase extraction on SDS-coated alumina as their bis (2-hydroxyacetophenone)-1,3-propanediimine chelates[J]. Journal of Hazardous Materials,2009 (166):1441-1448.

[18] Gawade A S,Vanjara A K,Sawant M R. Removal of herbicide from water with sodium chloride using surfactant treated alumina for wastewater treatment[J]. Separation and Purification Technology,2005 (41):65-71.

[19] Adak A,Bandyopadhyay M,Pal A. Removal of crystal violet dye from wastewater by surfactant-modified alumina[J]. Separation and Purification Technology,2005(44):139-144.

[20] 陈建国,胡欣,梅松. 茶叶中茶多糖的提取和测定方法[J]. 中国卫生检验杂志,2004, 14(4):432-433.

[21] 董群,郑丽伊,方积年. 改良的苯酚—硫酸法测定多糖和寡糖含量的研究[J]. 中国药学杂志,1996,31 (9):551-553.

[22] 王黎明,夏文水. 水法提取茶多糖工艺条件优化[J]. 食品科学,2005,26(5):171-174.

[23] Zhou W J,Zhu K,Zhan H Y,et al. Sorption behaviors of aromatic anions on loess soil modified with cationic surfactant [J]. Journal of Hazardous Materials B,2003(100):209-218.

[24] Gao B,Wang X R,Zhao J C,et al. Sorption and cosorption of organic contaminant on surfactant modified soils[J]. Chemosphere,2001(43):1095-1102.

[25] Meng Z F,Zhang Y P,Zhang Z Q. Simultaneous adsorption of phenol and cadmium on amphoteric modified soil[J]. Journal of Hazardous Materials,2008(159):492-498.

[26] Hernandez-Soriano M C,Mingorance M D,Peria A. Interaction of pesticides with a surfactant-modified soil interface:effect of soil properties,Colloids and Surface A:Physicochem[J]. Eng. Aspects, 2007(306):49-55.

[27] 陈芳艳,唐玉斌,罗鹏. 季铵盐改性土壤对水中苯酚的吸附及机理研究[J]. 重庆环境科学,2000,22 (2):50-53.

[28] 陈宝梁,朱利中,林斌,等. 阳离子表面活性剂增强固定土壤中的苯酚和对硝基苯酚[J]. 土壤学报, 2004,41(1):148-150.

[29] 易求实. 均匀沉淀法制备纳米碱式硫酸铜杀菌剂的研究[J]. 农药,2001,40(8):20-22.

[30] 肖顺华,刘明登,赵临远. 从含铜废渣中制备碱式硫酸铜的研究[J]. 广西师范大学学报(自然科学版),1999,17(3):65-68.

[31] Tanaka H,Koga N. Preparation and thermal decomposition of basic copper (Ⅱ) sulfates[J]. Thermochimica Acta,1988(133):221-226.

[32] Tanaka H, Kawano M, Koga N. Thermogravimetry of basic copper(Ⅱ) sulphate obtained by titrating NaOH solution with $CuSO_4$ solution[J]. Thermochimica Acta,1991(182):281-292.

[33] 严鹏权,郭荣,黄明昌,等. 层状液晶中超微粒子材料 $CuSO_4 5H_2O$ 的制备[J]. 科学通报,1994,39 (14):1289-1291.

[34] Hua W,Liu T Q. Preapration and properities of highly stable innocuous noisome in Span 80/PEG 400/H_2O system [J]. Colloids and Surfaces A:Physicochem. Eng. Aspects,2007,302:377-382.

[35] 王大林,盛坤贤. 非离子表面活性剂囊泡作为药物载体的进展[J]. 中国医药工业杂志,1998,29(5): 235-240.

[36] 张景京,陆彬. 类脂囊泡的研究进展[J]. 国外医药:合成药生化药制剂分册,1999,20(3):188-192.

[37] Liu T Q,Guo R, Hua W,et al. Structure behaviors of hemoglobin in PEG 6000/Tween 80/Span 80/ H_2O noisome system[J]. Colloids and Surfaces A:Physicochem. Eng. Aspects,2007(293):255-261.

[38] 霍涌前,李菲,李恒欣,等. MCM-41 型介孔分子筛的合成及其化学修饰[J]. 西北大学学报(自然科学版),2003,33(1):57-60.

[39] 沈俊,罗文彬,张昭. 低质量分数表面活性剂作模板合成 MCM-41 中孔分子筛的机理探讨[J]. 四川大学学报(工程科学版),2003,35(2):60-63.

[40] 张一平,周春晖,费金华,等. 介孔分子筛 MCM-41 表面的有机胺功能化及其应用[J]. 分子催化,2007,21(2):109-114.

[41] 李文江,赵纯,宋利珠. 水玻璃为原料在开放体系中快速合成介孔材料 MCM-41[J]. 高等学校化学学报,2001,22(6):1013-1015.

[42] Wu C D,Gao Q M, Hu J,et al. Rapid preparation,characterization and hydrogen storage properties of pure and metal ions doped mesoporous MCM-41[J]. Microporous and Mesoporous Materials,2009(117):165-169.

[43] Liu X B,Sun H,Yang Y H. Rapid synthesis of highly ordered Si-MCM-41[J]. Journal of Colloid and Interface Science,2008(319):377-380.

[44] 李志勇,倪才华,熊诚,等. 海藻酸钠的疏水改性及释药性能研究[J]. 化学通报,2009(1):93-96.

[45] 王康,何志敏. 海藻酸微胶囊的制备及在药物控释中的研究进展[J]. 化学工程,2002,30(1):48-54.

[46] 刘伟,王莹,王士斌. 乳化-凝胶化法制备药用载体海藻酸钙微球的研究[J]. 生物医学工程研究,2008,26(2):155-158.

[47] 马萍,孙淑英. 一种新的缓释载体:海藻酸钙凝胶小球的研究概况[J]. 国外医药:合成药生化药制剂分册,1998,19(3):190-192.

[48] 陈国,黄世丰. 制备中空海藻酸钙胶囊新方法的研究[J]. 山西大学学报(自然科学版),2008,31(1):119-123.

[49] Cayer O J,Noble P F,Paunov V N. Fabrication of novel colloidosome microcapsules with gelled aqueous cores[J]. Journal of Materials Chemistry,2004(14):3351-3355.

[50] Kikuchi A,Kawabuchi M,Sugihara M,et al. Pulsed dextran release from calcium-alginate gel beads [J]. Journal of Controlled Release,1997(47):21-29.

[51] Yosha I,Shani A,Magdassi S. Slow Release of Pheromones to the Atmosphere from Gelatin-alginate beads[J]. J. Agric Food Chem. ,2008,56,8045-8049.

[52] Ribeiro C C,Barrias C C,Barbosa M A. Calcium-phosphate-alginate microspheres as enzyme delivery matrices[J]. Biomaterials,2004(25):4363-4373.

[53] Lemoice D,Wauters F,Boucheridhomme S,et al. Preparation and characterization of alginate microspheres containing a model antigen[J]. International Journal of Pharmaceutics,1998(176):9-19.

[54] Liu X D,Xue W M. Liu Q,et al. Swelling behaviour of alginate-chitosan microcapsules prepared by external gelation or internal gelation technology[J]. Carbohydrate Polymers,2004(56):459-464.

[55] 金民,秦培勇,陈萃仙,等. 交联聚乙烯醇膜材料结构与性能的相关性[J]. 膜科学与技术,2003,23(4):16-18.

[56] 郭红霞,金民,陈萃仙,等. 交联聚乙烯醇膜材料中水的状态[J]. 化学研究与应用,2005,17(2):194-196.

[57] 张乐洋,徐海生,沈群东. 聚乙烯醇多孔膜的制备[J]. 功能高分子学报,2001,14(2):174-176.

[58] Kumar J,Dsouza S F. Preparation of PVA membrane for immobilization of GOD for glucose biosensor [J]. Talanta,2008,75,183-188。

[59] Xiao S,Huang R Y M,Feng X. Preparation and properties of trimesoyl chloride crosslinked poly(vinyl alcohol) membranes for pervaporation dehydration of isopropanol[J]. Journal of Membrane Science,2006(286):245-254.

[60] Zhang Y Z,Li H Q,Li H,et al. Preparation and characterization of modified polyvinyl alcohol ultrafil-

tration membranes[J]. Desalination,2006,192,214-223.

[61] Bolto B,Tran T,Hoang M,et al. Crosslinked poly(vinyl alcohol) membranes[J]. Progress in Polymer Science,2009(34):969-981.

[62] Zhang L,Jin G. Bilirubin removal from human plasma by Cibacron Blue F3GA using immobilized microporous affinity membranous capillary method[J]. Journal of Chromatography B, 2005(821): 112-121.

[63] Jin G,Zhang L,Yao Q Z. Novel method for human serum albumin adsorption/separation from aqueous solutions and human plasma with Cibacron Blue F3GA-Zn(Ⅱ) attached microporous affinity membranous capillaries[J]. Journal of Membrane Science,2007(287):217-279.

[64] 但敏,李斌,陈枫,等. 羟基磷灰石的制备方法及其研究发展[J]. 现代生物医学进展,2006,6(11): 125-127.

[65] 张超武,李娟莹. 共沉淀法制备羟基磷灰石影响因素的研究[J]. 材料导报,2006,20(11):390-396.

[66] 焦燕,吕宇鹏,王爱娟,等. 特殊形态羟基磷灰石的制备及研究进展[J]. 生物骨材料与临床研究, 2009,6(2):47-51.

[67] 黄文,王青,王德平. 中空羟基磷灰石微球的制备工艺[J]. 同济大学学报(自然科学版),2005,33(1): 88-92.

[68] 刘信安,李伟,王里奥. 球状多孔羟基磷灰石生物材料的制备与结构[J]. 应用化学,2003,20(3): 223-227.

[69] Wang Y J,Zhang S H,Wei K,et al. Hydrothermal synthesis of hydroxyapatite nanopowders using cationic surfactant as a template[J]. Materials Letters,2006(60):1484-1487.

[70] Jr O C W,Hull J R. Surface modification of nanophase hydroxyapatite with chitosan[J]. Materials Science and Engineering C,2008(28):434-437.

[71] Nayer S,Sinha M K,Basu D,et al. Synthesis and sintering of biomimetic hydroxyapatite nanoparticles for biomedical applicaitons[J]. Journal of Materials Science,2006,17,1063-1068.

[72] He D,Xiao X F,Liu F,et al. Chondroitin sulfate template-mediated biomimetic synthesis of nano-flake hydroxyapatite[J]. Applied Surface Science,2008,255,361-364.

[73] Somnuk J, Wiwut T, Virote B. synthesis of hydroxyapatite nanoparticles using an emulsion liquid membrane system[J]. Colloids and Surface A:Physicochem Eng Aspects,2007(296):149-153.

[74] Ashis B,Amit B,Susmita B. Hydroxyapatite nanopowders:Synthesis,densification and cell- materials interaction[J]. Materials Science and Engineering C,2007(27):729-735.

[75] Schmidt H T,Ostafin A E. Liposome directed growth of calcium phosphate nanoshells[J]. Advanced Materials,2002(14):532-535.

[76] Li H,Huang W Y,Zhang Y M,et al. Biomimetic synthesis of enamel-like hydroxyapatite on self-assembled monolayers[J]. Materials Science and Engineering C,2007(27):756-761.

[77] 张志朋,孙建科,蒋琪英,等. 食品强化剂 NaFeEDTA·$3H_2O$ 的合成及表征[J]. 精细化工,2008,25(8):775-783.

[78] Meier R,Heinemann F W. Structure of the spontaneously resolved six-coordinate potassium chloro-(ethylenediaminetriacetato acetic acid) iron(Ⅲ) monohydrate and the seven-coordinate potassium ((ethylenediaminetriacetato) iron(Ⅲ) sesquihydrate[J]. Inorganica Chimica Acta, 2002(337): 317-327.

[79] 邓凡政,石影,张宝娟,等. 聚乙二醇-硫酸铵-亚硝基 R 盐体系中钴(Ⅱ)的分离及其存在形态[J]. 分析化学,1998,26(9):1115-1117.

[80] 邓凡政,石影,刘庆. 用聚乙二醇-硫酸铵-铬黑 T 体系从铁(Ⅲ)、钴(Ⅱ)、镍(Ⅱ)、铜(Ⅱ)中分离镉的研究[J]. 分析化学,1995,23(7):832-834.

[81] 邓凡政,石影,陈岩.用聚乙二醇-硫酸铵-铝试剂体系分离铁(Ⅲ)、铝(Ⅲ)、钴(Ⅱ)、镍(Ⅱ)、铜(Ⅱ)、镉(Ⅱ)、锰(Ⅱ)[J].分析化学,1997,25(2):215-218.

[82] Shibukawa M, Nakayama N, Hayashi T, et al. Extraction behaviour of metal ions in aqueous polyethylene glycol-sodium sulphate two-phase systems in the presence of iodide and thiocyanate ions[J]. Analytica Chimica Acta, 2001(427): 293-300.

[83] Rogers R D, Bond A H, Bauer C B, et al. Metal ion separation in polyethylene glycol-based aqueous biphasic systems: Correlation of partitioning behavior with available thermodynamic hydration data[J]. Journal of Chromatography B, 1996(680): 221-229.

[84] 李桂英,卢玉姝.鸡蛋壳制备乳酸钙的研究[J].吉林化工学院学报,2001,18(1):25-27.

[85] 张富娟,盛淑玲.用蛋壳灰分制备乳酸钙的研究[J].食品工业科技,2003,24(9):56-57.

[86] Li Z, Zhang Y H, Tan T W. preparation of edible calcium lactate crystal from crude L-lactic acid via chemical precipitation method[J]. Journal of Bioscience and Bioengineering, 2009(108): 5138-5138.

[87] 李全民,吴宏伟,刘国光.微晶酚酞富集-分光光度法测定痕量 Zn(Ⅱ)[J].化学学报,2006,64(11):1169-1172.

[88] 丁宗庆,吴承明,刘光东.分散固相萃取-分光光度法联用测定粮谷中痕量镍[J].粮食与油脂,2016,29(11):80-81.

[89] 焦萍,邓本俊,李超,等.化学实验室含铬废液的快速检测与回收利用的探讨[J].山东化工,2011,40(5):37-39.

[90] 张俊然,刘晓莉,成文玉.实验室含铬废液处理的实验研究[J].河北工业大学成人教育学院学报,2007,22(2):39-42.

[91] 杨琥,程镕时.聚乙烯醇-碘复合物在水溶液中的形成[J].高分子通报,2008(1):7-15.

[92] 束嘉秀,董亦斌,张惠芬.分光光度法直接测定水中聚乙烯醇含量的研究[J].昆明理工大学学报(理工版),2003,28(5):127-130.

[93] 张小林,戴兴德.碘淀粉显色稳定性实验探究[J].化学教育,2006(11):54-55.

[94] 袁悦,朱澄云,王玉洁.明胶-海藻酸钙复合膜胶囊萃取 $Cr_2O_7^{2-}$ 的传质动力学研究[J].分子科学学报,2006,22(3):210-212.

[95] 候新彦.三角形银纳米片在可视化检测中的应用研究[D].湘潭:湖南科技大学,2014.

[96] Luo S, Lu T T, Peng L, et al. Synthesis of nanoscale zero-valent iron immobilized in alginate microcapsules for removal of Pb(Ⅱ) from aqueous solution[J]. Journal of Materials Chemistry A, 2014, 2: 15463-15472.

[97] Wei X C, Xu H Z, Li W, et al. Colorimetric visualization of Cu^{2+} based on Cu^{2+}-catalyzed reaction and the signal amplification induced by K^+-aptamer-Cu^{2+} complex[J]. Sensors and Actuators B Chemical, 2017, 241: 498-503.

[98] 李绪婷.基于微萃取技术的罗丹明分光光度检测新方法研究[D].衡阳:南华大学,2012.

附　　录

附录1　洗涤液的配制及使用

1. 铬酸洗液

铬酸洗液主要用于去除少量油污，是无机及分析化学实验室中最常用的洗涤液。使用时应先将待洗仪器用自来水冲洗一遍，尽量将附着在仪器上的水控净，然后用适量的洗液浸泡。

配制方法：称取 25 g 化学纯 $K_2Cr_2O_7$ 置于烧杯中，加 50 mL 热水溶解，然后一边搅拌一边慢慢沿着烧杯壁加入 450 mL 工业浓 H_2SO_4，冷却后转移到有玻璃塞的细口瓶中保存。

2. 酸性洗液

工业盐酸(1∶1)用于去除碱性物质和无机物残渣，使用方法与铬酸洗液相同。

3. 碱性洗液

1%的 NaOH 水溶液，可用于去除油污，加热时效果较好，但长时间加热会腐蚀玻璃。使用方法与铬酸洗液相同。

4. 草酸洗液

用于除去 Mn，Fe 等的氧化物。加热时洗涤效果更好。

配制方法：5～10 g 草酸溶于 100 mL 水中，再加入少量浓盐酸。

5. 盐酸-乙醇洗液

用于洗涤被染色的比色皿、比色管和吸量管等。

配制方法：将化学纯的盐酸与乙醇以 1∶2 的体积比混合。

6. 酒精与浓硝酸的混合液

此溶液适合于洗涤滴定管。使用时，先在滴定管中加入 3 mL 酒精，沿壁再加入 4 mL 浓 HNO_3，盖上滴定管管口，利用反应所产生的氧化氮洗涤滴定管。

7. 含 $KMnO_4$ 的 NaOH 水溶液

将 10 g $KMnO_4$ 溶于少量水中，向该溶液中注入 100 mL 10% NaOH 溶液即成。该溶液适用于洗涤油污及有机物，洗后在玻璃器皿上留下的 MnO_2 沉淀，可用浓 HCl 或 Na_2SO_3 溶液将其洗掉。

附录 2　市售酸碱试剂的浓度及比重

试　剂	比　重	量浓度(mol·L^{-1})	重量百分浓度
冰醋酸	1.05	17.4	99.7%
氨水	0.90	14.8	28.0%
苯胺	1.022	11.0	
盐酸	1.19	11.9	36.5%
氢氟酸	1.14	27.4	48.0%
硝酸	1.42	15.8	70.0%
高氯酸	1.67	11.6	70.0%
磷酸	1.69	14.6	85.0%
硫酸	1.84	17.8	95.0%
三乙醇胺	1.124	7.5%	
浓氢氧化钠	1.44	14.4	40%
饱和氢氧化钠	1.539	20.07	

附录 3　常用指示剂

1. 酸碱指示剂

指 示 剂	变色范围 pH	颜色变化	pK_{HIn}	浓　　度
百里酚蓝	1.2～2.8	红→黄	1.65	0.1%的 20%乙醇溶液
甲基黄	2.9～4.0	红→黄	3.25	0.1%的 90%乙醇溶液
甲基橙	3.1～4.4	红→黄	3.45	0.1%的水溶液
溴酚蓝	3.0～4.6	黄→紫	4.1	0.1%的 20%乙醇溶液或其钠盐水溶液
溴甲酚绿	4.0～5.6	黄→蓝	4.9	0.1%的 20%乙醇溶液或其钠盐水溶液
甲基红	4.4～6.2	红→黄	5.0	0.1%的 60%乙醇溶液或其钠盐水溶液
溴百里酚蓝	6.2～7.6	黄→蓝	7.3	0.1%的 20%乙醇溶液或其钠盐水溶液
中性红	6.8～8.0	红→黄橙	7.4	0.1%的 60%乙醇溶液
苯酚红	6.8～8.4	黄→红	8.0	0.1%的 60%乙醇溶液或其钠盐水溶液
酚酞	8.0～10.0	无→红	9.1	0.2%的 90%乙醇溶液
百里酚蓝	8.0～9.6	黄→蓝	8.9	0.1%的 20%乙醇溶液
百里酚酞	9.4～10.6	无→蓝	10.0	0.1%的 90%乙醇溶液

2. 混合指示剂

指示剂溶液的组成	变色时的pH	颜色		备注
		酸色	碱色	
一份0.1%甲基黄乙醇溶液 一份0.1%次甲基蓝乙醇溶液	3.25	蓝紫	绿	pH=3.2,蓝紫色 pH=3.4,绿色
一份0.1%甲基橙水溶液 一份0.25%靛蓝二磺酸水溶液	4.1	紫	黄绿	
一份0.1%溴甲酚绿钠盐水溶液 一份0.2%甲基橙水溶液	4.3	橙	蓝绿	pH=3.5,黄色 pH=4.05,绿色 pH=4.3,蓝绿色
三份0.1%溴甲酚绿乙醇溶液 一份0.2%甲基红乙醇溶液	5.1	酒红	绿	
一份0.1%溴甲酚绿钠盐水溶液 一份0.1%氯酚红钠盐水溶液	6.1	黄绿	蓝绿	pH=5.4,蓝绿色 pH=5.8,蓝色 pH=6.0,蓝带紫 pH=6.2,蓝紫色
一份0.1%中性红乙醇溶液 一份0.1%次甲基蓝乙醇溶液	7.0	蓝紫	绿	pH=7.0,紫蓝
一份0.1%甲酚红钠盐水溶液 三份0.1%百里酚蓝钠盐水溶液	8.3	黄	紫	pH=8.2,玫瑰红 pH=8.4,清晰的紫色
一份0.1%百里酚蓝50%乙醇溶液 三份0.1%酚酞50%乙醇溶液	9.0	黄	紫	从黄到绿,再到紫
一份0.1%酚酞乙醇溶液 一份0.1%百里酚酞乙醇溶液	9.9	无	紫	pH=9.6,玫瑰红 pH=10,紫色
二份0.1%百里酚酞乙醇溶液 一份0.1%茜素黄R乙醇溶液	10.2	黄	紫	

3. 配位滴定指示剂

名称	配制	用于测定		
		元素	颜色变化	测定条件
酸性铬蓝K	0.1%乙醇溶液	Ca Mg	红→蓝 红→蓝	pH=12 pH=10(氨性缓冲溶液)
钙指示剂	与NaCl配成1∶100的固体混合物	Ca	酒红→蓝	pH>12(KOH或NaOH)
铬天青S	0.4%水溶液	Al Cu Fe(Ⅱ) Mg	紫→黄橙 蓝紫→黄 蓝→橙 红→黄	pH=4(醋酸缓冲溶液),热 pH=6~6.5(醋酸缓冲溶液) pH=2~3 pH=10~11(氨性缓冲溶液)

续表

名称	配制	用于测定		
		元素	颜色变化	测定条件
双硫腙	0.03%乙醇溶液	Zn	红→绿紫	pH=4.5,50%乙醇溶液
铬黑 T	与 NaCl 配成 1∶100 的固体混合物	Al Bi Ca Cd Mg Mn Ni Pb Zn	蓝→红 蓝→红 蓝→红 红→蓝 红→蓝 红→蓝 红→蓝 红→蓝 红→蓝	pH=7～8,吡啶存在下,以 Zn^{2+} 离子回滴; pH=9～10,以 Zn^{2+} 离子回滴; pH=10,加入 EDTA-Mg; pH=10(氨性缓冲溶液); pH=10(氨性缓冲溶液); 氨性缓冲溶液,加羟胺; 氨性缓冲溶液; 氨性缓冲溶液,加酒石酸钾; pH=6.8～10(氨性缓冲溶液)
紫脲酸胺	与 NaCl 配成 1∶100 的固体混合物	Ca Co Cu Ni	红→紫 黄→紫 黄→紫 黄→紫红	pH>10(NaOH),25%乙醇; pH=8～10(氨性缓冲溶液); pH=7～8(氨性缓冲溶液); pH=8.5～11.5(氨性缓冲溶液)
PAN	0.1%乙醇(或甲醇)溶液	Cd Co Cu Zn	红→黄 黄→红 紫→黄 红→黄 粉红→黄	pH=6(醋酸缓冲溶液) 醋酸缓冲溶液,70～80 ℃,以 Cu^{2+} 离子回滴; pH=10(氨性缓冲溶液); pH=6(醋酸缓冲溶液); pH=5～7(醋酸缓冲溶液)
PAR	0.05%或 0.2%水溶液	Bi Cu Pb	红→黄 红→黄(绿) 红→黄	pH=1～2(HNO_3); pH=5～11(六亚甲基四胺,氨性缓冲溶液); 六亚甲基四胺或氨性缓冲溶液
邻苯二酚紫	0.1%水溶液	Cd Co Cu Fe(Ⅲ) Mg Mn Pb Zn	蓝→红紫 蓝→红紫 蓝→黄绿 黄绿→蓝 蓝→红紫 蓝→红紫 蓝→黄 蓝→红紫	pH=10(氨性缓冲溶液); pH=8～9(氨性缓冲溶液); pH=6～7,吡啶溶液; pH=6～7,吡啶存在下,以 Cu^{2+} 离子回滴; pH=10(氨性缓冲溶液); pH=9(氨性缓冲溶液),加羟胺; pH=5.5(六亚次甲基四胺); pH=10(氨性缓冲溶液)
磺基水杨酸	1%～2%水溶液	Fe(Ⅲ)	红紫→黄	pH=1.5～2
试钛灵	2%水溶液	Fe(Ⅲ)	蓝→黄	pH=2～3(醋酸热溶液)
二甲酚橙 XO	0.5%乙醇(或水)溶液	Bi Cd Pb Th(IV) Zn	红→黄 粉红→黄 红紫→黄 红→黄 红→黄	pH=1～2(HNO_3); pH=5～6(六亚甲基四胺); pH=5～6(醋酸缓冲溶液); pH=1.6～3.5(HNO_3); pH=5～6(醋酸缓冲溶液)

4. 吸附指示剂

名 称	配 制	用于测定		
		可测元素（括号内为滴定剂）	颜色变化	测定条件
荧光黄	1%钠盐水溶液	Cl^-,Br^-,I^-,SCN^-(Ag^+)	黄绿→粉红	中性或弱碱性
二氯荧光黄	1%钠盐水溶液	Cl^-,Br^-,I^-(Ag^+)	黄绿→粉红	pH=4.4～7
四溴荧光黄（暗红）	1%钠盐水溶液	Br^-,I^-(Ag^+)	橙红→红紫	pH=1～2
溴酚蓝	0.1%的20%乙醇溶液*	Cl^-,I^-(Ag^+)	黄绿→蓝	微酸性
二氯四碘荧光黄		I^-(Ag^+)	红→紫红	加入$(NH_4)_2CO_3$，且有Cl^-存在
罗丹明6G		Ag^+,(Br^-)	橙红→红紫	0.3 mol·L^{-1} HNO_3
二苯胺		Cl^-,Br^-,I^-,SCN^-(Ag^+)	紫→绿	有I_2或VO_3^-存在
酚藏花红		Cl^-,Br^-(Ag^+)	红→蓝	

* 以20%乙醇为溶剂，配成0.1%(m/V)溶液。

附录4 不同温度下稀溶液体积对温度的补正值

观测体积(mL)	10(℃)	12(℃)	14(℃)	16(℃)	18(℃)	20(℃)	22(℃)	24(℃)	26(℃)	28(℃)	30(℃)
10	+0.01	+0.01	+0.01	+0.01	0.00	0.00	0.00	−0.01	−0.01	−0.02	−0.02
20	+0.03	+0.02	+0.02	+0.01	+0.01	0.00	−0.01	−0.02	−0.03	−0.03	−0.03
25	+0.03	+0.03	+0.02	+0.02	+0.01	0.00	−0.01	−0.02	−0.03	−0.04	−0.05
30	+0.04	+0.03	+0.03	+0.02	+0.01	0.00	−0.01	−0.02	−0.04	−0.05	−0.07
40	+0.05	+0.04	+0.04	+0.03	+0.01	0.00	−0.02	−0.03	−0.05	−0.07	−0.09
50	+0.06	+0.06	+0.05	+0.03	+0.02	0.00	−0.02	−0.04	−0.06	−0.09	−0.12

附录5　化学试剂纯度分级表

规格	基准试剂	一级试剂	二级试剂	三级试剂	四级试剂
我国标准	JZ 绿色标签	优级纯 GR 绿色标签	分析纯 AR 红色标签	化学纯 CP 蓝色标签	实验纯 LR 黄色标签
用途	作为基准物质，标定标准溶液	适用于最精确分析及研究工作	适用于精确的微量分析工作	适用于一般的微量分析实验	适用于一般定性检验

除此之外，还有高纯试剂、色谱纯试剂、光谱纯试剂、生化试剂等。

高纯试剂(EP)：包括超纯、特纯、高纯、光谱纯，配制标准溶液。此类试剂质量注重的是：在特定方法分析过程中可能引起分析结果的偏差、对成分分析或含量分析干扰的杂质含量，但对主含量不做很高要求。

色谱纯试剂(LC)：液相色谱分析标准物质。质量指标注重干扰液相色谱峰的杂质。主成分含量高。

光谱纯试剂(SP)：用于光谱分析。分别适用于分光光度计标准品、原子吸收光谱标准品、原子发射光谱标准品。

生化试剂(BR)：配制生物化学检验试液和生化合成。质量指标注重生物活性杂质。可替代指示剂，可用于有机合成。

附录6　常用基准物质的干燥条件和应用

基准物质		干燥后的组成	干燥条件(℃)	标定对象
名称	分子式			
碳酸氢钠	$NaHCO_3$	Na_2CO_3	270～300	酸
碳酸钠	$Na_2CO_3 \cdot 10H_2O$	Na_2CO_3	270～300	酸
硼砂	$Na_2B_4O_7 \cdot 10H_2O$	$Na_2B_4O_7 \cdot 10H_2O$	放在含NaCl和蔗糖饱和液的干燥器中	酸
碳酸氢钾	$KHCO_3$	K_2CO_3	270～300	酸
草酸	$H_2C_2O_4 \cdot 2H_2O$	$H_2C_2O_4 \cdot 2H_2O$	室温空气干燥	碱或 $KMnO_4$
邻苯二甲酸氢钾	$KHC_8H_4O_4$	$KHC_8H_4O_4$	110～120	碱
重铬酸钾	$K_2Cr_2O_7$	$K_2Cr_2O_7$	140～150	还原剂

续表

基准物质		干燥后的组成	干燥条件(℃)	标定对象
名称	分子式			
溴酸钾	$KBrO_3$	$KBrO_3$	130	还原剂
碘酸钾	KIO_3	KIO_3	130	还原剂
铜	Cu	Cu	室温干燥器中保存	还原剂
三氧化二砷	As_2O_3	As_2O_3	室温干燥器中保存	氧化剂
草酸钠	$Na_2C_2O_4$	$Na_2C_2O_4$	130	氧化剂
碳酸钙	$CaCO_3$	$CaCO_3$	110	EDTA
硝酸铅	$Pb(NO_3)_2$	$Pb(NO_3)_2$	室温干燥器中保存	EDTA
氧化锌	ZnO	ZnO	900～1000	EDTA
锌	Zn	Zn	室温干燥器中保存	EDTA
氯化钠	NaCl	NaCl	500～600	$AgNO_3$
氯化钾	KCl	KCl	500～600	$AgNO_3$
硝酸银	$AgNO_3$	$AgNO_3$	220～250	氯化物

附录 7　弱酸和弱碱在水溶液中的解离常数(25 ℃,I=0)

序号	名称	化学式	K_a	pK_a
1	偏铝酸	$HAlO_2$	6.3×10^{-13}	12.20
2	亚砷酸	H_3AsO_3	6.0×10^{-10}	9.22
3	砷酸	H_3AsO_4	$6.3\times10^{-3}(K_1)$	2.20
			$1.05\times10^{-7}(K_2)$	6.98
			$3.2\times10^{-12}(K_3)$	11.50
4	硼酸	H_3BO_3	$5.8\times10^{-10}(K_1)$	9.24
			$1.8\times10^{-13}(K_2)$	12.74
			$1.6\times10^{-14}(K_3)$	13.80
5	次溴酸	HBrO	2.4×10^{-9}	8.62
6	氢氰酸	HCN	6.2×10^{-10}	9.21
7	碳酸	H_2CO_3	$4.2\times10^{-7}(K_1)$	6.38
			$5.6\times10^{-11}(K_2)$	10.25
8	次氯酸	HClO	3.2×10^{-8}	7.50

续表

序号	名称	化学式	K_a	pK_a
9	氢氟酸	HF	6.61×10^{-4}	3.18
10	锗酸	H_2GeO_3	$1.7\times10^{-9}(K_1)$	8.78
			$1.9\times10^{-13}(K_2)$	12.72
11	高碘酸	HIO_4	2.8×10^{-2}	1.56
12	亚硝酸	HNO_2	5.1×10^{-4}	3.29
13	次磷酸	H_3PO_2	5.9×10^{-2}	1.23
14	亚磷酸	H_3PO_3	$5.0\times10^{-2}(K_1)$	1.30
			$2.5\times10^{-7}(K_2)$	6.60
15	磷酸	H_3PO_4	$7.52\times10^{-3}(K_1)$	2.12
			$6.31\times10^{-8}(K_2)$	7.20
			$4.4\times10^{-13}(K_3)$	12.36
16	焦磷酸	$H_4P_2O_7$	$3.0\times10^{-2}(K_1)$	1.52
			$4.4\times10^{-3}(K_2)$	2.36
			$2.5\times10^{-7}(K_3)$	6.60
			$5.6\times10^{-10}(K_4)$	9.25
17	氢硫酸	H_2S	$1.3\times10^{-7}(K_1)$	6.88
			$7.1\times10^{-15}(K_2)$	14.15
18	亚硫酸	H_2SO_3	$1.23\times10^{-2}(K_1)$	1.91
			$6.6\times10^{-8}(K_2)$	7.18
19	硫酸	H_2SO_4	$1.0\times10^{3}(K_1)$	−3.0
			$1.02\times10^{-2}(K_2)$	1.99
20	硫代硫酸	$H_2S_2O_3$	$2.52\times10^{-1}(K_1)$	0.60
			$1.9\times10^{-2}(K_2)$	1.72
21	氢硒酸	H_2Se	$1.3\times10^{-4}(K_1)$	3.89
			$1.0\times10^{-11}(K_2)$	11.0
22	亚硒酸	H_2SeO_3	$2.7\times10^{-3}(K_1)$	2.57
			$2.5\times10^{-7}(K_2)$	6.60
23	硒酸	H_2SeO_4	$1\times10^{3}(K_1)$	−3.0
			$1.2\times10^{-2}(K_2)$	1.92
24	硅酸	H_2SiO_3	$1.7\times10^{-10}(K_1)$	9.77
			$1.6\times10^{-12}(K_2)$	11.80
25	亚碲酸	H_2TeO_3	$2.7\times10^{-3}(K_1)$	2.57
			$1.8\times10^{-8}(K_2)$	7.74

续表

序号	名称	化学式	K_a	pK_a
26	铬酸	H_2CrO_4	$1.8\times10^{-1}(K_1)$	0.74
			$3.2\times10^{-7}(K_2)$	6.5
27	过氧化氢	H_2O_2	1.8×10^{-12}	11.75
28	焦硼酸	$H_2B_4O_7$	$1.0\times10^{-4}(K_1)$	4.0
			$1.0\times10^{-9}(K_2)$	9.0
29	甲酸	HCOOH	1.8×10^{-4}	3.74
30	乙酸	CH_3COOH	1.8×10^{-5}	4.74
31	一氯乙酸	$CH_2ClCOOH$	1.4×10^{-3}	2.86
32	二氯乙酸	$CHCl_2COOH$	5.0×10^{-2}	1.30
33	三氯乙酸	CCl_3COOH	0.23	0.64
34	苯甲酸	C_6H_5COOH	6.2×10^{-5}	4.21
35	氨基乙酸盐	$^{+}NH_3CH_2COOH$ $^{+}NH_3CH_2COO^-$	$4.5\times10^{-3}(K_1)$	2.35
			$2.5\times10^{-10}(K_2)$	9.60
36	草酸	$H_2C_2O_4$	$5.9\times10^{-2}(K_1)$	1.22
			$6.4\times10^{-5}(K_2)$	4.19
37	d-酒石酸	$[CH(OH)COOH]_2$	$9.1\times10^{-4}(K_1)$	3.04
			$4.3\times10^{-5}(K_2)$	4.37
38	乳酸	$CH_3CHOHCOOH$	1.4×10^{-4}	3.86
39	邻苯二甲酸	$C_6H_5(COOH)_2$	$1.1\times10^{-3}(K_1)$	2.95
			$3.9\times10^{-6}(K_2)$	5.41
40	柠檬酸	$(CH_2COOH)_2COHCOOH$	$7.4\times10^{-4}(K_1)$	3.13
			$1.7\times10^{-5}(K_2)$	4.76
			$4.0\times10^{-7}(K_3)$	6.40
41	苯酚	C_6H_5OH	1.1×10^{-10}	9.95
42	乙二胺四乙酸	H_6-$EDTA^{2+}$	$0.13(K_1)$	0.9
		H_5-$EDTA^{+}$	$3\times10^{-2}(K_2)$	1.6
		H_4-EDTA	$1\times10^{-2}(K_3)$	2.0
		H_3-$EDTA^{-}$	$2.1\times10^{-3}(K_4)$	2.67
		H_2-$EDTA^{2-}$	$6.9\times10^{-7}(K_5)$	6.16
		H—$EDTA^{3-}$	$5.5\times10^{-11}(K_6)$	10.26
43	氨离子	NH_4^+	5.5×10^{-10}	9.26
44	羟氨离子	NH_3^+OH	1.1×10^{-6}	5.96

续表

序号	名称	化学式	K_a	pK_a
45	苯胺离子	$C_6H_5NH_3^+$	2.38×10^{-5}	4.62
46	甲胺离子	$CH_3NH_3^+$	2.4×10^{-11}	10.62
47	乙胺离子	$CH_3CH_2NH_3^+$	1.8×10^{-11}	10.75
48	三乙醇胺离子	$(HOCH_2CH_2)_3NH^+$	1.7×10^{-8}	7.76
49	乙醇胺离子	$HOCH_2CH_2NH_3^+$	3.2×10^{-10}	9.50
50	吡啶离子	$C_6H_5NH^+$	5.9×10^{-6}	5.23
51	六亚甲基四胺离子	$(CH_2)_6N_4H^+$	7.1×10^{-6}	5.15

附录8　常见的缓冲溶液及配制方法

序号	溶液名称	配制方法	pH
1	氯化钾-盐酸	13.0 mL 0.2 mol·L^{-1} HCl 与 25.0 mL 0.2 mol·L^{-1} KCl 混合均匀后,加水稀释至 100 mL	1.7
2	氨基乙酸-盐酸	在 500 mL 水中溶解氨基乙酸 150 g,加 480 mL 浓盐酸,再加水稀释至 1 L	2.3
3	一氯乙酸-氢氧化钠	在 200 mL 水中溶解 2 g 一氯乙酸后,加 40 g NaOH,溶解完全后再加水稀释至 1 L	2.8
4	邻苯二甲酸氢钾-盐酸	把 25.0 mL 0.2 mol·L^{-1} 的邻苯二甲酸氢钾溶液与 6.0 mL 0.1 mol·L^{-1} HCl 混合均匀,加水稀释至 100 mL	3.6
5	邻苯二甲酸氢钾-氢氧化钠	把 25.0 mL 0.2 mol·L^{-1} 的邻苯二甲酸氢钾溶液与 17.5 mL 0.1 mol·L^{-1} NaOH 混合均匀,加水稀释至 100 mL	4.8
6	六亚甲基四胺-盐酸	在 200 mL 水中溶解六亚甲基四胺 40 g,加浓 HCl 10 mL,再加水稀释至 1 L	5.4
7	磷酸二氢钾-氢氧化钠	把 25.0 mL 0.2 mol·L^{-1} 的磷酸二氢钾与 23.6 mL 0.1 mol·L^{-1} NaOH 混合均匀,加水稀释至 100 mL	6.8

续表

序号	溶液名称	配制方法	pH
8	硼酸-氯化钾-氢氧化钠	把 25.0 mL 0.2 mol·L^{-1}的硼酸-氯化钾与 4.0 mL 0.1 mol·L^{-1} NaOH 混合均匀，加水稀释至 100 mL	8.0
9	氯化铵-氨水	把 0.1 mol·L^{-1}氯化铵与 0.1 mol·L^{-1}氨水以 2∶1比例混合均匀	9.1
10	硼酸-氯化钾-氢氧化钠	把 25.0 mL 0.2 mol·L^{-1}的硼酸-氯化钾与 43.9 mL 0.1 mol·L^{-1} NaOH 混合均匀，加水稀释至 100 mL	10.0
11	氨基乙酸-氯化钠-氢氧化钠	把 49.0 mL 0.1 mol·L^{-1}氨基乙酸-氯化钠与 51.0 mL 0.1 mol·L^{-1} NaOH 混合均匀	11.6
12	磷酸氢二钠-氢氧化钠	把 50.0 mL0.05 mol·L^{-1} Na_2HPO_4 与26.9 mL 0.1 mol·L^{-1} NaOH 混合均匀，加水稀释至 100 mL	12.0
13	氯化钾-氢氧化钠	把 25.0 mL 0.2 mol·L^{-1} KCl 与 66.0 mL 0.2 mol·L^{-1} NaOH 混合均匀，加水稀释至 100 mL	13.0

附录 9　配合物稳定常数（25 ℃，$I=0$）

1. 金属-无机配合物的稳定常数部分

序号	配位体	金属离子	配位体数目 n	$\lg \beta_n$
1	NH_3	Ag^+	1,2	3.24,7.05
		Au^{3+}	4	10.3
		Cd^{2+}	1,2,3,4,5,6	2.65,4.75,6.19,7.12,6.80,5.14
		Co^{2+}	1,2,3,4,5,6	2.11,3.74,4.79,5.55,5.73,5.11
		Co^{3+}	1,2,3,4,5,6	6.7,14.0,20.1,25.7,30.8,35.2
		Cu^+	1,2	5.93,10.86
		Cu^{2+}	1,2,3,4,5	4.31,7.98,11.02,13.32,12.86

续表

序号	配位体	金属离子	配位体数目 n	$\lg\beta_n$
1	NH_3	Fe^{2+}	1,2	1.4,2.2
		Hg^{2+}	1,2,3,4	8.8,17.5,18.5,19.28
		Mn^{2+}	1,2	0.8,1.3
		Ni^{2+}	1,2,3,4,5,6	2.80,5.04,6.77,7.96,8.71,8.74
		Pd^{2+}	1,2,3,4	9.6,18.5,26.0,32.8
		Pt^{2+}	6	35.3
		Zn^{2+}	1,2,3,4	2.37,4.81,7.31,9.46
2	Br^-	Ag^+	1,2,3,4	4.38,7.33,8.00,8.73
		Bi^{3+}	1,2,3,4,5,6	2.37,4.20,5.90,7.30,8.20,8.30
		Cd^{2+}	1,2,3,4	1.75,2.34,3.32,3.70
		Ce^{3+}	1	0.42
		Cu^+	2	5.89
		Cu^{2+}	1	0.30
		Hg^{2+}	1,2,3,4	9.05,17.32,19.74,21.00
		In^{3+}	1,2	1.30,1.88
		Pb^{2+}	1,2,3,4	1.77,2.60,3.00,2.30
		Pd^{2+}	1,2,3,4	5.17,9.42,12.70,14.90
		Rh^{3+}	2,3,4,5,6	14.3,16.3,17.6,18.4,17.2
		Sc^{3+}	1,2	2.08,3.08
		Sn^{2+}	1,2,3	1.11,1.81,1.46
		Tl^{3+}	1,2,3,4,5,6	9.7,16.6,21.2,23.9,29.2,31.6
		U^{4+}	1	0.18
		Y^{3+}	1	1.32
3	Cl^-	Ag^+	1,2,4	3.04,5.04,5.30
		Bi^{3+}	1,2,3,4	2.44,4.7,5.0,5.6
		Cd^{2+}	1,2,3,4	1.95,2.50,2.60,2.80
		Co^{3+}	1	1.42
		Cu^+	2,3	5.5,5.7
		Cu^{2+}	1,2	0.1,−0.6
		Fe^{2+}	1	1.17
		Fe^{3+}	2	9.8
		Hg^{2+}	1,2,3,4	6.74,13.22,14.07,15.07
		In^{3+}	1,2,3,4	1.62,2.44,1.70,1.60

续表

序号	配位体	金属离子	配位体数目 n	$\lg\beta_n$
3	Cl^-	Pb^{2+}	1,2,3	1.42,2.23,3.23
		Pd^{2+}	1,2,3,4	6.1,10.7,13.1,15.7
		Pt^{2+}	2,3,4	11.5,14.5,16.0
		Sb^{3+}	1,2,3,4	2.26,3.49,4.18,4.72
		Sn^{2+}	1,2,3,4	1.51,2.24,2.03,1.48
		Tl^{3+}	1,2,3,4	8.14,13.60,15.78,18.00
		Th^{4+}	1,2	1.38,0.38
		Zn^{2+}	1,2,3,4	0.43,0.61,0.53,0.20
		Zr^{4+}	1,2,3,4	0.9,1.3,1.5,1.2
4	CN^-	Ag^+	2,3,4	21.1,21.7,20.6
		Au^+	2	38.3
		Cd^{2+}	1,2,3,4	5.48,10.60,15.23,18.78
		Cu^+	2,3,4	24.0,28.59,30.30
		Fe^{2+}	6	35.0
		Fe^{3+}	6	42.0
		Hg^{2+}	4	41.4
		Ni^{2+}	4	31.3
		Zn^{2+}	1,2,3,4	5.3,11.70,16.70,21.60
5	F^-	Al^{3+}	1,2,3,4,5,6	6.11,11.12,15.00,18.00,19.40,19.80
		Be^{2+}	1,2,3,4	4.99,8.80,11.60,13.10
		Bi^{3+}	1	1.42
		Co^{2+}	1	0.4
		Cr^{3+}	1,2,3	4.36,8.70,11.20
		Cu^{2+}	1	0.9
		Fe^{2+}	1	0.8
		Fe^{3+}	1,2,3,5	5.28,9.30,12.06,15.77
		Ga^{3+}	1,2,3	4.49,8.00,10.50
		Hf^{4+}	1,2,3,4,5,6	9.0,16.5,23.1,28.8,34.0,38.0
		Hg^{2+}	1	1.03
		In^{3+}	1,2,3,4	3.70,6.40,8.60,9.80
		Mg^{2+}	1	1.30
		Mn^{2+}	1	5.48
		Ni^{2+}	1	0.50

续表

序号	配位体	金属离子	配位体数目 n	$\lg\beta_n$
5	F^-	Pb^{2+}	1,2	1.44,2.54
		Sb^{3+}	1,2,3,4	3.0,5.7,8.3,10.9
		Sn^{2+}	1,2,3	4.08,6.68,9.50
		Th^{4+}	1,2,3,4	8.44,15.08,19.80,23.20
		TiO^{2+}	1,2,3,4	5.4,9.8,13.7,18.0
		Zn^{2+}	1	0.78
		Zr^{4+}	1,2,3,4,5,6	9.4,17.2,23.7,29.5,33.5,38.3
6	I^-	Ag^+	1,2,3	6.58,11.74,13.68
		Bi^{3+}	1,4,5,6	3.63,14.95,16.80,18.80
		Cd^{2+}	1,2,3,4	2.10,3.43,4.49,5.41
		Cu^+	2	8.85
		Fe^{3+}	1	1.88
		Hg^{2+}	1,2,3,4	12.87,23.82,27.60,29.83
		Pb^{2+}	1,2,3,4	2.00,3.15,3.92,4.47
		Pd^{2+}	4	24.5
		Tl^+	1,2,3	0.72,0.90,1.08
		Tl^{3+}	1,2,3,4	11.41,20.88,27.60,31.82
7	OH^-	Ag^+	1,2	2.0,3.99
		Al^{3+}	1,4	9.27,33.03
		As^{3+}	1,2,3,4	14.33,18.73,20.60,21.20
		Be^{2+}	1,2,3	9.7,14.0,15.2
		Bi^{3+}	1,2,4	12.7,15.8,35.2
		Ca^{2+}	1	1.3
		Cd^{2+}	1,2,3,4	4.17,8.33,9.02,8.62
		Ce^{3+}	1	4.6
		Ce^{4+}	1,2	13.28,26.46
		Co^{2+}	1,2,3,4	4.3,8.4,9.7,10.2
		Cr^{3+}	1,2,4	10.1,17.8,29.9
		Cu^{2+}	1,2,3,4	7.0,13.68,17.00,18.5
		Fe^{2+}	1,2,3,4	5.56,9.77,9.67,8.58
		Fe^{3+}	1,2,3	11.87,21.17,29.67
		Hg^{2+}	1,2,3	10.62,21.8,20.9
		In^{3+}	1,2,3,4	10.0,20.2,29.6,38.9

续表

序号	配位体	金属离子	配位体数目 n	$\lg\beta_n$
7	OH^-	Mg^{2+}	1	2.58
		Mn^{2+}	1,3	3.9,8.3
		Ni^{2+}	1,2,3	4.97,8.55,11.33
		Pa^{4+}	1,2,3,4	14.04,27.84,40.7,51.4
		Pb^{2+}	1,2,3	7.82,10.85,14.58
		Pd^{2+}	1,2	13.0,25.8
		Sb^{3+}	2,3,4	24.3,36.7,38.3
		Sc^{3+}	1	8.9
		Sn^{2+}	1	10.4
		Th^{3+}	1,2	12.86,25.37
		Tl^{3+}	1	12.71
		Zn^{2+}	1,2,3,4	4.40,11.30,14.14,17.66
		Zr^{4+}	1,2,3,4	14.3,28.3,41.9,55.3
8	NO_3^-	Ba^{2+}	1	0.92
		Bi^{3+}	1	1.26
		Ca^{2+}	1	0.28
		Cd^{2+}	1	0.40
		Fe^{3+}	1	1.0
		Hg^{2+}	1	0.35
		Pb^{2+}	1	1.18
		Tl^{+}	1	0.33
		Tl^{3+}	1	0.92
9	$P_2O_7^{4-}$	Ba^{2+}	1	4.6
		Ca^{2+}	1	4.6
		Cd^{2+}	1	5.6
		Co^{2+}	1	6.1
		Cu^{2+}	1,2	6.7,9.0
		Hg^{2+}	2	12.38
		Mg^{2+}	1	5.7
		Ni^{2+}	1,2	5.8,7.4
		Pb^{2+}	1,2	7.3,10.15
		Zn^{2+}	1,2	8.7,11.0

续表

序号	配位体	金属离子	配位体数目 n	$\lg\beta_n$
10	SCN^-	Ag^+	1,2,3,4	4.6,7.57,9.08,10.08
		Bi^{3+}	1,2,3,4,5,6	1.67,3.00,4.00,4.80,5.50,6.10
		Cd^{2+}	1,2,3,4	1.39,1.98,2.58,3.6
		Cr^{3+}	1,2	1.87,2.98
		Cu^+	1,2	12.11,5.18
		Cu^{2+}	1,2	1.90,3.00
		Fe^{3+}	1,2,3,4,5,6	2.21,3.64,5.00,6.30,6.20,6.10
		Hg^{2+}	1,2,3,4	9.08,16.86,19.70,21.70
		Ni^{2+}	1,2,3	1.18,1.64,1.81
		Pb^{2+}	1,2,3	0.78,0.99,1.00
		Sn^{2+}	1,2,3	1.17,1.77,1.74
		Th^{4+}	1,2	1.08,1.78
		Zn^{2+}	1,2,3,4	1.33,1.91,2.00,1.60
11	$S_2O_3^{2-}$	Ag^+	1,2	8.82,13.46
		Cd^{2+}	1,2	3.92,6.44
		Cu^+	1,2,3	10.27,12.22,13.84
		Fe^{3+}	1	2.10
		Hg^{2+}	2,3,4	29.44,31.90,33.24
		Pb^{2+}	2,3	5.13,6.35
12	SO_4^{2-}	Ag^+	1	1.3
		Ba^{2+}	1	2.7
		Bi^{3+}	1,2,3,4,5	1.98,3.41,4.08,4.34,4.60
		Fe^{3+}	1,2	4.04,5.38
		Hg^{2+}	1,2	1.34,2.40
		In^{3+}	1,2,3	1.78,1.88,2.36
		Ni^{2+}	1,2,3,4,5,6	2.4
		Pb^{2+}	1	2.75
		Pr^{3+}	1,2	3.62,4.92
		Th^{4+}	1,2	3.32,5.50
		Zr^{4+}	1,2,3	3.79,6.64,7.77

2. 金属-有机配位体配合物的稳定常数部分

序号	配位体	金属离子	配位体数目 n	$\lg\beta_n$
1	EDTA	Ag^{+}	1	7.32
		Al^{3+}	1	16.3
		Ba^{2+}	1	7.86
		Be^{2+}	1	9.2
		Bi^{3+}	1	27.94
		Ca^{2+}	1	10.69
		Cd^{2+}	1	16.46
		Co^{2+}	1	16.31
		Co^{3+}	1	36
		Cr^{3+}	1	23.4
		Cu^{2+}	1	18.8
		Fe^{2+}	1	14.32
		Fe^{3+}	1	25.1
		Ga^{3+}	1	20.3
		Hg^{2+}	1	21.7
		In^{3+}	1	28.8
		Li^{+}	1	2.79
		Mg^{2+}	1	8.7
		Mn^{2+}	1	13.87
		Mo(Ⅴ)	1	28
		Na^{+}	1	1.66
		Ni^{2+}	1	18.62
		Pb^{2+}	1	18.04
		Pd^{2+}	1	18.5
		Sc^{3+}	1	23.1
		Sn^{2+}	1	22.11
		Sr^{2+}	1	8.73
		Th^{4+}	1	23.2
		TiO^{2+}	1	17.3
		Tl^{3+}	1	37.8
		U^{4+}	1	25.8
		VO^{2+}	1	18.8

续表

序号	配位体	金属离子	配位体数目 n	$\lg\beta_n$
1	EDTA	Y^{3+}	1	18.09
		Zn^{2+}	1	16.50
		Zr^{4+}	1	29.5
2	乙酸 CH_3COOH	Ag^{+}	1,2	0.73,0.64
		Ba^{2+}	1	0.41
		Ca^{2+}	1	0.6
		Cd^{2+}	1,2,3	1.5,2.3,2.4
		Ce^{3+}	1,2,3,4	1.68,2.69,3.13,3.18
		Co^{2+}	1,2	1.5,1.9
		Cr^{3+}	1,2,3	4.63,7.08,9.60
		Cu^{2+}(20 ℃)	1,2	2.16,3.20
		In^{3+}	1,2,3,4	3.50,5.95,7.90,9.08
		Mn^{2+}	1,2	9.84,2.06
		Ni^{2+}	1,2	1.12,1.81
		Pb^{2+}	1,2,3,4	2.52,4.06,6.4,8.5
		Sn^{2+}	1,2,3	3.3,6.0,7.3
		Tl^{3+}	1,2,3,4	6.17,11.28,15.10,18.3
		Zn^{2+}	1	1.5
3	乙酰丙酮 $CH_3COCH_2CH_3$	Al^{3+}(30 ℃)	1,2	8.6,15.5
		Cd^{2+}	1,2	3.84,6.66
		Co^{2+}	1,2	5.40,9.54
		Cr^{3+}	1,2	5.96,11.7
		Cu^{2+}	1,2	8.27,16.34
		Fe^{2+}	1,2	5.07,8.67
		Fe^{3+}	1,2,3	11.4,22.1,26.7
		Hg^{2+}	2	21.5
		Mg^{2+}	1,2	3.65,6.27
		Mn^{2+}	1,2	4.24,7.35
		Mn^{3+}	3	3.86
		Ni^{2+}(20 ℃)	1,2,3	6.06,10.77,13.09
		Pb^{2+}	2	6.32
		Pd^{2+}(30 ℃)	1,2	16.2,27.1
		Th^{4+}	1,2,3,4	8.8,16.2,22.5,26.7

续表

序号	配位体	金属离子	配位体数目 n	$\lg\beta_n$
3	乙酰丙酮 $CH_3COCH_2CH_3$	Ti^{3+}	1,2,3	10.43,18.82,24.90
		V^{2+}	1,2,3	5.4,10.2,14.7
		Zn^{2+}(30℃)	1,2	4.98,8.81
		Zr^{4+}	1,2,3,4	8.4,16.0,23.2,30.1
4	草酸 HOOCCOOH	Ag^{+}	1	2.41
		Al^{3+}	1,2,3	7.26,13.0,16.3
		Ba^{2+}	1	2.31
		Ca^{2+}	1	3.0
		Cd^{2+}	1,2	3.52,5.77
		Co^{2+}	1,2,3	4.79,6.7,9.7
		Cu^{2+}	1,2	6.23,10.27
		Fe^{2+}	1,2,3	2.9,4.52,5.22
		Fe^{3+}	1,2,3	9.4,16.2,20.2
		Hg^{2+}	1	9.66
		Hg_2^{2+}	2	6.98
		Mg^{2+}	1,2	3.43,4.38
		Mn^{2+}	1,2	3.97,5.80
		Mn^{3+}	1,2,3	9.98,16.57,19.42
		Ni^{2+}	1,2,3	5.3,7.64,8.5
		Pb^{2+}	1,2	4.91,6.76
		Sc^{3+}	1,2,3,4	6.86,11.31,14.32,16.70
		Th^{4+}	4	24.48
		Zn^{2+}	1,2,3	4.89,7.60,8.15
		Zr^{4+}	1,2,3,4	9.80,17.14,20.86,21.15
5	乳酸 $CH_3CHOHCOOH$	Ba^{2+}	1	0.64
		Ca^{2+}	1	1.42
		Cd^{2+}	1	1.70
		Co^{2+}	1	1.90
		Cu^{2+}	1,2	3.02,4.85
		Fe^{3+}	1	7.1
		Mg^{2+}	1	1.37
		Mn^{2+}	1	1.43
		Ni^{2+}	1	2.22

续表

序号	配位体	金属离子	配位体数目 n	$\lg\beta_n$
5	乳酸 $CH_3CHOHCOOH$	Pb^{2+}	1,2	2.40,3.80
		Sc^{3+}	1	5.2
		Th^{4+}	1	5.5
		Zn^{2+}	1,2	2.20,3.75
6	水杨酸 $C_6H_4(OH)COOH$	Al^{3+}	1	14.11
		Cd^{2+}	1	5.55
		Co^{2+}	1,2	6.72,11.42
		Cr^{3+}	1,2	8.4,15.3
		Cu^{2+}	1,2	10.60,18.45
		Fe^{2+}	1,2	6.55,11.25
		Mn^{2+}	1,2	5.90,9.80
		Ni^{2+}	1,2	6.95,11.75
		Th^{4+}	1,2,3,4	4.25,7.60,10.05,11.60
		TiO^{2+}	1	6.09
		V^{5+}	1	6.3
		Zn^{2+}	1	6.85
7	磺基水杨酸 $HO_3SC_6H_3(OH)COOH$ 注:离子浓度均为 0.1 mol·L^{-1}	Al^{3+}	1,2,3	13.20,22.83,28.89
		Be^{2+}	1,2	11.71,20.81
		Cd^{2+}	1,2	16.68,29.08
		Co^{2+}	1,2	6.13,9.82
		Cr^{3+}	1	9.56
		Cu^{2+}	1,2	9.52,16.45
		Fe^{2+}	1,2	5.9,9.9
		Fe^{3+}	1,2,3	14.64,25.18,32.12
		Mn^{2+}	1,2	5.24,8.24
		Ni^{2+}	1,2	6.42,10.24
		Zn^{2+}	1,2	6.05,10.65
8	酒石酸 $(HOOCCHOH)_2$	Ba^{2+}	2	1.62
		Bi^{3+}	3	8.30
		Ca^{2+}	1,2	2.98,9.01
		Cd^{2+}	1	2.8
		Co^{2+}	1	2.1
		Cu^{2+}	1,2,3,4	3.2,5.11,4.78,6.51

续表

序号	配位体	金属离子	配位体数目 n	$\lg\beta_n$
8	酒石酸 $(HOOCCHOH)_2$	Fe^{3+}	1	7.49
		Hg^{2+}	1	7.0
		Mg^{2+}	2	1.36
		Mn^{2+}	1	2.49
		Ni^{2+}	1	2.06
		Pb^{2+}	1,3	3.78,4.7
		Sn^{2+}	1	5.2
		Zn^{2+}	1,2	2.68,8.32
9	丁二酸 $HOOCCH_2CH_2COOH$	Ba^{2+}	1	2.08
		Be^{2+}	1	3.08
		Ca^{2+}	1	2.0
		Cd^{2+}	1	2.2
		Co^{2+}	1	2.22
		Cu^{2+}	1	3.33
		Fe^{3+}	1	7.49
		Hg^{2+}	2	7.28
		Mg^{2+}	1	1.20
		Mn^{2+}	1	2.26
		Ni^{2+}	1	2.36
		Pb^{2+}	1	2.8
		Zn^{2+}	1	1.6
10	硫脲 H_2NCSNH_2	Ag^{+}	1,2	7.4,13.1
		Bi^{3+}	6	11.9
		Cd^{2+}	1,2,3,4	0.6,1.6,2.6,4.6
		Cu^{+}	3,4	13.0,15.4
		Hg^{2+}	2,3,4	22.1,24.7,26.8
		Pb^{2+}	1,2,3,4	1.4,3.1,4.7,8.3
11	乙二胺 $H_2NCH_2CH_2NH_2$	Ag^{+}	1,2	4.70,7.70
		Cd^{2+}(20 ℃)	1,2,3	5.47,10.09,12.09
		Co^{2+}	1,2,3	5.91,10.64,13.94
		Co^{3+}	1,2,3	18.7,34.9,48.69
		Cr^{3+}	1,2	5.15,9.19
		Cu^{+}	2	10.8

续表

序号	配位体	金属离子	配位体数目 n	$\lg\beta_n$
11	乙二胺 $H_2NCH_2CH_2NH_2$	Cu^{2+}	1,2,3	10.67,20.0,21.0
		Fe^{2+}	1,2,3	4.34,7.65,9.70
		Hg^{2+}	1,2	14.3,23.3
		Mg^{2+}	1	0.37
		Mn^{2+}	1,2,3	2.73,4.79,5.67
		Ni^{2+}	1,2,3	7.52,13.84,18.33
		Pd^{2+}	2	26.90
		V^{2+}	1,2	4.6,7.5
		Zn^{2+}	1,2,3	5.77,10.83,14.11
12	吡啶 C_5H_5N	Ag^{+}	1,2	1.97,4.35
		Cd^{2}	1,2,3,4	1.40,1.95,2.27,2.50
		Co^{2+}	1,2	1.14,1.54
		Cu^{2+}	1,2,3,4	2.59,4.33,5.93,6.54
		Fe^{2+}	1	0.71
		Hg^{2+}	1,2,3	5.1,10.0,10.4
		Mn^{2+}	1,2,3,4	1.92,2.77,3.37,3.50
		Zn^{2+}	1,2,3,4	1.41,1.11,1.61,1.93
13	甘氨酸 H_2NCH_2COOH	Ag^{+}	1,2	3.41,6.89
		Ba^{2+}	1	0.77
		Ca^{2+}	1	1.38
		Cd^{2+}	1,2	4.74,8.60
		Co^{2+}	1,2,3	5.23,9.25,10.76
		Cu^{2+}	1,2,3	8.60,15.54,16.27
		Fe^{2+}(20 ℃)	1,2	4.3,7.8
		Hg^{2+}	1,2	10.3,19.2
		Mg^{2+}	1,2	3.44,6.46
		Mn^{2+}	1,2	3.6,6.6
		Ni^{2+}	1,2,3	6.18,11.14,15.0
		Pb^{2+}	1,2	5.47,8.92
		Pd^{2+}	1,2	9.12,17.55
		Zn^{2+}	1,2	5.52.9.96

附录 10 EDTA 的 $\lg\alpha_{Y(H)}$ 值

pH	$\lg\alpha_{Y(H)}$	pH	$\lg\alpha_{Y(H)}$	pH	$\lg\alpha_{Y(H)}$	pH	$\lg\alpha_{Y(H)}$	pH	$\lg\alpha_{Y(H)}$
0.0	23.64	2.5	11.90	5.0	6.45	7.5	2.78	10.0	0.45
0.1	23.06	2.6	11.62	5.1	6.26	7.6	2.68	10.1	0.39
0.2	22.47	2.7	11.35	5.2	6.07	7.7	2.57	10.2	0.33
0.3	21.89	2.8	11.09	5.3	5.88	7.8	2.47	10.3	0.28
0.4	21.32	2.9	10.84	5.4	5.69	7.9	2.37	10.4	0.24
0.5	20.75	3.0	10.60	5.5	5.51	8.0	2.27	10.5	0.20
0.6	20.18	3.1	10.37	5.6	5.33	8.1	2.17	10.6	0.16
0.7	19.62	3.2	10.14	5.7	5.15	8.2	2.07	10.7	0.13
0.8	19.08	3.3	9.92	5.8	4.98	8.3	1.97	10.8	0.11
0.9	18.54	3.4	9.70	5.9	4.81	8.4	1.87	10.9	0.09
1.0	18.01	3.5	9.48	6.0	4.65	8.5	1.77	11.0	0.07
1.1	17.49	3.6	9.27	6.1	4.49	8.6	1.67	11.1	0.06
1.2	16.98	3.7	9.06	6.2	4.34	8.7	1.57	11.2	0.05
1.3	16.49	3.8	8.85	6.3	4.20	8.8	1.48	11.3	0.04
1.4	16.02	3.9	8.65	6.4	4.06	8.9	1.38	11.4	0.03
1.5	15.55	4.0	8.44	6.5	3.92	9.0	1.28	11.5	0.02
1.6	15.11	4.1	8.24	6.6	3.79	9.1	1.19	11.6	0.02
1.7	14.68	4.2	8.04	6.7	3.67	9.2	1.10	11.7	0.02
1.8	14.27	4.3	7.84	6.8	3.55	9.3	1.01	11.8	0.01
1.9	13.88	4.4	7.64	6.9	3.43	9.4	0.92	11.9	0.01
2.0	13.51	4.5	7.44	7.0	3.32	9.5	0.83	12.0	0.01
2.1	13.16	4.6	7.24	7.1	3.21	9.6	0.75	12.1	0.01
2.2	12.82	4.7	7.04	7.2	3.10	9.7	0.67	12.2	0.005
2.3	12.50	4.8	6.84	7.3	2.99	9.8	0.59	13.0	0.0008
2.4	12.19	4.9	6.65	7.4	2.88	9.9	0.52	13.9	0.0001

附录 11　常见的金属氢氧化物水解的 pH

$M(OH)_n$	K_{sp}	pH	
		开始沉淀	沉淀终止
$Al(OH)_3$	1.9×10^{-33}	3.43	4.19
$Cd(OH)_2$	2.4×10^{-13}	8.19	9.34
$Cr(OH)_3$	6.7×10^{-31}	4.27	5.04
$Cu(OH)_2$	5.6×10^{-20}	5.13	6.02
$Fe(OH)_2$	4.8×10^{-16}	6.84	7.99
$Fe(OH)_3$	3.8×10^{-38}	2.53	2.94
$Mg(OH)_2$	5.5×10^{-12}	8.87	10.02
$Ni(OH)_2$	1.6×10^{-14}	7.60	9.75
$Pb(OH)_2$	2.8×10^{-16}	6.72	7.87
$Sn(OH)_2$	5×10^{-26}	1.85	3.00
$Sn(OH)_4$	1×10^{-56}	0.25	1.17
$Zn(OH)_2$	2×10^{-17}	6.15	7.30

注：本表为一些金属离子从 100 $mg\cdot L^{-1}$降至 0.5 $mg\cdot L^{-1}$时开始沉淀和终止沉淀时的理论 pH。

附录 12　标准电极电势

本表中所列的标准电极电势(25.0 ℃，101.325 kPa)是相对于标准氢电极电势的值。标准氢电极电势被规定为零伏特(0.0 V)。

序号	电极过程	$E^{\ominus}$(V)
1	$Ag^{+}+e═Ag$	0.7996
2	$Ag^{2+}+e═Ag^{+}$	1.980
3	$AgBr+e═Ag+Br^{-}$	0.0713

续表

序号	电极过程	$E^{\oplus}$(V)
4	$AgBrO_3 + e = Ag + BrO_3^-$	0.546
5	$AgCl + e = Ag + Cl^-$	0.222
6	$AgCN + e = Ag + CN^-$	−0.017
7	$Ag_2CO_3 + 2e = 2Ag + CO_3^{2-}$	0.470
8	$Ag_2C_2O_4 + 2e = 2Ag + C_2O_4^{2-}$	0.465
9	$Ag_2CrO_4 + 2e = 2Ag + CrO_4^{2-}$	0.447
10	$AgF + e = Ag + F^-$	0.779
11	$Ag_4[Fe(CN)_6] + 4e = 4Ag + [Fe(CN)_6]^{4-}$	0.148
12	$AgI + e = Ag + I^-$	−0.152
13	$AgIO_3 + e = Ag + IO_3^-$	0.354
14	$Ag_2MoO_4 + 2e = 2Ag + MoO_4^{2-}$	0.457
15	$[Ag(NH_3)_2]^+ + e = Ag + 2NH_3$	0.373
16	$AgNO_2 + e = Ag + NO_2^-$	0.564
17	$Ag_2O + H_2O + 2e = 2Ag + 2OH^-$	0.342
18	$2AgO + H_2O + 2e = Ag_2O + 2OH^-$	0.607
19	$Ag_2S + 2e = 2Ag + S^{2-}$	−0.691
20	$Ag_2S + 2H^+ + 2e = 2Ag + H_2S$	−0.0366
21	$AgSCN + e = Ag + SCN^-$	0.0895
22	$Ag_2SeO_4 + 2e = 2Ag + SeO_4^{2-}$	0.363
23	$Ag_2SO_4 + 2e = 2Ag + SO_4^{2-}$	0.654
24	$Ag_2WO_4 + 2e = 2Ag + WO_4^{2-}$	0.466
25	$Al^{3} + 3e = Al$	−1.662
26	$AlF_6^{3-} + 3e = Al + 6F^-$	−2.069
27	$Al(OH)_3 + 3e = Al + 3OH^-$	−2.31
28	$AlO_2^- + 2H_2O + 3e = Al + 4OH^-$	−2.35
29	$Am^{3+} + 3e = Am$	−2.048

续表

序号	电极过程	$E^{\ominus}$(V)
30	$Am^{4+}+e=Am^{3+}$	2.60
31	$AmO_2^{2+}+4H^++3e=Am^{3+}+2H_2O$	1.75
32	$As+3H^++3e=AsH_3$	−0.608
33	$As+3H_2O+3e=AsH_3+3OH^-$	−1.37
34	$As_2O_3+6H^++6e=2As+3H_2O$	0.234
35	$HAsO_2+3H^++3e=As+2H_2O$	0.248
36	$AsO_2^-+2H_2O+3e=As+4OH^-$	−0.68
37	$H_3AsO_4+2H^++2e=HAsO_2+2H_2O$	0.560
38	$AsO_4^{3-}+2H_2O+2e=AsO_2^-+4OH^-$	−0.71
39	$AsS_2^-+3e=As+2S^{2-}$	−0.75
40	$AsS_4^{3-}+2e=AsS_2^-+2S^{2-}$	−0.60
41	$Au^++e=Au$	1.692
42	$Au^{3+}+3e=Au$	1.498
43	$Au^{3+}+2e=Au^+$	1.401
44	$AuBr_2^-+e=Au+2Br^-$	0.959
45	$AuBr_4^-+3e=Au+4Br^-$	0.854
46	$AuCl_2^-+e=Au+2Cl^-$	1.15
47	$AuCl_4^-+3e=Au+4Cl^-$	1.002
48	$AuI+e=Au+I^-$	0.50
49	$Au(SCN)_4^-+3e=Au+4SCN^-$	0.66
50	$Au(OH)_3+3H^++3e=Au+3H_2O$	1.45
51	$BF_4^-+3e=B+4F^-$	−1.04
52	$H_2BO_3^-+H_2O+3e=B+4OH^-$	−1.79
53	$B(OH)_3+7H^++8e=BH_4^-+3H_2O$	−0.0481
54	$Ba^{2+}+2e=Ba$	−2.912
55	$Ba(OH)_2+2e=Ba+2OH^-$	−2.99

续表

序号	电极过程	$E^{\ominus}$(V)
56	$Be^{2+}+2e = Be$	−1.847
57	$Be_2O_3^{2-}+3H_2O+4e = 2Be+6OH^-$	−2.63
58	$Bi^++e = Bi$	0.5
59	$Bi^{3+}+3e = Bi$	0.308
60	$BiCl_4^-+3e = Bi+4Cl^-$	0.16
61	$BiOCl+2H^++3e = Bi+Cl^-+H_2O$	0.16
62	$Bi_2O_3+3H_2O+6e = 2Bi+6OH^-$	−0.46
63	$Bi_2O_4+4H^++2e = 2BiO^++2H_2O$	1.593
64	$Bi_2O_4+H_2O+2e = Bi_2O_3+2OH^-$	0.56
65	Br_2(水溶液)$+2e = 2Br^-$	1.087
66	Br_2(液体)$+2e = 2Br^-$	1.066
67	$BrO^-+H_2O+2e = Br^-+2OH$	0.761
68	$BrO_3^-+6H^++6e = Br^-+3H_2O$	1.423
69	$BrO_3^-+3H_2O+6e = Br^-+6OH^-$	0.61
70	$2BrO_3^-+12H^++10e = Br_2+6H_2O$	1.482
71	$HBrO+H^++2e = Br^-+H_2O$	1.331
72	$2HBrO+2H^++2e = Br_2$(水溶液)$+2H_2O$	1.574
73	$CH_3OH+2H^++2e = CH_4+H_2O$	0.59
74	$HCHO+2H^++2e = CH_3OH$	0.19
75	$CH_3COOH+2H^++2e = CH_3CHO+H_2O$	−0.12
76	$(CN)_2+2H^++2e = 2HCN$	0.373
77	$(CNS)_2+2e = 2CNS^-$	0.77
78	$CO_2+2H^++2e = CO+H_2O$	−0.12
79	$CO_2+2H^++2e = HCOOH$	−0.199
80	$Ca^{2+}+2e = Ca$	−2.868
81	$Ca(OH)_2+2e = Ca+2OH^-$	−3.02
82	$Cd^{2+}+2e = Cd$	−0.403

续表

序号	电极过程	$E^{\ominus}$(V)
83	$Cd^{2+}+2e \Longrightarrow Cd(Hg)$	−0.352
84	$Cd(CN)_4^{2-}+2e \Longrightarrow Cd+4CN^-$	−1.09
85	$CdO+H_2O+2e \Longrightarrow Cd+2OH^-$	−0.783
86	$CdS+2e \Longrightarrow Cd+S^{2-}$	−1.17
87	$CdSO_4+2e \Longrightarrow Cd+SO_4^{2-}$	−0.246
88	$Ce^{3+}+3e \Longrightarrow Ce$	−2.336
89	$Ce^{3+}+3e \Longrightarrow Ce(Hg)$	−1.437
90	$CeO_2+4H^++e \Longrightarrow Ce^{3+}+2H_2O$	1.4
91	Cl_2(气体)$+2e \Longrightarrow 2Cl^-$	1.358
92	$ClO^-+H_2O+2e \Longrightarrow Cl^-+2OH^-$	0.89
93	$HClO+H^++2e \Longrightarrow Cl^-+H_2O$	1.482
94	$2HClO+2H^++2e \Longrightarrow Cl_2+2H_2O$	1.611
95	$ClO_2^-+2H_2O+4e \Longrightarrow Cl^-+4OH^-$	0.76
96	$2ClO_3^-+12H^++10e \Longrightarrow Cl_2+6H_2O$	1.47
97	$ClO_3^-+6H^++6e \Longrightarrow Cl^-+3H_2O$	1.451
98	$ClO_3^-+3H_2O+6e \Longrightarrow Cl^-+6OH^-$	0.62
99	$ClO_4^-+8H^++8e \Longrightarrow Cl^-+4H_2O$	1.38
100	$2ClO_4^-+16H^++14e \Longrightarrow Cl_2+8H_2O$	1.39
101	$Cm^{3+}+3e \Longrightarrow Cm$	−2.04
102	$Co^{2+}+2e \Longrightarrow Co$	−0.28
103	$[Co(NH_3)_6]^{3+}+e \Longrightarrow [Co(NH_3)_6]^{2+}$	0.108
104	$[Co(NH_3)_6]^{2+}+2e \Longrightarrow Co+6NH_3$	−0.43
105	$Co(OH)_2+2e \Longrightarrow Co+2OH^-$	−0.73
106	$Co(OH)_3+e \Longrightarrow Co(OH)_2+OH^-$	0.17
107	$Cr^{2+}+2e \Longrightarrow Cr$	−0.913
108	$Cr^{3+}+e \Longrightarrow Cr^{2+}$	−0.407
109	$Cr^{3+}+3e \Longrightarrow Cr$	−0.744
110	$[Cr(CN)_6]^{3-}+e \Longrightarrow [Cr(CN)_6]^{4-}$	−1.28
111	$Cr(OH)_3+3e \Longrightarrow Cr+3OH^-$	−1.48

续表

序号	电极过程	$E^{\ominus}$(V)
112	$Cr_2O_7^{2-}+14H^{+}+6e=2Cr^{3+}+7H_2O$	1.232
113	$CrO_2^{-}+2H_2O+3e=Cr+4OH^{-}$	−1.2
114	$HCrO_4^{-}+7H^{+}+3e=Cr^{3+}+4H_2O$	1.350
115	$CrO_4^{2-}+4H_2O+3e=Cr(OH)_3+5OH^{-}$	−0.13
116	$Cs^{+}+e=Cs$	−2.92
117	$Cu^{+}+e=Cu$	0.521
118	$Cu^{2+}+2e=Cu$	0.342
119	$Cu^{2+}+2e=Cu(Hg)$	0.345
120	$Cu^{2+}+Br^{-}+e=CuBr$	0.66
121	$Cu^{2+}+Cl^{-}+e=CuCl$	0.57
122	$Cu^{2+}+I^{-}+e=CuI$	0.86
123	$Cu^{2+}+2CN^{-}+e=[Cu(CN)_2]^{-}$	1.103
124	$CuBr_2^{-}+e=Cu+2Br^{-}$	0.05
125	$CuCl_2^{-}+e=Cu+2Cl^{-}$	0.19
126	$CuI_2^{-}+e=Cu+2I^{-}$	0.00
127	$Cu_2O+H_2O+2e=2Cu+2OH^{-}$	−0.360
128	$Cu(OH)_2+2e=Cu+2OH^{-}$	−0.222
129	$2Cu(OH)_2+2e=Cu_2O+2OH^{-}+H_2O$	−0.080
130	$CuS+2e=Cu+S^{2-}$	−0.70
131	$CuSCN+e=Cu+SCN^{-}$	−0.27
132	$Dy^{2+}+2e=Dy$	−2.2
133	$Dy^{3+}+3e=Dy$	−2.295
134	$Er^{2+}+2e=Er$	−2.0
135	$Er^{3+}+3e=Er$	−2.331
136	$Es^{2+}+2e=Es$	−2.23
137	$Es^{3+}+3e=Es$	−1.91
138	$Eu^{2+}+2e=Eu$	−2.812
139	$Eu^{3+}+3e=Eu$	−1.991
140	$F_2+2H^{+}+2e=2HF$	3.053

续表

序号	电极过程	$E^{\ominus}$(V)
141	$F_2O+2H^++4e=H_2O+2F^-$	2.153
142	$Fe^{2+}+2e=Fe$	−0.447
143	$Fe^{3+}+3e=Fe$	−0.037
144	$[Fe(CN)_6]^{3-}+e=[Fe(CN)_6]^{4-}$	0.358
145	$[Fe(CN)_6]^{4-}+2e=Fe+6CN^-$	−1.5
146	$FeF_6^{3-}+e=Fe^{2+}+6F^-$	0.4
147	$Fe(OH)_2+2e=Fe+2OH^-$	−0.877
148	$Fe(OH)_3+e=Fe(OH)_2+OH^-$	−0.56
149	$Fe_3O_4+8H^++2e=3Fe^{2+}+4H_2O$	1.23
150	$Fm^{3+}+3e=Fm$	−1.89
151	$Fr^++e=Fr$	−2.9
152	$Ga^{3+}+3e=Ga$	−0.549
153	$H_2GaO_3^-+H_2O+3e=Ga+4OH^-$	−1.29
154	$Gd^{3+}+3e=Gd$	−2.279
155	$Ge^{2+}+2e=Ge$	0.24
156	$Ge^{4+}+2e=Ge^{2+}$	0.0
157	$GeO_2+2H^++2e=GeO$(棕色)$+H_2O$	−0.118
158	$GeO_2+2H^++2e=GeO$(黄色)$+H_2O$	−0.273
159	$H_2GeO_3+4H^++4e=Ge+3H_2O$	−0.182
160	$2H^++2e=H_2$	0.0000
161	$H_2+2e=2H^-$	−2.25
162	$2H_2O+2e=H_2+2OH^-$	−0.8277
163	$Hf^{4+}+4e=Hf$	−1.55
164	$Hg^{2+}+2e=Hg$	0.851
165	$Hg_2^{2+}+2e=2Hg$	0.797
166	$2Hg^{2+}+2e=Hg_2^{2+}$	0.920
167	$Hg_2Br_2+2e=2Hg+2Br^-$	0.1392
168	$HgBr_4^{2-}+2e=Hg+4Br^-$	0.21
169	$Hg_2Cl_2+2e=2Hg+2Cl^-$	0.2681

续表

序号	电极过程	$E^{\ominus}$(V)
170	$2HgCl_2+2e=Hg_2Cl_2+2Cl^-$	0.63
171	$Hg_2CrO_4+2e=2Hg+CrO_4^{2-}$	0.54
172	$Hg_2I_2+2e=2Hg+2I^-$	−0.0405
173	$Hg_2O+H_2O+2e=2Hg+2OH^-$	0.123
174	$HgO+H_2O+2e=Hg+2OH^-$	0.0977
175	HgS(红色)$+2e=Hg+S^{2-}$	−0.70
176	HgS(黑色)$+2e=Hg+S^{2-}$	−0.67
177	$Hg_2(SCN)_2+2e=2Hg+2SCN^-$	0.22
178	$Hg_2SO_4+2e=2Hg+SO_4^{2-}$	0.613
179	$Ho^{2+}+2e=Ho$	−2.1
180	$Ho^{3+}+3e=Ho$	−2.33
181	$I_2+2e=2I^-$	0.5355
182	$I_3^-+2e=3I^-$	0.536
183	$2IBr+2e=I_2+2Br^-$	1.02
184	$ICN+2e=I^-+CN^-$	0.30
185	$2HIO+2H^++2e=I_2+2H_2O$	1.439
186	$HIO+H^++2e=I^-+H_2O$	0.987
187	$IO^-+H_2O+2e=I^-+2OH^-$	0.485
188	$2IO_3^-+12H^++10e=I_2+6H_2O$	1.195
189	$IO_3^-+6H^++6e=I^-+3H_2O$	1.085
190	$IO_3^-+2H_2O+4e=IO^-+4OH^-$	0.15
191	$IO_3^-+3H_2O+6e=I^-+6OH^-$	0.26
192	$2IO_3^-+6H_2O+10e=I_2+12OH^-$	0.21
193	$H_5IO_6+H^++2e=IO_3^-+3H_2O$	1.601
194	$In^++e=In$	−0.14
195	$In^{3+}+3e=In$	−0.338
196	$In(OH)_3+3e=In+3OH^-$	−0.99
197	$Ir^{3+}+3e=Ir$	1.156
198	$IrBr_6^{2-}+e=IrBr_6^{3-}$	0.99

续表

序号	电极过程	$E^{\ominus}$(V)
199	$IrCl_6^{2-}+e = IrCl_6^{3-}$	0.867
200	$K^{+}+e = K$	−2.931
201	$La^{3+}+3e = La$	−2.379
202	$La(OH)_3+3e = La+3OH^{-}$	−2.90
203	$Li^{+}+e = Li$	−3.040
204	$Lr^{3+}+3e = Lr$	−1.96
205	$Lu^{3+}+3e = Lu$	−2.28
206	$Md^{2+}+2e = Md$	−2.40
207	$Md^{3+}+3e = Md$	−1.65
208	$Mg^{2+}+2e = Mg$	−2.372
209	$Mg(OH)_2+2e = Mg+2OH^{-}$	−2.690
210	$Mn^{2+}+2e = Mn$	−1.185
211	$Mn^{3+}+3e = Mn$	1.542
212	$MnO_2+4H^{+}+2e = Mn^{2+}+2H_2O$	1.224
213	$MnO_4^{-}+4H^{+}+3e = MnO_2+2H_2O$	1.679
214	$MnO_4^{-}+8H^{+}+5e = Mn^{2+}+4H_2O$	1.507
215	$MnO_4^{-}+2H_2O+3e = MnO_2+4OH^{-}$	0.595
216	$Mn(OH)_2+2e = Mn+2OH^{-}$	−1.56
217	$Mo^{3+}+3e = Mo$	−0.200
218	$MoO_4^{2-}+4H_2O+6e = Mo+8OH^{-}$	−1.05
219	$N_2+2H_2O+6H^{+}+6e = 2NH_4OH$	0.092
220	$2NH_3OH^{+}+H^{+}+2e = N_2H_5{}^{+}+2H_2O$	1.42
221	$2NO+H_2O+2e = N_2O+2OH^{-}$	0.76
222	$2HNO_2+4H^{+}+4e = N_2O+3H_2O$	1.297
223	$NO_3^{-}+3H^{+}+2e = HNO_2+H_2O$	0.934
224	$NO_3^{-}+H_2O+2e = NO_2^{-}+2OH^{-}$	0.01
225	$2NO_3^{-}+2H_2O+2e = N_2O_4+4OH^{-}$	−0.85
226	$Na^{+}+e = Na$	−2.713
227	$Nb^{3+}+3e = Nb$	−1.099

续表

序号	电极过程	$E^{\ominus}$(V)
228	NbO_2+4H^++4e ══ $Nb+2H_2O$	−0.690
229	$Nb_2O_5+10H^++10e$ ══ $2Nb+5H_2O$	−0.644
230	$Nd^{2+}+2e$ ══ Nd	−2.1
231	$Nd^{3+}+3e$ ══ Nd	−2.323
232	$Ni^{2+}+2e$ ══ Ni	−0.257
233	$NiCO_3+2e$ ══ $Ni+CO_3^{2-}$	−0.45
234	$Ni(OH)_2+2e$ ══ $Ni+2OH^-$	−0.72
235	NiO_2+4H^++2e ══ $Ni^{2+}+2H_2O$	1.678
236	$No^{2+}+2e$ ══ No	−2.50
237	$No^{3+}+3e$ ══ No	−1.20
238	$Np^{3+}+3e$ ══ Np	−1.856
239	$NpO_2+H_2O+H^++e$ ══ $Np(OH)_3$	−0.962
240	O_2+4H^++4e ══ $2H_2O$	1.229
241	O_2+2H_2O+4e ══ $4OH^-$	0.401
242	O_3+H_2O+2e ══ O_2+2OH^-	1.24
243	$Os^{2+}+2e$ ══ Os	0.85
244	$OsCl_6^{3-}+e$ ══ $Os^{2+}+6Cl^-$	0.4
245	OsO_2+2H_2O+4e ══ $Os+4OH^-$	−0.15
246	OsO_4+8H^++8e ══ $Os+4H_2O$	0.838
247	OsO_4+4H^++4e ══ OsO_2+2H_2O	1.02
248	$P+3H_2O+3e$ ══ $PH_3(g)+3OH^-$	−0.87
249	$H_2PO_2^-+e$ ══ $P+2OH^-$	−1.82
250	$H_3PO_3+2H^++2e$ ══ $H_3PO_2+H_2O$	−0.499
251	$H_3PO_3+3H^++3e$ ══ $P+3H_2O$	−0.454
252	$H_3PO_4+2H^++2e$ ══ $H_3PO_3+H_2O^-$	−0.276
253	$PO_4^{3-}+2H_2O+2e$ ══ $HPO_3^{2-}+3OH^-$	−1.05
254	$Pa^{3+}+3e$ ══ Pa	−1.34
255	$Pa^{4+}+4e$ ══ Pa	−1.49
256	$Pb^{2+}+2e$ ══ Pb	−0.126

续表

序号	电极过程	$E^{\ominus}$(V)
257	$Pb^{2+}+2e = Pb(Hg)$	−0.121
258	$PbBr_2+2e = Pb+2Br^-$	−0.284
259	$PbCl_2+2e = Pb+2Cl^-$	−0.268
260	$PbCO_3+2e = Pb+CO_3^{2-}$	−0.506
261	$PbF_2+2e = Pb+2F^-$	−0.344
262	$PbI_2+2e = Pb+2I^-$	−0.365
263	$PbO+H_2O+2e = Pb+2OH^-$	−0.580
264	$PbO+4H^++2e = Pb+H_2O$	0.25
265	$PbO_2+4H^++2e = Pb^2+2H_2O$	1.455
266	$HPbO_2^-+H_2O+2e = Pb+3OH^-$	−0.537
267	$PbO_2+SO_4^{2-}+4H^++2e = PbSO_4+2H_2O$	1.691
268	$PbSO_4+2e = Pb+SO_4^{2-}$	−0.359
269	$Pd^{2+}+2e = Pd$	0.915
270	$PdBr_4^{2-}+2e = Pd+4Br^-$	0.6
271	$PdO_2+H_2O+2e = PdO+2OH^-$	0.73
272	$Pd(OH)_2+2e = Pd+2OH^-$	0.07
273	$Pm^{2+}+2e = Pm$	−2.20
274	$Pm^{3+}+3e = Pm$	−2.30
275	$Po^{4+}+4e = Po$	0.76
276	$Pr^{2+}+2e = Pr$	−2.0
277	$Pr^{3+}+3e = Pr$	−2.353
278	$Pt^{2+}+2e = Pt$	1.18
279	$[PtCl_6]^{2-}+2e = [PtCl_4]^{2-}+2Cl^-$	0.68
280	$Pt(OH)_2+2e = Pt+2OH^-$	0.14
281	$PtO_2+4H^++4e = Pt+2H_2O$	1.00
282	$PtS+2e = Pt+S^{2-}$	−0.83
283	$Pu^{3+}+3e = Pu$	−2.031
284	$Pu^{5+}+e = Pu^{4+}$	1.099
285	$Ra^{2+}+2e = Ra$	−2.8

续表

序号	电极过程	$E^{\ominus}$(V)
286	$Rb^{+}+e=Rb$	−2.98
287	$Re^{3+}+3e=Re$	0.300
288	$ReO_2+4H^{+}+4e=Re+2H_2O$	0.251
289	$ReO_4^{-}+4H^{+}+3e=ReO_2+2H_2O$	0.510
290	$ReO_4^{-}+4H_2O+7e=Re+8OH^{-}$	−0.584
291	$Rh^{2+}+2e=Rh$	0.600
292	$Rh^{3+}+3e=Rh$	0.758
293	$Ru^{2+}+2e=Ru$	0.455
294	$RuO_2+4H^{+}+2e=Ru^{2+}+2H_2O$	1.120
295	$RuO_4+6H^{+}+4e=Ru(OH)_2^{2+}+2H_2O$	1.40
296	$S+2e=S^{2-}$	−0.476
297	$S+2H^{+}+2e=H_2S$(水溶液)	0.142
298	$S_2O_6^{2-}+4H^{+}+2e=2H_2SO_3$	0.564
299	$2SO_3^{2-}+3H_2O+4e=S_2O_3^{2-}+6OH^{-}$	−0.571
300	$2SO_3^{2-}+2H_2O+2e=S_2O_4^{2-}+4OH^{-}$	−1.12
301	$SO_4^{2-}+H_2O+2e=SO_3^{2-}+2OH^{-}$	−0.93
302	$Sb+3H^{+}+3e=SbH_3$	−0.510
303	$Sb_2O_3+6H^{+}+6e=2Sb+3H_2O$	0.152
304	$Sb_2O_5+6H^{+}+4e=2SbO^{+}+3H_2O$	0.581
305	$SbO_3^{-}+H_2O+2e=SbO_2^{-}+2OH^{-}$	−0.59
306	$Sc^{3+}+3e=Sc$	−2.077
307	$Sc(OH)_3+3e=Sc+3OH^{-}$	−2.6
308	$Se+2e=Se^{2-}$	−0.924
309	$Se+2H^{+}+2e=H_2Se$(水溶液)	−0.399
310	$H_2SeO_3+4H^{+}+4e=Se+3H_2O$	−0.74
311	$SeO_3^{2-}+3H_2O+4e=Se+6OH^{-}$	−0.366
312	$SeO_4^{2-}+H_2O+2e=SeO_3^{2-}+2OH^{-}$	0.05
313	$Si+4H^{+}+4e=SiH_4$(气体)	0.102
314	$Si+4H_2O+4e=SiH_4+4OH^{-}$	−0.73

续表

序号	电极过程	$E^{\ominus}$(V)
315	$SiF_6^{2-}+4e=Si+6F^-$	−1.24
316	$SiO_2+4H^++4e=Si+2H_2O$	−0.857
317	$SiO_3^{2-}+3H_2O+4e=Si+6OH^-$	−1.697
318	$Sm^{2+}+2e=Sm$	−2.68
319	$Sm^{3+}+3e=Sm$	−2.304
320	$Sn^{2+}+2e=Sn$	−0.138
321	$Sn^{4+}+2e=Sn^{2+}$	0.151
322	$SnCl_4^{2-}+2e=Sn+4Cl^-$ (1mol·L^{-1} HCl)	−0.19
323	$SnF_6^{2-}+4e=Sn+6F^-$	−0.25
324	$Sn(OH)_3^-+3H^++2e=Sn^{2+}+3H_2O$	0.142
325	$SnO_2+4H^++4e=Sn+2H_2O$	−0.117
326	$Sn(OH)_6^{2-}+2e=HSnO_2^-+3OH^-+H_2O$	−0.93
327	$Sr^{2+}+2e=Sr$	−2.899
328	$Sr^{2+}+2e=Sr(Hg)$	−1.793
329	$Sr(OH)_2+2e=Sr+2OH^-$	−2.88
330	$Ta^{3+}+3e=Ta$	−0.6
331	$Tb^{3+}+3e=Tb$	−2.28
332	$Tc^{2+}+2e=Tc$	0.400
333	$TcO_4^-+8H^++7e=Tc+4H_2O$	0.472
334	$TcO_4^-+2H_2O+3e=TcO_2+4OH^-$	−0.311
335	$Te+2e=Te^{2-}$	−1.143
336	$Te^{4+}+4e=Te$	0.568
337	$Th^{4+}+4e=Th$	−1.899
338	$Ti^{2+}+2e=Ti$	−1.630
339	$Ti^{3+}+3e=Ti$	−1.37
340	$TiO_2+4H^++2e=Ti^{2+}+2H_2O$	−0.502
341	$TiO^{2+}+2H^++e=Ti^{3+}+H_2O$	0.1
342	$Tl^++e=Tl$	−0.336
343	$Tl^{3+}+3e=Tl$	0.741

续表

序号	电极过程	$E^{\ominus}$(V)
344	$Tl^{3+}+Cl^{-}+2e$ ══ $TlCl$	1.36
345	$TlBr+e$ ══ $Tl+Br^{-}$	−0.658
346	$TlCl+e$ ══ $Tl+Cl^{-}$	−0.557
347	$TlI+e$ ══ $Tl+I^{-}$	−0.752
348	$Tl_2O_3+3H_2O+4e$ ══ $2Tl^{+}+6OH^{-}$	0.02
349	$TlOH+e$ ══ $Tl+OH^{-}$	−0.34
350	Tl_2SO_4+2e ══ $2Tl+SO_4^{2-}$	−0.436
351	$Tm^{2+}+2e$ ══ Tm	−2.4
352	$Tm^{3+}+3e$ ══ Tm	−2.319
353	$U^{3+}+3e$ ══ U	−1.798
354	$UO_2+4H^{+}+4e$ ══ $U+2H_2O$	−1.40
355	$UO_2^{+}+4H^{+}+e$ ══ $U^{4+}+2H_2O$	0.612
356	$UO_2^{2+}+4H^{+}+6e$ ══ $U+2H_2O$	−1.444
357	$V^{2+}+2e$ ══ V	−1.175
358	$VO^{2+}+2H^{+}+e$ ══ $V^{3+}+H_2O$	0.337
359	$VO_2^{+}+2H^{+}+e$ ══ $VO^{2+}+H_2O$	0.991
360	$VO_2^{+}+4H^{+}+2e$ ══ $V^{3+}+2H_2O$	0.668
361	$V_2O_5+10H^{+}+10e$ ══ $2V+5H_2O$	−0.242
362	$W^{3+}+3e$ ══ W	0.1
363	$WO_3+6H^{+}+6e$ ══ $W+3H_2O$	−0.090
364	$W_2O_5+2H^{+}+2e$ ══ $2WO_2+H_2O$	−0.031
365	$Y^{3+}+3e$ ══ Y	−2.372
366	$Yb^{2+}+2e$ ══ Yb	−2.76
367	$Yb^{3+}+3e$ ══ Yb	−2.19
368	$Zn^{2+}+2e$ ══ Zn	−0.7618
369	$Zn^{2+}+2e$ ══ $Zn(Hg)$	−0.7628
370	$Zn(OH)_2+2e$ ══ $Zn+2OH^{-}$	−1.249
371	$ZnS+2e$ ══ $Zn+S^{2-}$	−1.40
372	$ZnSO_4+2e$ ══ $Zn(Hg)+SO_4^{2-}$	−0.799

附录 13　难溶化合物的溶度积常数

序号	分子式	K_{sp}	pK_{sp} $(-\lg K_{sp})$	序号	分子式	K_{sp}	pK_{sp} $(-\lg K_{sp})$
1	Ag_3AsO_4	1.0×10^{-22}	22.0	26	Al_2S_3	2.0×10^{-7}	6.7
2	$AgBr$	5.0×10^{-13}	12.3	27	$Au(OH)_3$	5.5×10^{-46}	45.26
3	$AgBrO_3$	5.50×10^{-5}	4.26	28	$AuCl_3$	3.2×10^{-25}	24.5
4	$AgCl$	1.8×10^{-10}	9.75	29	AuI_3	1.0×10^{-46}	46.0
5	$AgCN$	1.2×10^{-16}	15.92	30	$Ba_3(AsO_4)_2$	8.0×10^{-51}	50.1
6	Ag_2CO_3	8.1×10^{-12}	11.09	31	$BaCO_3$	5.1×10^{-9}	8.29
7	$Ag_2C_2O_4$	3.5×10^{-11}	10.46	32	BaC_2O_4	1.6×10^{-7}	6.79
8	$Ag_2Cr_2O_4$	1.2×10^{-12}	11.92	33	$BaCrO_4$	1.2×10^{-10}	9.93
9	$Ag_2Cr_2O_7$	2.0×10^{-7}	6.70	34	$Ba_3(PO_4)_2$	3.4×10^{-23}	22.44
10	AgI	8.3×10^{-17}	16.08	35	$BaSO_4$	1.1×10^{-10}	9.96
11	$AgIO_3$	3.1×10^{-8}	7.51	36	BaS_2O_3	1.6×10^{-5}	4.79
12	$AgOH$	2.0×10^{-8}	7.71	37	$BaSeO_3$	2.7×10^{-7}	6.57
13	Ag_2MoO_4	2.8×10^{-12}	11.55	38	$BaSeO_4$	3.5×10^{-8}	7.46
14	Ag_3PO_4	1.4×10^{-16}	15.84	39	$Be(OH)_2$②	1.6×10^{-22}	21.8
15	Ag_2S	6.3×10^{-50}	49.2	40	$BiAsO_4$	4.4×10^{-10}	9.36
16	$AgSCN$	1.0×10^{-12}	12.00	41	$Bi_2(C_2O_4)_3$	3.98×10^{-36}	35.4
17	Ag_2SO_3	1.5×10^{-14}	13.82	42	$Bi(OH)_3$	4.0×10^{-31}	30.4
18	Ag_2SO_4	1.4×10^{-5}	4.84	43	$BiPO_4$	1.26×10^{-23}	22.9
19	Ag_2Se	2.0×10^{-64}	63.7	44	$CaCO_3$	2.8×10^{-9}	8.54
20	Ag_2SeO_3	1.0×10^{-15}	15.00	45	$CaC_2O_4\cdot H_2O$	4.0×10^{-9}	8.4
21	Ag_2SeO_4	5.7×10^{-8}	7.25	46	CaF_2	2.7×10^{-11}	10.57
22	$AgVO_3$	5.0×10^{-7}	6.3	47	$CaMoO_4$	4.17×10^{-8}	7.38
23	Ag_2WO_4	5.5×10^{-12}	11.26	48	$Ca(OH)_2$	5.5×10^{-6}	5.26
24	$Al(OH)_3$ *	4.57×10^{-33}	32.34	49	$Ca_3(PO_4)_2$	2.0×10^{-29}	28.70
25	$AlPO_4$	6.3×10^{-19}	18.24	50	$CaSO_4$	3.16×10^{-7}	5.04

续表

序号	分子式	K_{sp}	pK_{sp} ($-\lg K_{sp}$)	序号	分子式	K_{sp}	pK_{sp} ($-\lg K_{sp}$)
51	$CaSiO_3$	2.5×10^{-8}	7.60	72	$CuCN$	3.2×10^{-20}	19.49
52	$CaWO_4$	8.7×10^{-9}	8.06	73	$CuCO_3$	2.34×10^{-10}	9.63
53	$CdCO_3$	5.2×10^{-12}	11.28	74	CuI	1.1×10^{-12}	11.96
54	$CdC_2O_4\cdot3H_2O$	9.1×10^{-8}	7.04	75	$Cu(OH)_2$	4.8×10^{-20}	19.32
55	$Cd_3(PO_4)_2$	2.5×10^{-33}	32.6	76	$Cu_3(PO_4)_2$	1.3×10^{-37}	36.9
56	CdS	8.0×10^{-27}	26.1	77	Cu_2S	2.5×10^{-48}	47.6
57	$CdSe$	6.31×10^{-36}	35.2	78	Cu_2Se	1.58×10^{-61}	60.8
58	$CdSeO_3$	1.3×10^{-9}	8.89	79	CuS	6.3×10^{-36}	35.2
59	CeF_3	8.0×10^{-16}	15.1	80	$CuSe$	7.94×10^{-49}	48.1
60	$CePO_4$	1.0×10^{-23}	23.0	81	$Dy(OH)_3$	1.4×10^{-22}	21.85
61	$Co_3(AsO_4)_2$	7.6×10^{-29}	28.12	82	$Er(OH)_3$	4.1×10^{-24}	23.39
62	$CoCO_3$	1.4×10^{-13}	12.84	83	$Eu(OH)_3$	8.9×10^{-24}	23.05
63	CoC_2O_4	6.3×10^{-8}	7.2	84	$FeAsO_4$	5.7×10^{-21}	20.24
64	$Co(OH)_2$(蓝)	6.31×10^{-15}	14.2	85	$FeCO_3$	3.2×10^{-11}	10.50
	$Co(OH)_2$(粉红，新沉淀)	1.58×10^{-15}	14.8	86	$Fe(OH)_2$	8.0×10^{-16}	15.1
	$Co(OH)_2$(粉红，陈化)	2.00×10^{-16}	15.7	87	$Fe(OH)_3$	4.0×10^{-38}	37.4
65	$CoHPO_4$	2.0×10^{-7}	6.7	88	$FePO_4$	1.3×10^{-22}	21.89
66	$Co_3(PO_4)_3$	2.0×10^{-35}	34.7	89	FeS	6.3×10^{-18}	17.2
67	$CrAsO_4$	7.7×10^{-21}	20.11	90	$Ga(OH)_3$	7.0×10^{-36}	35.15
68	$Cr(OH)_3$	6.3×10^{-31}	30.2	91	$GaPO_4$	1.0×10^{-21}	21.0
69	$CrPO_4\cdot4H_2O$(绿)	2.4×10^{-23}	22.62	92	$Gd(OH)_3$	1.8×10^{-23}	22.74
	$CrPO_4\cdot4H_2O$(紫)	1.0×10^{-17}	17.0	93	$Hf(OH)_4$	4.0×10^{-26}	25.4
70	$CuBr$	5.3×10^{-9}	8.28	94	Hg_2Br_2	5.6×10^{-23}	22.24
71	$CuCl$	1.2×10^{-6}	5.92	95	Hg_2Cl_2	1.3×10^{-18}	17.88

续表

序号	分子式	K_{sp}	pK_{sp} $(-\lg K_{sp})$	序号	分子式	K_{sp}	pK_{sp} $(-\lg K_{sp})$
96	HgC_2O_4	1.0×10^{-7}	7.0	120	$Mn_3(AsO_4)_2$	1.9×10^{-29}	28.72
97	Hg_2CO_3	8.9×10^{-17}	16.05	121	$MnCO_3$	1.8×10^{-11}	10.74
98	$Hg_2(CN)_2$	5.0×10^{-40}	39.3	122	$Mn(IO_3)_2$	4.37×10^{-7}	6.36
99	Hg_2CrO_4	2.0×10^{-9}	8.70	123	$Mn(OH)_4$	1.9×10^{-13}	12.72
100	Hg_2I_2	4.5×10^{-29}	28.35	124	MnS(粉红)	2.5×10^{-10}	9.6
101	HgI_2	2.82×10^{-29}	28.55	125	MnS(绿)	2.5×10^{-13}	12.6
102	$Hg_2(IO_3)_2$	2.0×10^{-14}	13.71	126	$Ni_3(AsO_4)_2$	3.1×10^{-26}	25.51
103	$Hg_2(OH)_2$	2.0×10^{-24}	23.7	127	$NiCO_3$	6.6×10^{-9}	8.18
104	HgSe	1.0×10^{-59}	59.0	128	NiC_2O_4	4.0×10^{-10}	9.4
105	HgS(红)	4.0×10^{-53}	52.4	129	$Ni(OH)_2$(新)	2.0×10^{-15}	14.7
106	HgS(黑)	1.6×10^{-52}	51.8	130	$Ni_3(PO_4)_2$	5.0×10^{-31}	30.3
107	Hg_2WO_4	1.1×10^{-17}	16.96	131	α-NiS	3.2×10^{-19}	18.5
108	$Ho(OH)_3$	5.0×10^{-23}	22.30	132	β-NiS	1.0×10^{-24}	24.0
109	$In(OH)_3$	1.3×10^{-37}	36.9	133	γ-NiS	2.0×10^{-26}	25.7
110	$InPO_4$	2.3×10^{-22}	21.63	134	$Pb_3(AsO_4)_2$	4.0×10^{-36}	35.39
111	In_2S_3	5.7×10^{-74}	73.24	135	$PbBr_2$	4.0×10^{-5}	4.41
112	$La_2(CO_3)_3$	3.98×10^{-34}	33.4	136	$PbCl_2$	1.6×10^{-5}	4.79
113	$LaPO_4$	3.98×10^{-23}	22.43	137	$PbCO_3$	7.4×10^{-14}	13.13
114	$Lu(OH)_3$	1.9×10^{-24}	23.72	138	$PbCrO_4$	2.8×10^{-13}	12.55
115	$Mg_3(A_sO_4)_2$	2.1×10^{-20}	19.68	139	PbF_2	2.7×10^{-8}	7.57
116	$MgCO_3$	3.5×10^{-8}	7.46	140	$PbMoO_4$	1.0×10^{-13}	13.0
117	$MgCO_3\cdot3H_2O$	2.14×10^{-5}	4.67	141	$Pb(OH)_2$	1.2×10^{-15}	14.93
118	$Mg(OH)_2$	1.8×10^{-11}	10.74	142	$Pb(OH)_4$	3.2×10^{-66}	65.49
119	$Mg_3(PO_4)_2\cdot8H_2O$	6.31×10^{-26}	25.2	143	$Pb_3(PO_4)_3$	8.0×10^{-43}	42.10

续表

序号	分子式	K_{sp}	pK_{sp} ($-\lg K_{sp}$)	序号	分子式	K_{sp}	pK_{sp} ($-\lg K_{sp}$)
144	PbS	1.0×10^{-28}	28.00	169	$SrCO_3$	1.1×10^{-10}	9.96
145	$PbSO_4$	1.6×10^{-8}	7.79	170	$SrC_2O_4 \cdot H_2O$	1.6×10^{-7}	6.80
146	$PbSe$	7.94×10^{-43}	42.1	171	SrF_2	2.5×10^{-9}	8.61
147	$PbSeO_4$	1.4×10^{-7}	6.84	172	$Sr_3(PO_4)_2$	4.0×10^{-28}	27.39
148	$Pd(OH)_2$	1.0×10^{-31}	31.0	173	$SrSO_4$	3.2×10^{-7}	6.49
149	$Pd(OH)_4$	6.3×10^{-71}	70.2	174	$SrWO_4$	1.7×10^{-10}	9.77
150	PdS	2.03×10^{-58}	57.69	175	$Tb(OH)_3$	2.0×10^{-22}	21.7
151	$Pm(OH)_3$	1.0×10^{-21}	21.0	176	$Te(OH)_4$	3.0×10^{-54}	53.52
152	$Pr(OH)_3$	6.8×10^{-22}	21.17	177	$Th(C_2O_4)_2$	1.0×10^{-22}	22.0
153	$Pt(OH)_2$	1.0×10^{-35}	35.0	178	$Th(IO_3)_4$	2.5×10^{-15}	14.6
154	$Pu(OH)_3$	2.0×10^{-20}	19.7	179	$Th(OH)_4$	4.0×10^{-45}	44.4
155	$Pu(OH)_4$	1.0×10^{-55}	55.0	180	$Ti(OH)_3$	1.0×10^{-40}	40.0
156	$RaSO_4$	4.2×10^{-11}	10.37	181	$TlBr$	3.4×10^{-6}	5.47
157	$Rh(OH)_3$	1.0×10^{-23}	23.0	182	$TlCl$	1.7×10^{-4}	3.76
158	$Ru(OH)_3$	1.0×10^{-36}	36.0	183	Tl_2CrO_4	9.77×10^{-13}	12.01
159	Sb_2S_3	1.5×10^{-93}	92.8	184	TlI	6.5×10^{-8}	7.19
160	ScF_3	4.2×10^{-18}	17.37	185	TlN_3	2.2×10^{-4}	3.66
161	$Sc(OH)_3$	8.0×10^{-31}	30.1	186	Tl_2S	5.0×10^{-21}	20.3
162	$Sm(OH)_3$	8.2×10^{-23}	22.08	187	$TlSeO_3$	2.0×10^{-39}	38.7
163	$Sn(OH)_2$	1.4×10^{-28}	27.85	188	$UO_2(OH)_2$	1.1×10^{-22}	21.95
164	$Sn(OH)_4$	1.0×10^{-56}	56.0	189	$VO(OH)_2$	5.9×10^{-23}	22.13
165	SnO_2	3.98×10^{-65}	64.4	190	$Y(OH)_3$	8.0×10^{-23}	22.1
166	SnS	1.0×10^{-25}	25.0	191	$Yb(OH)_3$	3.0×10^{-24}	23.52
167	$SnSe$	3.98×10^{-39}	38.4	192	$Zn_3(AsO_4)_2$	1.3×10^{-28}	27.89
168	$Sr_3(AsO_4)_2$	8.1×10^{-19}	18.09	193	$ZnCO_3$	1.4×10^{-11}	10.84

续表

序号	分子式	K_{sp}	pK_{sp} ($-\lg K_{sp}$)	序号	分子式	K_{sp}	pK_{sp} ($-\lg K_{sp}$)
194	$Zn(OH)_2$③	2.09×10^{-16}	15.68	197	β-ZnS	2.5×10^{-22}	21.6
195	$Zn_3(PO_4)_2$	9.0×10^{-33}	32.04	198	$ZrO(OH)_2$	6.3×10^{-49}	48.2
196	α-ZnS	1.6×10^{-24}	23.8				

* 表示形态均为无定形。

附录 14　元素的相对原子质量表(1989)

元素		原子序数	相对原子质量	元素		原子序数	相对原子质量
符号	名称			符号	名称		
Al	铝	13	26.981539(5)	Dy	镝	66	162.50(3)
Ar	氩	18	39.948(1)	Er	铒	68	167.26(3)
As	砷	33	74.92159(2)	Eu	铕	63	151.965(9)
Au	金	79	196.96654(3)	F	氟	9	18.9984032(9)
B	硼	5	10.811(5)	Fe	铁	26	55.847(3)
Ba	钡	56	137.327(7)	Ga	稼	31	69.723(1)
Be	铍	4	9.012182(3)	Gd	钆	64	157.25(3)
Bi	铋	83	208.98037(3)	Ge	锗	32	72.61(2)
Br	溴	35	79.904(1)	H	氢	1	1.00794(7)
C	碳	6	12.011(1)	He	氦	2	4.002602(2)
Ca	钙	20	40.078(4)	Hf	铪	72	178.49(2)
Cd	镉	48	112.411(8)	Hg	汞	80	200.59(2)
Ce	铈	58	140.115(4)	Ho	钬	67	164.93032(3)
Cl	氯	17	35.4527(9)	I	碘	58	126.90447(3)
Co	钴	27	58.93320(1)	In	铟	49	114.82(1)
Cr	铬	24	51.9961(6)	Ir	铱	77	192.22(3)
Cs	铯	55	132.90543(5)	K	钾	19	39.0983(1)
Cu	铜	29	63.546(3)	Kr	氪	36	83.80(1)

续表

元素		原子序数	相对原子质量	元素		原子序数	相对原子质量
符号	名称			符号	名称		
La	镧	57	138.9055(2)	Ru	钌	44	101.07(2)
Li	锂	3	6.941(2)	S	硫	16	32.066(6)
Lu	镥	71	174.967(1)	Sb	锑	51	121.757(3)
Mg	镁	12	24.3050(6)	Sc	钪	21	44.955910(9)
Mn	锰	25	54.93805(1)	Se	硒	34	78.96(3)
Mo	钼	42	95.94(1)	Si	硅	14	28.0855(3)
N	氮	7	14.00674(7)	Sm	钐	62	150.36(3)
Na	钠	11	22.989768(6)	Sn	锡	50	118.710(7)
Nb	铌	41	92.90638(2)	Sr	锶	38	87.62(7)
Nd	钕	60	144.24(3)	Ta	钽	73	180.9479(1)
Ne	氖	10	20.1797(6)	Tb	铽	65	158.92534(3)
Ni	镍	28	58.6934(2)	Te	碲	52	127.60(3)
Np	镎	93	237.0482	Th	钍	90	232.0381(1)
O	氧	8	15.9994(3)	Ti	钛	22	47.88(3)
Os	锇	76	190.2(1)	Tl	铊	81	204.3833(2)
P	磷	15	30.973762(4)	Tm	铥	69	168.9342(3)
Pa	镤	91	231.0588(2)	U	铀	92	238.0289(1)
Pb	铅	82	207.2(1)	V	钒	23	50.9415(1)
Pd	钯	46	106.42(1)	W	钨	74	183.85(3)
Pr	镨	59	140.90765(3)	Xe	氙	54	131.29(2)
Pt	铂	78	195.08(3)	Y	钇	39	88.90585(2)
Ra	镭	88	226.0254	Yb	镱	70	173.04(3)
Rb	铷	37	85.4678(3)	Zn	锌	30	65.39(2)
Re	铼	75	186.207(1)	Zr	锆	40	91.224(2)
Rh	铑	45	102.90550(3)				

注:① 此表择选自 Pure and Applied Chemistry[J].1991,63(7):978;

② 本表按元素符号的字母顺序排列(不包括人工元素)。

附录 15　化合物的相对分子质量表(1989)

化合物	相对分子质量	化合物	相对分子质量
Ag_3AsO_4	462.53	$CH_3COONa \cdot 3H_2O$	136.08
AgBr	187.77	CO_2	44.01
AgCl	143.35	$CO(NH_2)_2$	60.06
AgCN	133.91	$CaCO_3$	100.09
Ag_2CrO_4	331.73	CaC_2O_4	128.10
AgI	234.77	$CaCl_2$	110.99
$AgNO_3$	169.88	$CaCl_2 \cdot 6H_2O$	219.09
AgSCN	165.96	$Ca(NO_3)_2 \cdot 4H_2O$	236.16
$Al(C_9H_6NO)_3$	459.44	CaO	56.08
$AlCl_3$	133.33	$Ca(OH)_2$	74.10
$AlCl_3 \cdot 6H_2O$	241.43	$Ca_3(PO_4)_2$	310.18
$Al(NO_3)_3$	213.01	$CaSO_4$	136.15
$Al(NO_3)_3 \cdot 9H_2O$	375.19	$CdCO_3$	172.41
Al_2O_3	101.96	$CdCl_2$	183.33
$Al(OH)_3$	78.00	CdS	144.47
$Al_2(SO_4)_3$	342.17	$Ce(SO_4)_2$	332.24
$Al_2(SO_4)_3 \cdot 18H_2O$	666.46	$Ce(SO_4)_2 \cdot 4H_2O$	404.30
As_2O_3	197.84	CH_3COOH	60.052
As_2O_5	229.84	$CoCl_2$	129.84
As_2S_3	246.05	$CoCl_2 \cdot 6H_2O$	237.93
$BaCO_3$	197.31	$Co(NO_3)_2$	182.94
BaC_2O_4	225.32	$Co(NO_3)_2 \cdot 6H_2O$	291.03
$BaCl_2$	208.24	CoS	90.99
$BaCl_2 \cdot 2H_2O$	244.24	$CoSO_4$	154.99
$BaCrO_4$	253.32	$CoSO_4 \cdot 7H_2O$	281.10
BaO	153.33	$CrCl_3$	158.36
$Ba(OH)_2$	171.32	$CrCl_3 \cdot 6H_2O$	266.45
$BaSO_4$	233.37	$Cr(NO_3)_3$	238.01
$BiCl_3$	315.33	Cr_2O_3	151.99
BiOCl	260.43	CuCl	99.00
CH_3COOH	60.05	$CuCl_2$	134.45
CH_3COOHN_4	77.08	$CuCl_2 \cdot 2H_2O$	170.48
CH_3COONa	82.03	CuI	190.45

续表

化合物	相对分子质量	化合物	相对分子质量
$Cu(NO_3)_2$	187.56	HIO_3	175.91
$Cu(NO_3)_2 \cdot 3H_2O$	241.60	HNO_2	47.02
CuO	79.55	HNO_3	63.02
Cu_2O	143.09	H_2O	18.02
CuS	95.62	H_2O_2	34.02
$CuSCN$	121.62	H_3PO_4	97.99
$CuSO_4$	159.62	H_2S	34.08
$CuSO_4 \cdot 5H_2O$	249.68	H_2SO_3	82.09
$FeCl_2$	126.75	H_2SO_4	98.09
$FeCl_2 \cdot 4H_2O$	198.81	$Hg(CN)_2$	252.63
$FeCl_3$	162.21	$HgCl_2$	271.50
$FeCl_3 \cdot 6H_2O$	270.30	Hg_2Cl_2	472.09
$FeNH_4(SO_4)_2 \cdot 12H_2O$	482.22	HgI_2	454.40
$Fe(NO_3)_3$	241.86	$Hg(NO_3)_2$	324.60
$Fe(NO_3)_3 \cdot 9H_2O$	404.01	$Hg_2(NO_3)_2$	525.19
FeO	71.85	$Hg_2(NO_3)_2 \cdot 2H_2O$	561.22
Fe_2O_3	159.69	HgO	216.59
Fe_3O_4	231.55	HgS	232.65
$Fe(OH)_3$	106.87	$HgSO_4$	296.67
FeS	87.92	Hg_2SO_4	497.27
Fe_2S_3	207.91	$KAl(SO_4)_2 \cdot 12H_2O$	474.41
$FeSO_4$	151.91	KBr	119.00
$FeSO_4 \cdot 7H_2O$	278.03	$KBrO_3$	167.00
$FeSO_4 \cdot (NH_4)_2SO_4 \cdot 6H_2O$	392.17	KCN	65.12
H_3AsO_3	125.94	K_2CO_3	138.21
H_3AsO_4	141.94	KCl	74.55
H_3BO_3	61.83	$KClO_3$	122.55
HBr	80.91	$KClO_4$	138.55
HCN	27.03	K_2CrO_4	194.19
$HCOOH$	46.03	$K_2Cr_2O_7$	294.18
H_2CO_3	62.03	$K_3Fe(CN)_6$	329.25
$H_2C_2O_4$	90.04	$K_4Fe(CN)_6$	368.35
$H_2C_2O_4 \cdot 2H_2O$	126.07	$KFe(SO_4)_2 \cdot 12H_2O$	503.23
HCl	36.46	$KHC_2O_4 \cdot 12H_2O$	146.15
HF	20.01	$KHC_2O_4 \cdot H_2C_2O_4 \cdot 2H_2O$	254.19
HI	127.91	$KHC_4H_4O_6$	188.18

续表

化合物	相对分子质量	化合物	相对分子质量
$KHC_8H_4O_4$	204.22	NH_4Cl	53.49
$KHSO_4$	136.18	NH_4HCO_3	79.06
KI	166.00	$(NH_4)_2HPO_4$	132.06
KIO_3	214.00	$(NH_4)_2MoO_4$	196.01
$KIO_3 \cdot HIO_3$	389.91	NH_4NO_3	80.04
$KMnO_4$	158.03	$(NH_4)_3PO_4 \cdot 12MoO_3$	1876.35
KNO_2	85.10	$(NH_4)_2S$	68.15
KNO_3	101.10	NH_4SCN	76.13
$KNaC_4H_4O_6 \cdot 4H_2O$	282.22	$(NH_4)_2SO_4$	132.15
K_2O	94.20	NH_4VO_3	116.98
KOH	56.11	NO	30.01
K_2PtCl_6	485.99	NO_2	46.01
$KSCN$	97.18	Na_3AsO_3	191.89
K_2SO_4	174.27	$Na_2B_4O_7$	201.22
$MgCO_3$	84.32	$Na_2B_4O_7 \cdot 10H_2O$	381.42
MgC_2O_4	112.33	$NaBiO_3$	279.97
$MgCl_2$	95.22	$NaCN$	49.01
$MgCl_2 \cdot 6H_2O$	203.31	Na_2CO_3	105.99
$MgNH_4PO_4$	137.32	$Na_2CO_3 \cdot 10H_2O$	286.19
$Mg(NO_3)_2 \cdot 6H_2O$	256.43	$Na_2C_2O_4$	134.00
MgO	40.31	$NaCl$	58.41
$Mg(OH)_2$	58.33	$NaClO$	74.44
$Mg_2P_2O_7$	222.55	$NaHCO_3$	84.01
$MgSO_4 \cdot 7H_2O$	246.49	Na_2HPO_4	141.96
$MnCO_3$	114.95	$Na_2HPO_4 \cdot 12H_2O$	358.14
$MnCl_2 \cdot 4H_2O$	197.91	$NaHSO_4$	120.07
$Mn(NO_3)_2 \cdot 6H_2O$	287.06	$Na_2H_2Y \cdot 2H_2O$	372.24
MnO	70.94	$NaNO_2$	69.00
MnO_2	86.94	$NaNO_3$	85.00
MnS	87.01	Na_2O	61.98
$MnSO_4$	151.01	Na_2O_2	77.98
$MnSO_4 \cdot 4H_2O$	223.06	$NaOH$	40.00
NH_3	17.03	Na_3PO_4	163.94
$(NH_4)_2CO_3$	96.09	Na_2S	78.05
$(NH_4)_2C_2O_4$	124.10	$Na_2S \cdot 9H_2O$	240.19
$(NH_4)_2C_2O_4 \cdot H_2O$	142.12	$NaSCN$	81.08

续表

化合物	相对分子质量	化合物	相对分子质量
Na_2SO_3	126.05	SiF_4	104.08
Na_2SO_4	142.05	SiO_2	60.08
$Na_2S_2O_3$	158.12	$SnCl_2$	189.60
$Na_2S_2O_3 \cdot 5H_2O$	248.2	$SnCl_2 \cdot 2H_2O$	225.63
$NiCl_2 \cdot 6H_2O$	237.69	$SnCl_4$	260.50
$Ni(NO_3)_2 \cdot 6H_2O$	290.79	$SnCl_4 \cdot 5H_2O$	350.58
NiO	74.69	SnO_2	150.71
NiS	90.76	SnS	150.77
$NiSO_4 \cdot 7H_2O$	280.87	$SrCO_3$	147.63
P_2O_5	141.94	SrC_2O_4	175.64
$Pb(CH_3COO)_2$	325.29	$SrCrO_4$	203.62
$Pb(CH_3COO)_2 \cdot 3H_2O$	379.34	$Sr(NO_3)_2$	211.64
$PbCO_3$	267.21	$Sr(NO_3)_2 \cdot 4H_2O$	283.69
PbC_2O_4	295.22	$SrSO_4$	183.68
$PbCl_2$	278.11	$TlCl$	239.84
$PbCrO_4$	323.19	U_3O_8	842.08
PbI_2	461.01	$UO_2(CH_3COO)_2 \cdot 2H_2O$	424.15
$Pb(NO_3)_2$	331.21	$(UO_2)_2P_2O_7$	714.00
PbO	223.20	$Zn(CH_3COO)_2$	183.43
PbO_2	239.20	$Zn(CH_3COO)_2 \cdot 2H_2O$	219.50
Pb_3O_4	685.60	$ZnCO_3$	125.39
$Pb_3(PO_4)_2$	811.54	ZnC_2O_4	153.40
PbS	239.27	$ZnCl_2$	136.29
$PbSO_4$	303.27	$Zn(NO_3)_2$	189.39
SO_2	64.07	$Zn(NO_3)_2 \cdot 6H_2O$	297.51
SO_3	80.07	ZnO	81.38
$SbCl_3$	228.15	ZnS	97.46
$SbCl_5$	299.05	$ZnSO_4$	161.46
Sb_2O_3	291.60	$ZnSO_4 \cdot 7H_2O$	287.57
Sb_2S_3	339.81		

附录 16　滴定分析中常见指示剂终点颜色变化对照图

附图 16.1　pH=12 时，Ca^{2+}-Ca 指示剂络合物(红色)和 Ca 指示剂(纯蓝色)

附图 16.2　pH=5～6 时，二甲酚橙(黄色)及其金属络合物颜色(红色)

附图 16.3 硅钼黄(黄色)和硅钼蓝(红色)

附图 16.4 标定硫代硫酸钠时淀粉指示剂的颜色变化

附图 16.5 滴定铜合金时,淀粉指示剂的颜色变化